彩图1-1　吉娃娃

彩图1-2　蝴蝶犬

彩图1-3　博美犬

彩图1-4　卡地甘威尔士柯基犬

彩图1-5　北京犬

彩图1-6　西施犬

彩图1-7　巴　哥

彩图1-8　拉布拉多猎犬

彩图1-9　马耳他犬

彩图1-10　贵妇犬

彩图1-11　腊肠犬

彩图1-12　日本仲

彩图1-13　沙皮犬

彩图1-14　英国斗牛犬

彩图1-15　松狮犬

彩图1-16　西伯利亚雪橇犬

彩图1-17　德国牧羊犬

彩图1-18　大麦町犬

彩图1-19　大白熊犬

彩图1-20　美国爱斯基摩犬

彩图1-21　马士提夫獒犬

彩图1-22　爱尔兰塞特犬

彩图1-23　粗毛牧羊犬

彩图1-24　德国笃宾犬

彩图1-25 圣伯纳犬

彩图1-26 灵 缇

彩图1-27 藏 獒

彩图2-1 非洲野猫

彩图2-2 欧洲野猫

彩图2-3 亚洲野猫

彩图2-4 荒漠猫

彩图2-5 丛林猫

彩图2-6　沙　猫

彩图2-7　黑足猫

彩图2-8　兔　狲

彩图2-9　薮　猫

彩图2-10　亚洲金猫

彩图2-11　婆罗洲金猫

彩图2-12　非洲金猫

彩图2-13　西表猫

彩图2-14　锈斑猫

彩图2-15　豹　猫

彩图2-16　渔　猫

彩图2-17　扁头猫

彩图2-18　虎　猫

彩图2-19　小斑虎猫

彩图2-20　长尾虎猫

彩图2-21　细腰猫

彩图2-22　南美草原猫

彩图2-23　南美林猫

彩图2-24　乔氏猫

彩图2-25　安第斯山猫

彩图2-26　欧亚猞猁

彩图2-27　西班牙猞猁

彩图2-28　加拿大猞猁

彩图2-29　短尾猫

彩图2-30 狞猫

彩图2-31 美洲狮

彩图2-32 云猫

彩图2-33 猫窝

彩图2-34 猫窝

彩图2-35 自动喂食器

彩图2-36 猫的便盆

彩图2-37 猫的旅行箱

彩图3-1　红腹锦鸡

彩图3-2　褐马鸡

彩图3-3　黄　雀

彩图3-4　鸵　鸟

彩图3-5　鸽

彩图3-6　虎皮鹦鹉

彩图3-7　相思鸟

彩图3-8　喜　鹊

彩图3-9　秃　鹫

彩图3-10　南美洲蜂鸟

彩图3-11　天　鹅

彩图3-12　鹊　鸲

彩图3-13　蓝马鸡

彩图3-14　红点颏

彩图3-15　蓝点颏

彩图3-16　八　哥

彩图3-17　丹顶鹤

彩图3-18　灰顶红尾鸲

彩图3-19　红嘴蓝鹊

彩图3-20　鹦　鹉

彩图3-21　画眉鸟

彩图3-22　白头鹎

彩图3-23　长尾雉

彩图3-24　红嘴相思鸟

彩图3-25　棕头雅雀

彩图3-26　戴　胜

彩图3-27　太平鸟

彩图3-28　交嘴雀

彩图3-29　红耳鹎

彩图3-30　燕　雀

彩图3-31　朱顶雀

彩图3-32　颈　鹤

彩图3-33　白腰文鸟

彩图3-34　眼镜球胸鸽

彩图3-35　百灵鸟

彩图3-36　绣眼鸟

彩图3-37　金丝雀

彩图3-38　鹰

彩图4-1　金　鱼

彩图4-2　红绿灯

彩图4-3 斑点短鲷

彩图4-4 蓝曼龙

彩图4-5 接吻鱼

彩图4-6 红丽丽

彩图4-7 雀鳝

彩图4-8 银龙鱼

彩图4-9 红白锦鲤

彩图4-10 神仙鱼

彩图4-11 地图鱼

彩图5-1 缅甸陆龟

彩图5-2 凹甲陆龟

彩图5-3 饼干龟

彩图5-4 太阳龟

彩图5-5 红腿陆龟

彩图5-6 挺胸龟

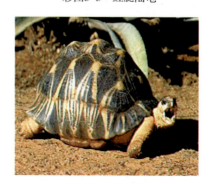

彩图5-7 辐射龟

（第五章的图片均来源于龟谷龟文化）

彩图5-8　欧洲陆龟

彩图5-9　缅甸星龟

彩图5-10　荷叶陆龟

彩图5-11　蛛网龟

彩图5-12　印度星龟

彩图5-13　安哥洛卡龟

彩图5-14　靴脚陆龟

彩图5-15　阿根廷侧颈龟

彩图5-16　黄头侧颈龟

彩图5-17　蛇颈龟

彩图5-18　白眉龟

彩图5-19　星点龟

彩图5-20　缅甸孔雀龟

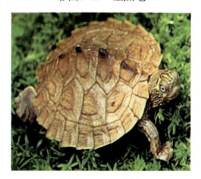

彩图5-21　地图龟

彩图5-22　斑　龟

彩图5-23　金　龟

彩图5-24 河水龟

彩图5-25 食蜗龟

彩图5-26 钻纹龟

彩图5-27 玳瑁

彩图5-28 绿海龟

彩图5-29 鳖

彩图5-30 红海龟

彩图5-31 丽龟

彩图5-32 鼋

彩图6-1 美洲兔

彩图6-2 美种费斯兔

彩图6-3 英式安哥拉

彩图6-4 缎毛安哥拉

彩图6-5 忌 廉

彩图6-6 花 明

彩图6-7 玉 桂

彩图6-8　侏儒海棠

彩图6-9　道　奇

彩图6-10　大型花明

彩图6-11　夏温拿

彩图6-12　喜马拉雅

彩图6-13　海　棠

彩图6-14　泽西长毛

彩图6-15　拉　拿

彩图6-16　迷你垂耳

彩图6-17　荷兰垂耳

彩图6-18　荷兰侏儒

彩图6-19　新西兰兔

彩图6-20　波兰兔

彩图6-21　力斯兔

彩图6-22　维兰特

彩图6-23　狮子头

彩图7-1　梅花鹿

彩图7-2　马　鹿

彩图7-3　白唇鹿

彩图7-4　黑　鹿

彩图7-5　海南坡鹿

彩图7-6　驼　鹿

彩图7-7　驯　鹿

彩图8-1　大骨鸡

彩图8-2 北京鸭

彩图8-3 番 鸭

彩图8-4 朗德鹅

彩图8-5 中国黑凤鸡

彩图8-6 中国白羽鹌鹑

彩图8-7 美国尼古拉白羽宽胸火鸡

彩图8-8 红腹锦鸡

彩图8-9 野 鸽

彩图8-10 家　鸽

彩图9-1　北极狐

彩图9-2　红　狐

彩图9-3　银黑狐

彩图9-4　沙　狐

彩图9-5　大耳小狐

彩图9-6　非洲大耳狐

彩图9-7　灰　狐

彩图9-8　南美灰狐

彩图10-1　棕　熊

彩图10-2　大熊猫

彩图10-3　马来熊

彩图10-4　懒　熊

彩图10-5　黑　熊

彩图10-6　眼镜熊

彩图10-7　北极熊

彩图11-1　黑线仓鼠（花背仓鼠）

彩图11-2　倭仓鼠（加卡利亚仓鼠）

彩图11-3　倭仓鼠（坎培尔仓鼠）

彩图11-4　毛蹠鼠（罗伯罗夫斯基仓鼠）

彩图11-5　金仓鼠

彩图11-6　冠　鼠

彩图11-7　田　鼠

彩图11-8　南非裸蹠沙鼠

彩图11-9　竹　鼠

彩图11-10　大头速掘鼠

彩图11-11　落基林跳鼠

彩图11-12　小跃鼠（非洲跳鼠）

彩图11-13　大笔尾睡鼠

彩图11-14　海狸鼠

彩图12-1　西部拟眼镜蛇

彩图12-2　南部棘蛇

彩图12-3　黑虎蛇

彩图12-4　巨环海蛇

彩图12-5　虎　蛇

彩图12-6　东部虎蛇

彩图12-7　棕伊澳蛇

彩图12-8　内陆太攀蛇

彩图12-9　五步蛇

彩图12-10　竹叶青

彩图12-11　眼镜蛇

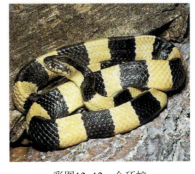

彩图12-12　金环蛇

彩图12-13　蝮　蛇

彩图12-14　翡翠蟒

彩图12-15　黄金蟒

彩图12-16　百花锦蛇

彩图12-17　中国王锦蛇

彩图12-18　赤链蛇

彩图12-19　灰蓝扁尾海蛇

彩图12-20　双头蛇

彩图12-21　黑背白环蛇

彩图12-22　黑眉锦蛇

彩图12-23　玉斑锦蛇

彩图12-24　黄赤链

彩图12-25　水　蛇

彩图12-26　伪蝮蛇

彩图12-27　草赤链

彩图12-28　澳洲内陆泰攀蛇

彩图12-29　白化金环蛇

彩图12-30　钝尾两头蛇

彩图12-31　莫桑比克喷毒眼镜蛇

彩图12-32　埃及眼镜蛇

彩图12-33　缅甸喷毒眼镜蛇

彩图12-34　粗尾珊瑚蛇

彩图12-35　红喷毒眼镜蛇

彩图12-36　黑颈喷毒眼镜蛇

彩图12-37　孟加拉眼镜蛇

彩图12-38　中亚眼镜蛇

彩图12-39　黄金眼镜蛇

彩图12-40　印度眼镜蛇

彩图12-41　铠甲蝮

彩图12-42　日本毒蛇

观光农业系列教材——

观赏动物养殖

主　编　张中文
参编者　傅业全　夏　楠　姜先明
　　　　王爱萍　高英洁　朱珊珊
　　　　崔　雯

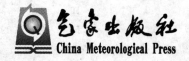

气象出版社
China Meteorological Press

内 容 简 介

本书共分为十二章。分别从动物的种类、生物学特性、价值、饲养与管理、繁殖和常见病防治等方面,简要介绍了十二类常见观赏动物的科普知识。本书既有一定的理论性,又有一定的实用性。在文字叙述的同时配有大量精美的图片,在满足教学需要的同时,又能适合广大市民和农民朋友们阅读。

图书在版编目(CIP)数据

观赏动物养殖/张中文主编. —北京:气象出版社,2009.10
(观光农业系列教材)
ISBN 978-7-5029-4816-0

Ⅰ.观… Ⅱ.张… Ⅲ.观赏动物-饲养管理 Ⅳ.S865.3

中国版本图书馆 CIP 数据核字(2009)第 156135 号

出版发行:气象出版社			
地 址:北京市海淀区中关村南大街 46 号		**邮政编码**:100081	
总 编 室:010-68407112		**发 行 部**:010-68409198	
网 址:http://www.cmp.cma.gov.cn		**E-mail**:qxcbs@263.net	
责任编辑:方益民		**终 审**:陆 峥	
封面设计:博雅思企划		**责任技编**:吴庭芳	
责任校对:赵 瑗			
印 刷:北京昌平环球印刷厂			
开 本:750 mm×960 mm 1/16		**印 张**:15 彩插 16	
字 数:280 千字		**印 数**:1—4000	
版 次:2009 年 10 月第 1 版		**印 次**:2009 年 10 月第 1 次印刷	
定 价:48.00 元			

出 版 说 明

　　观光农业是新型农业产业，它以农事活动为基础，农业和农村为载体，是农业与旅游业相结合的一种新型的交叉产业。利用农业自然生态环境、农耕文化、田园景观、农业设施、农业生产、农业经营、农家生活等农业资源，为日益繁忙的都市人群闲暇之余提供多样化的休闲娱乐和服务，是实现城乡一体化，农业经济繁荣的一条重要途径。

　　农村拥有美丽的自然景观、农业种养殖产业资源及本地化农耕文化民俗，农民拥有土地、庭院、植物、动物等资源。繁忙的都市人群随着经济的发展、生活水平的提高，有强烈的回归自然的需求，他们要到农村去观赏、品尝、购买、习作、娱乐、疗养、度假、学习，而低产出的农村有大批剩余劳动力和丰富的农业资源，观光农业有机地将农业与旅游业、生产和消费流通、市民和农民联系在一起。总而言之是经济的整体发展和繁荣催生了新兴产业，观光农业因此应运而生。

　　《观光农业系列教材》经过专家组近一年的酝酿、筹划和紧张的编著修改，终于和大家见面了。本系列教材既具有专业性又具有普及性，既有很强的实用性，又有新兴专业的理论性。对于一个新兴的产业、专业，它既可以作为实践性、专业性教材及参考书，也可以作为普及农业知识的科普丛书。它包括了《观光农业景观规划设计》《果蔬无公害生产》《观光农业导游基础》《观赏动物养殖》《观赏植物保护学》《植物生物学基础》《观光农业商品与营销》《花卉识别》《观赏树木栽培养护技术》《民俗概论》等十多部教材，涵盖了农业种植、养殖、管理、旅游规划及管理、农村文化风俗等诸多方面的内容，它既是新兴专业的一次创作，也是新产业的一次归纳总结，更是推动城乡一体化的一个教育工程，同时也是适合培养一批新的观光农业工作者或管理者的成套专业教材。

　　带着诸多的问题和期望，《观光农业系列教材》展现给大家，无论该书的深度和广度都会显示作者探索中的不安的情感。与此同时，作者在面对新兴产业的专业知识尚存在着不足和局限性。在国内出版观光农业的系列教材尚属首次,无论是从专业的系统性还是从知识的传递性都会存在很多不足,加之各地农业状况、风土人情各异及作者专业知识的局限性,肯定不能完全满足广大读者的需求,期望学者、专家、教师、学生、农业工作者、旅游工作者、农民、城市居民和一切期待了解观光农业、关心农村发展的人给予谅解,我们会在大家的关爱下完善此套教材。

丛书编委会再次感谢编著者,感谢你们的辛勤工作,你们是新兴产业的总结、归纳和指导者,你们也是一个新的专业领域丛书的首创者,你们辛苦了。

由于编著者和组织者的水平有限,多有不足,望得到广大师生和读者的谅解。

本套丛书在出版过程中得到了气象出版社方益民同志的大力支持,在此表示感谢。

《观光农业系列教材》编委会

2009 年 4 月 26 日

《观光农业系列教材》编委会

主　任：刘克锋

副主任：王先杰　　张子安　　段福生　　范小强

秘　书：刘永光

编　委：马　亮　　张喜春　　王先杰　　史亚军　　陈学珍

　　　　周先林　　张养忠　　赵　波　　张中文　　范小强

　　　　李　刚　　刘建斌　　石爱平　　刘永光　　李月华

　　　　柳振亮　　魏艳敏　　王进忠　　郝玉兰　　于涌鲲

　　　　陈之欢　　丁　宁　　贾光宏　　侯芳梅　　王顺利

　　　　陈洪伟　　傅业全

前　言

随着社会的不断发展，我国人民经济水平的普遍提高，人们对精神层次的追求也越来越高。近几年来，观赏动物养殖已逐步发展成为一项新兴产业，中国的观赏动物数量在飞速增长，中国人对观赏动物的关爱日益浓烈。

观赏动物越来越被人们看成自己的伴侣，特别是城市居民，他们的可支配收入较高，愿意花较多的钱在观赏动物身上。在紧张的工作之余，许多人愿意依赖观赏动物来放松自己。观赏动物不仅可以带给人们身心愉悦，排除孤独，还可以提高人们的生活品位。因此，人们对观赏动物的需求量日益增加。

观赏动物养殖行业，是一个规模养殖历史较短的行业，也是一个必将继续迅速发展的行业。随着人类社会的发展和人民对观赏动物认识的提高，中国的观赏动物养殖行业必将蓬勃发展。

《观赏动物养殖》是观光农业系列教材之一，全书共分为十二章。分别从动物的种类、生物学特性、价值、饲料、饲养与管理、繁殖和常见病防治等方面，介绍了几种常见观赏动物的科普知识。既涵盖了基本的理论，又对专业性较强的部分做了重点描述。

本书由北京农学院动物科学技术系张中文副教授主编，傅业全负责统稿，第三、第十二章由夏楠编写，第六、第九章由姜先明编写，第一、第五章由王爱萍编写，第二、第十一章由高英洁编写，第四、第十章由朱珊珊编写，第七、第八章由崔雯编写。参加制图工作的有：张何蕊、刘秋东、云水。

由于编写时间仓促，水平有限，内容不成熟的地方和错误在所难免，希望读者提出宝贵意见，以便今后修正。

编者

2009 年 8 月

目 录

第一章　观赏犬

第一节　犬的种类

根据犬的体形可分为以下几种：

一、超小型犬

这是体形最小的一种犬。到成年时体重不超过 4 kg，体高不足25 cm。如吉娃娃、蝴蝶犬、博美犬、卡地甘威尔士柯基犬等，见彩图 1-1～1-4。

二、小型犬

这是指成年时体重不超过 10 kg，身高在 40 cm 以下的犬类。如北京犬、西施犬、巴哥、拉布拉多猎犬、马尔他犬、贵妇犬、腊肠犬、日本仲等，见彩图 1-5～1-12。

三、中型犬

这是指犬成年时体重在 11～30 kg，身高在 41～60 cm 的犬种。这种犬天性活泼，活动范围较广，勇猛善斗，通常作狩猎之用。如沙皮犬、英国斗牛犬、松狮犬、西伯利亚雪橇犬、德国牧羊犬、大麦町犬、大白熊犬、美国爱斯基摩犬等，见彩图 1-13～1-20。

四、大型犬

这是指犬成年时体重在 30～40 kg，身高在 60～70 cm 的犬。大型犬体格魁梧，不易驯服,力大勇猛。常被用作军犬和警犬。如马士提夫獒犬、爱尔兰塞特犬、粗毛牧羊犬、德国笃宾犬等,见彩图 1-21～1-24。

五、超大型犬

这是指成年时体重在 41 kg 以上,身高在 71 cm 以上的犬种。是最大的一种犬,数量较少。多用来工作或在军中服役。如圣伯纳犬、灵缇、藏獒等,见彩图 1-25～1-27。

第二节　犬的生物学特性

一、行为方面的习性

犬的行为习性很多,最突出的就是表情的多样性。观赏犬富有感情,活泼好动,喜欢接近人,有服从人的意志的天性,并能领会人的简单意图,理解人们的喜、怒、悲、哀。同时犬亦产生喜、怒、悲、哀的表情,高兴时常会摇头摆尾,目光温柔,发出"哼哼"的吠声;恼怒时两眼圆睁,目光锐利,被毛竖起,露出牙齿后发出"呼呼"的威吓声,两前肢下俯,表现出准备进攻的样子;恐惧时两眼瞪大,耳朵后伸,尾巴夹在后腿之间,试图躲藏起来;哀伤时会向主人表现出祈求的目光,头垂下,两眼无光。另外,犬的领域观念也很强,习惯用自己的气味标出地界,并经常更新。易于驯养,经短期训练后能很好地做一些简单的事情,给主人增添无穷的乐趣。犬习惯不停地运动,啃咬东西。

二、感觉方面的习性

观赏犬的听觉、嗅觉较灵敏,有很发达的听觉能力,是人的 16 倍,不仅能分辨极为细小的声音,还能听到高频率的声音,而且对声源的判别能力也很强。观赏犬的嗅觉也很灵敏,对气味的敏感度比人高 40 多倍,这在犬的生活中起着非常重要的作用,可以帮助犬识别主人、鉴定同类的性别,辨别路途、猎物与食物等。

犬的视觉、味觉较迟钝,犬是色盲,只有黑白之分。犬眼睛的调节能力只有人的 $1/5$～$1/3$。50 m 之内的物体可以看清,超过这个距离就看不清了,但对于运动目标则可以感觉到 825 m 远的距离。犬的视野非常开阔,单眼的左右视野为 $100°$～$125°$,上方视野为 $50°$～$70°$,下方视野为 $30°$～$60°$,对前方的物体看得最为清楚。在味觉方面,犬的反应是很迟钝的,它品尝味道主要是靠嗅觉和味觉的双重作用。

三、饮食方面的习性

犬原本是肉食性的动物,被人类驯养后,食性发生了变化,变成以肉食为主的杂食性动物。即使如此,犬仍然维持消化饮食方面的许多特性,如采食时"狼吞虎咽"的吞食方式,简单咀嚼或不咀嚼就吞咽下去,直到吃饱为止。由于胃肠中几乎没有能使纤维素发酵降解的微生物,因此,犬对植物性饲料的消化能力较弱,对粗纤维饲料几乎不能消化,所以给犬喂蔬菜时要切碎或煮熟。

四、睡眠方面的习性

犬在野生时期是夜行动物,白天睡觉,晚上活动。被人驯养后与人的起居基本保持一致,但不会像人那样从晚上一直睡到早晨,没有较为固定的时间。犬睡觉时始终保持着警觉状态,稍有动静就会即刻惊醒。浅睡时犬呈趴卧姿势,头俯于两前肢之间,经常有一只耳朵贴近地面;熟睡时犬常侧卧,全身伸展开来。

第三节　犬的价值

一、具有欣赏价值

观赏犬一般来说都比较漂亮,可以陶冶人的情操,给人们带来乐趣和美的享受。

二、人类忠实的朋友和伙伴

当人们心情不好或工作生活压力较大时,和观赏犬在一起,其活泼、伶俐、顽皮的样子,可以帮助人们减轻繁重工作、生活带来的压力。对于老年人来说,观赏犬是其很好的伙伴,可以帮助老人解脱孤独感,提高生活的乐趣。

三、食用价值

犬肉,味道醇厚,芳香四溢,营养价值很高,每 100 g 狗肉含蛋白质 14.5 g、脂肪23.5 g,可与牛肉、猪肉相媲美,而且含有钾、钙、磷、钠及多种维生素和氨基酸,是理想的营养食品。

四、药用价值

狗肉不仅味道鲜美、营养丰富,而且具有入药疗疾的效用。狗肉味甘、咸、酸、性温,具有补中益气、温肾助阳之功。《普济方》说,狗肉"久病大虚者,服之轻身,益气力"。《本草纲目》中载,狗肉能滋补血气,专走脾肾二经而瞬时暖胃祛寒"补肾壮阳",服之能使气血溢沛,百脉沸腾。故此,中医历来认为狗肉是一味良好的中药,有补肾、益精、温补、壮阳等功用。民间也有"吃了狗肉暖烘烘,不用棉被可过冬"、"喝了狗肉汤,冬天能把棉被当"的俗语。现代医学研究证明,狗肉中含有少量稀有元素,对治疗心脑缺血性疾病,调整高血压有一定益处。

第四节　犬的饲料

宠物犬饲料的选择应根据其年龄的大小而决定,这样才更有利于促进其生长发育,健康生长。

一、新生犬

以母奶为主,因为早期母乳中含有丰富的蛋白质和维生素,还含有较高的镁盐、抗氧化物及酶、激素等,具有缓泻和抗病作用,有利于胎便的排出;含有较高的酸度,有利于促进消化道的活动;含有丰富的营养物质几乎可全部吸收,这对增强仔犬体质、产生热量维持体温极为有利;含有母犬的多种抗体(母源抗体),使仔犬获得抗病能力。

二、幼犬

断奶之前,可以吃奶与吃消化的食物相结合来饲喂仔犬,并逐渐减少喂奶的次数和量,增加食物的摄入。仔犬一般在 45 日龄断奶,断奶后至 3 个月的幼犬应喂以稀饭、牛奶或豆浆,并加入适量切碎的鱼、肉类以及切碎煮熟的青菜,每天至少喂 4 次,食欲差的犬可采用少添勤喂的方法;4～6 月龄的幼犬,每日所需饲料量应逐渐增多,每天至少喂 3 次;6 月龄后的犬,每天喂 2 次即可。

三、成年犬

成年犬的饲料大体可分为动物性饲料和植物性饲料两种,两者以混合喂养为宜。动物性饲料适口、易消化,蛋白质、维生素含量较高;植物性饲料富含糖类和维生素,但纤维质较多,切忌偏吃偏喂。常见的犬饲料有鱼、肉、蛋、奶、菜、谷及罐头食品等。哺乳母犬要饲喂蛋白质含量高的肉类和谷类饲料,还要多喂含钙磷多的饲料及青菜,产后 1 周的母犬,多喂水和维生素多的饲料及青菜。公犬在配种期,多喂蛋白质和维生素、矿物质含量丰富、磷和钙高的饲料。

四、病犬饲喂

病犬饲喂意在调理,饲料营养丰富,适口性好,容易消化。

第五节　犬的饲养与管理

一、新生仔犬的饲养与管理

应尽早地(0.5~1 小时内)让新生仔犬吃到足够的初乳,因为初乳中的养分较为丰富和全面,有利于胎便的排出,促进消化道的活动,增强仔犬体质,使仔犬获得抗病能力。因此,第一,要注意保温。初生仔犬的体温较低,也无颤抖反射,完全依赖外部的热源(如母体)来维持正常体温。第二,要加强对仔犬的监护。母犬有时会挤压、踩踏或遗弃仔犬,造成仔犬死伤。

二、幼龄犬的饲养与管理

幼龄时期是生长发育的主要阶段,犬身体生长迅速,因而必须供给充足的营养。断奶后的幼犬,应选择适口性好的饲料,易于消化,以适应生活条件的突然改变;3 个月内的幼犬应喂以稀饭、牛奶或豆浆并加入适量切碎的鱼、肉类以及切碎煮熟的青菜,每天至少喂 4 次,食欲差的犬可采用少添勤喂的方法;4~6 月龄的幼犬,每日所需饲料量应逐渐增多,每天至少喂 3 次;6 月龄后的犬,每天喂 2 次即可。更换犬主的幼犬的食谱,应先按原犬主的食谱喂,然后再逐渐转换。不能给幼犬全部或长期喂肉类,因为这样会造成消化不良,使犬难以吸收而发生腹泻。肉类中维生素 A、维生素 D、维生素 E、钙和碘的含量较少,磷多,易造成幼犬因钙、磷比例失调而出现骨骼形成障碍,易于断裂或出现跛行。同时每日应有适量的室外运动,接受紫外线的照射,以便于钙质的吸收。

三、成年犬的饲养与管理

成年犬相对于幼犬较易饲养。食物中富含碳水化合物的成分可多一些,再配以肉类、骨粉、蔬菜,并给以少量的维生素、矿物质和添加剂等。超小型犬相对来说对食物要求更高一些,配制食物时,应以高蛋白、高脂肪、易消化食物为主,早晚各喂 1 次,并保证有充足的清洁饮水,特别是在夏季,要注意防暑。同时也要防止犬饮食过量。

在日常管理方面,成年犬较容易管理,特别是早期经过个性严格训练的犬,则更好管理。要给犬造一个冬暖夏凉的住处,保持清洁,同时有一个供犬排尿、排粪的厕所。每半年左右应对犬进行一次健康检查,定期祛虫、洗澡。

四、妊娠母犬的饲养与护理

妊娠期母犬的饲养应供应充分的优质饲料,以增强母犬的体质,保证胎儿健全发育和防止流产。妊娠头1个月,胎儿尚小,不必给母犬准备特别的饲料,但要注意准时喂食。一般母犬在妊娠初期食欲都不好,应调配适口的食物。1个月后,胎儿开始迅速发育,对各种营养物质的需要量急剧增加,这时每日应喂3次,除要增加食物的供给量之外,还应给母犬补充富含蛋白质的食物,如肉类、鸡蛋、牛奶等,并要注意补充钙和维生素,以促进胎儿骨骼的发育。妊娠50天后,胎儿长大,腹腔膨满时,每次进食量减少,需要多餐少喂。为了防止便秘,可加入适量的蔬菜。不要喂发霉、变质的饲料以及其他对母犬和胎儿有害的食物,不喂过冷的饲料和水,以免刺激母犬胃肠甚至引起流产。

在怀孕期间,要经常让母犬在室外进行日光浴以及适量的运动,这样既可以促进母体及胎儿的血液循环,增强新陈代谢,还可以减少难产的发生。在妊娠20～30天时,可驱虫1次。分娩前1个月,应每隔几天用温水和肥皂水洗涤母犬乳头1次,然后擦干,防止乳头创伤感染。平时注意保持犬体和环境卫生。孕犬舍应具备干净、光线充足、空气流通、安静等条件。怀孕40多天时,避免让外人观看,以保证孕犬得到较好的休息。

五、哺乳期母犬的喂养与护理

哺乳期母犬的饲喂,不但要满足其本身营养的需要,还要保证产奶的需要。分娩后最初几天母犬食欲不佳,应喂给少而精的易消化饲料,如牛奶、麦粉等,并加强饮水(切忌饮冷水),4天后食量逐渐增加,10天左右恢复正常,在以后的哺乳期间,要增加饲料量。每天除上、下午各喂1次外,中间要加喂1次。在营养成分上,要酌情增加新鲜的瘦肉、骨粉等。要经常检查母犬泌乳情况,对于泌乳不足的,可喂给红糖水、牛奶等,以增加乳汁。

哺乳期间要搞好产房卫生,保持母犬全身的清洁卫生,每天至少两次放母犬到舍外散步,给母犬创造一个安静的环境。

第六节 犬的繁殖

一、犬的性成熟与最佳初配年龄

1. 初情期

初情期是指母犬开始出现发情的时期,一般在 8~10 月龄,因品种、气候、营养等因素的影响而略有差异。此期母犬虽具有发情征状,但其生殖器官还处在继续生长发育中,发情和发情周期还不正常和不完全,假发情和间断发情比例高。

2. 性成熟

母犬生长发育到一定时期,开始表现性行为,具有第二性征,生殖器官及生殖机能已达到成熟,具备了繁殖的能力,开始出现正常的发情和排卵,即为母犬的性成熟。母犬出生后达到性成熟的年龄,因犬的品种、地理气候条件、饲养管理状况、营养水平及个体情况不同而有所差异,通常情况下,小型犬性成熟早,在出生后 8~12 个月;大型犬性成熟较晚,在出生后 12~18 个月。

3. 初配年龄

性成熟的犬在母犬发情进行交配后即可怀孕产仔。但达到性成熟并不意味着达到了可以繁殖的年龄。因为性成熟和体成熟并不是同步的。体成熟一般在初情期与性成熟之后,即性成熟时犬体尚没完全发育成熟。刚达到性成熟的幼犬,虽然具有繁殖能力,但是不适合立即配种繁殖,这是因为此时的幼犬还正处在生长发育较迅速的阶段,如果过早使幼犬进行交配生殖,常常会严重地阻碍它们的发育,甚至会影响终身的繁殖能力,从而导致后代数量少、体质弱、体形小,甚至会出现死胎增多的现象。通常来讲犬的最佳初配年龄,母犬为 12~18 月龄,公犬为 18~20 月龄。

二、母犬的发情

1. 母犬的发情

发情是指母犬发育到一定阶段时所表现的一种周期性的性活动现象。发情周期是指母犬初情期后其生殖器官及整个有机体会发生一系列周期性变化,一直到停止性机能活动的年龄为止。根据母犬的发情征候和行为反应的特点不同,发情周期一般分为发情前期、发情期、发情后期、休情期。

(1)发情前期 是发情周期的第一个阶段。指母犬阴道排出血样分泌物到开始愿意接受交配的这一时期。主要生理特征是：外生殖器肿胀，触诊阴唇发硬，阴道充血，排出血样分泌物，随着时间的推进，其分泌物逐渐变淡。阴道涂片检查可见大量红细胞、角质化细胞、有核上皮细胞和少量白细胞。此时期的母犬变得兴奋不安，注意力不集中，涣散，接近并挑逗公犬，甚至爬跨公犬，但不接受交配，饮水量增加，排尿频繁。发情前期的持续时间通常是 5～15 天，平均为 9 天。

（2）发情期　是指母犬开始愿意接受交配至拒绝交配的时期。此时母犬的外阴肿胀达到最大而柔软，并开始消退，内壁发亮，分泌物增多，排出物颜色变成淡黄色。阴道涂片中含有很多角化上皮细胞、红细胞，无白细胞。排卵时，白细胞消失是其特征变化；排卵后，白细胞占据阴道壁，同时出现退化的上皮细胞，并出现较强的交配欲望，兴奋异常，敏感性增强，易激动，抚拍尾根部，尾巴偏向一侧，阴唇变软而有节律地收缩，喜欢挑逗公犬，公犬接近时站立不动，愿意接受公犬的交配。发情期的持续时间为 7～12 天，平均为 9 天。

（3）发情后期　是发情结束的后一个时期。以母犬开始拒绝公犬交配为标志，由于母犬血液中的雌激素含量逐渐下降，性欲开始减退，卵巢中形成黄体，大约在 6 周左右黄体开始退化。发情后期的犬无论是否妊娠，都在孕酮的作用下，子宫黏膜增生，子宫壁增厚，尤其是子宫腺囊泡状增生非常显著，为胚胎的附植（也称着床）做准备。阴道涂片中含有很多白细胞、非角化的上皮细胞及少量角化的上皮细胞。此时的母犬略显消瘦、安静、驯服。发情后期的持续时间，以黄体的活动来计算为 70～90天；以子宫恢复和子宫内膜增生状态为基础，则为 130～140 天。

（4）休情期　也叫"乏情期"，或称"间情期"，是发情后期到下次发情前期的一段时期。犬与其他某些动物不同，它是单发情性动物，这个时期不是性周期的一个环节，是非繁殖期，此期中母犬除了卵巢中一些卵泡生长和闭锁外，其整个生殖系统都是静止的，无阴道分泌物，阴道涂片中上皮细胞是非角化的，但到发情前期前，上皮细胞变为角质化。在发情前期数周，母犬通常会呈现出某些明显症状，如喜欢与公犬接近、食欲下降、换毛等。在发情前期前数日，大多数母犬会变得无精打采，态度冷漠，偶见处女母犬会拒食，外阴肿胀，休情期的持续时间为 90～140 天，平均为 125 天。

2. 发情鉴定

这是指用各种方法鉴定母犬的发情情况。通过发情鉴定，可以判断母犬发情是否正常，以便发现问题，进行及时处理；判断母犬的发情阶段，以便确定合适的配种时机，从而达到提高受孕率和产仔数的目的。

母犬在发情时，既有外部特征，又有内部变化。因此，在发情鉴定时，既要注意观察外部表情，更要掌握本质的变化，必须联系诸多因素综合分析，才能获得准确的判断。常用的发情鉴定方法主要有：外部观察法、试情法、阴道检查法、电测法等几种。

三、交配

1. 配种的适期

正确掌握配种适期,是提高受胎率的关键。因此,必须根据母犬发情时间推算出最佳配种时间。最佳配种时间应在母犬阴部开始流血后的第12～13天。如果未发现阴道排血的开始日期,也可根据阴道分泌物颜色的变化确定最佳配种日期,即当阴道分泌物由红色转变为稻草黄色后的2～3天。此时,母犬开始排卵,生殖道已为交配做好准备,在外表上母犬会表现出愿意交配的征候。

2. 配种的次数

以两次为好,两次配种相隔时间以24～48小时为宜,不然会影响胎儿的发育。

3. 配种的方法与注意事项

配种通常采用自然交配和辅助交配两种方法。在绝大多数情况下,都采用公、母犬自行交配。有的公犬缺乏交配经验,或公、母犬个体相差较大而不能自然交配时,可进行人工辅助。如协助公犬将阴茎插入阴道,对公犬大、母犬小的犬,犬主应把持母犬的脖套,然后用一只手托着母犬的胸腹部,或曲膝支撑在大型母犬的胸腹部,以防母犬受爬跨时蹲卧。

犬的交配宜选在早晨喂食前。交配前,公、母犬应在室外自由活动一段时间,使其排净粪尿,不然在交配后排泄(尤其是母犬)必然会流出许多精液。当阴茎插入阴道几秒钟后就开始射精,随后海绵体充分膨胀呈栓塞状,这时母犬会扭动身体,试图将公犬从背上摔下,此时应防止母犬坐下或倒下,以免损伤公犬的阴茎。不久,公犬会自动从母犬背上下来,取尾对尾姿势。这种栓塞状态约持续15～20分钟,此时不可强行分开,应等待公犬自行解脱,否则会严重损伤生殖器官。交配结束后,公犬的阴茎会从母犬阴道内脱出。当公、母犬松脱后,会各自舔舐阴部,不可马上牵拉、驱赶,尤其是公犬,在交配后常出现腰部凹陷,俗称"掉腰子",切不可让其剧烈运动,也不能立即给犬饮水,应休息片刻,轻度活动一会儿后再给饮水。如果母犬在交配后阴门明显外翻,说明已经配上,应将母犬放回犬舍(笼),让其安静休息,并做好配种记录。

四、犬的妊娠

犬的妊娠期从卵子受精开始计算,一般为58～63天,平均为62天。妊娠期的长短可因品种、年龄、胎儿数量、饲养管理条件等因素而稍有变化。其诊断方法有以下几种:

1. 外部观察法

交配后 1 周左右,母犬阴门开始收缩软瘪,可以看到少量的黑褐色液体排出,食欲不振,性情恬静。在 2～3 周时乳房开始逐渐增大,食欲大增,有时会出现偏食现象。1 个月左右,可见腹部膨大,乳房下垂,乳头富有弹性。

2. 触诊法

腹部触诊可摸到胎儿。方法是:早晨空腹时,用手轻轻触摸腹部,如摸到有鸡蛋大小富有弹性的肉球时,证明已经妊娠,但应注意与无弹性的粪块区别。触摸时用力不能过大,以免伤及胎儿。

3. 超声波检查法

用 B 型超声波检查能探测出 18～19 天的胎儿,甚至可分辨胎儿的性别、数量,妊娠后 28～35 天是最佳检查时间。用 X 射线透视,此法只能在 40 多天后进行,不能早期诊断。

4. 尿液检查法

在妊娠后 5～7 天时检查尿液中有无类似人绒毛膜促性腺激素的物质来早期诊断。

五、犬的分娩

在预产期前几天,怀孕母犬就会自动寻找屋角、棚下等隐蔽的地方,叼草筑窝,这是母犬所具有的一种本能,表示不久就要分娩。这时人们就应开始为犬的分娩做好准备,主要包括搞好产房卫生,制作合适的产箱,备好接产用具。

临产前母犬食欲大减,甚至停食,行动急躁,常以爪抓地,乳房膨大,可从乳头挤出少量液体。母犬表现阵痛,坐卧不宁,常打哈欠,张口呻吟或尖叫,抓扒垫草,呼吸急促,排尿次数增加,外阴肿胀,如见有黏液流出,说明数小时内就要分娩。分娩时间长短,因产仔数及母犬体质不同而异,一般为 3～4 小时,每只胎儿产出的时间间隔为 10～30 分钟。

分娩母犬常取侧卧姿势,回顾腹部,出现努责、呻吟、呼吸加快,然后伸长后腿,这时自阴门流出稀薄的液体,随后产出第一个包有胎膜的胎儿,母犬会迅速用牙齿将胎膜撕破,再咬断脐带,舔干胎儿身上的黏液。如果第一个胎儿能顺利产出,则其他胎儿一般不会发生难产。2～3 小时后不再见其努责,表明分娩已结束。但也有少数隔数小时后再度分娩的。当母犬体质虚弱、胎儿难以正常分娩时,要施人工助产。助产者要将手洗净,用酒精棉或 0.1% 新洁尔灭液洗手消毒。如果助产者手上有外伤,应戴乳胶手套,以防感染。

第七节　犬的常见病防治

一、病毒性疾病

1. 犬瘟热

犬瘟热是由副粘病毒科麻疹病毒属犬瘟热病毒感染引起的一种急性、热性、高度接触性传染病,是对养犬业危害最大的疫病之一。本病多发于 3～6 月龄幼犬,死亡率很高,青年犬也有感染。

[流行病学]本病一年四季均可发生,但以冬春多发。病犬和带毒犬是本病的最主要传染源,可通过鼻、眼分泌物和尿液等排毒。主要传播途径是病犬与健康犬直接接触,通过消化道和呼吸道感染。

[症状]犬瘟热潜伏期随肌体的免疫情况和病原来源而有较大差异。潜伏期也不同,有的 3～6 天,有的可长达 70～90 天。症状多种多样,与毒力的强弱、环境条件、年龄及免疫状态有关。主要表现为以下几种:

(1)体温升高　病初是体温升高,达 39.5℃～41.5℃,持续 1～3 天,然后消退,但几天后体温再次升高,出现典型的双相热,持续时间不定。症状加重,精神沉郁,食欲不振或拒食,流泪、眼结膜发红、眼分泌物由液状变成黏脓性。

(2)上呼吸道感染　多数犬首先表现上呼吸道感染症状,鼻境发干,有鼻液流出,开始是浆液性鼻液,后变成脓性鼻液。病初有干咳,后转为湿咳,呼吸困难。肺部听诊,可闻湿性锣音或捻发音。

(3)消化道症状　以消化道症状为主的病犬,食欲减少或废绝,呕吐、腹泻、肠套叠,最终以严重脱水和衰弱死亡。

(4)神经症状　开始出现神经症状的病例较少,神经性症状大多在上述症状 10天左右出现。临床上以脚垫角化、鼻部角化的病例引起神经性症状的多发。另外还有表现为癫痫、咀嚼肌及四肢出现阵发性抽搐等其他神经症状的。出现神经症状的犬多为预后不良,部分恢复的犬一般都可留下不同程度的后遗症。

[诊断]

(1)临床诊断　通过本病的流行特点、临床特征可作初步诊断。

(2)实验室诊断

①包涵体检查。包涵体主要存在于膀胱、胆管、胆囊、肾盂上皮细胞内,一般呈现圆形或椭圆形。

②血清学诊断。包括中和试验、补体结合试验、酶联免疫吸附试验等方法。

③分子生物学诊断技术。把 RT-PCR 和核酸探针技术用于犬瘟热的诊断,简单快速、特异性强、敏感性高,有广阔的应用前景。

[防治]本病的预防办法是定期进行免疫接种犬瘟疫苗。一旦发生犬瘟热,应迅速将病犬严格隔离,病舍及环境用火碱、来苏水等彻底消毒。对尚未发病有感染可能的假定健康犬及受疫情威胁的犬,应立即用犬瘟热高免血清进行被动免疫,待疫情稳定后,再注射犬瘟热疫苗。

[治疗]

(1)注射高免血清　在犬瘟热最初期用大剂量的犬瘟热高免血清进行注射,可控制本病的发展。对于犬瘟热临床症状明显,出现神经症状的中后期病,即使注射犬瘟热高免血清也大多很难治愈。一般用量为每千克体重 2～3 ml,连用 3～4 天。口服左旋咪唑片,3 mg/kg 体重,每日 1 次,以增强免疫力。

(2)抗菌抗病毒,防止继发感染　可用大青叶注射液、病毒唑、干扰素等抗病毒药物,配合使用抗生素。

(3)对症治疗　用补糖、补液、退热,加强饲养管理等方法,对本病有一定的治疗作用。

2. 犬细小病毒病

犬细小病毒病是由犬细小病毒引起的一种急性高度接触性传染病,又称犬传染性出血性肠炎。临床上以急性出血性肠炎和心肌炎为特征。

[流行病学]各种年龄的犬均可感染,但以刚断乳至 90 日龄的犬发病较多,病情也较严重。病犬是主要传染源,病毒随粪便、尿液、呕吐物及唾液排出体外,污染食物、垫料等。本病主要经消化道途径感染。据临床发病犬的种类来看,纯种犬及外来犬比土种犬发病率高。本病一年四季均可发生,但以天气寒冷的冬、春季多发。

[症状]被细小病毒感染后的犬,在临床上可分为肠炎型、心肌炎型、混合型。

(1)肠炎型　自然感染的潜伏期为 7～14 天,病初表现发热(40℃以上)、精神沉郁、不食、呕吐。发病一天左右开始腹泻。病初粪便呈稀状,随病状发展,粪便呈咖啡色或番茄酱色样的血便,有特殊的腥臭气味。数小时后病犬表现严重脱水症状。对于肠道出血严重的病例,由于肠内容物腐败可造成内毒素中毒和弥散性血管内凝血,使机体休克、昏迷死亡。

(2)心肌炎型　多见于 40 日龄左右的犬,病犬先兆性症状不明显。有的突然呼吸困难,心力衰弱,短时间内死亡;有的犬可见有轻度腹泻后而死亡。

(3)混合型　此型兼有上述二型的典型症状,大多先出现肠炎型,随后出现心肌炎症状,病死率较高。

[诊断]

(1)临床诊断　临床诊断主要通过本病的流行特点、临床特征及类症病的鉴别。

（2）实验室诊断

①血液常规检查。白细胞显著减少（2000～5000 个/mm³），淋巴细胞增多，粪便常规检查有大量的红、白细胞；用病死犬心、肝培养未见致病性细菌。

②血清学诊断。目前已建立多种，其中包括血凝和血凝抑制试验、酶联免疫吸附试验等。

［预防］疫苗接种对疾病有所控制，对无条件检验或母源抗体水平不明的幼犬，可在 45～60 日龄进行首免，接着以 15 日间隔进行第一、第二次的免疫，以后每隔半年加强免疫 1 次。发现本病应立即进行隔离饲养。防止病犬和病犬饲养人员与健康犬接触，对犬舍及场地用 2％火碱水或 10％～20％漂白粉等反复消毒。

［治疗］治疗方法同犬瘟热，犬细小病毒病早期应用犬细小病毒高免血清治疗。目前我国已有厂家生产，临床应用有一定的治疗效果。对症治疗主要是消炎、止血止吐、补液疗法。防止继发感染，加强饲养护理。

3. 狂犬病

狂犬病，又称疯狗病、恐水症。是由狂犬病病毒引起的一种人和所有温血动物（人、犬、猫等）的直接接触性传染病。

［流行病学］病犬和带毒的其他动物是本病的主要传染源，没有年龄、性别差异，一般春、夏比秋、冬多发。病犬的唾液中含有大量的病毒，本病主要通过咬伤而传播。

［症状］本病的潜伏期长短不一，一般为 15 天，长者可达数月或 1 年以上，潜伏期的长短与感染的毒力、部位有关。临床典型病例表现分为前驱期、兴奋期和麻痹期。

（1）前驱期　病犬精神沉郁、怕光喜暗，反应迟钝，不听主人呼唤，不愿接触人，食欲反常，喜咬吃异物，吞咽伸颈困难，唾液增多，后驱无力，瞳孔散大。此期时间一般 1～2 天。

（2）兴奋期　病犬狂暴不安，主动攻击人和其他动物，自咬四肢及后驱，意识紊乱，喉肌麻痹。叫声嘶哑，下颌麻痹，流涎。有的四处游荡，且多半不归。狂暴之后出现沉郁，表现疲劳不爱动，体力稍有恢复后，稍有外界刺激又可起立疯狂，眼睛斜视。兴奋期一般为 3～4 天。

（3）麻痹期　以麻痹症状为主，出现全身肌肉麻痹，起立困难，卧地不起、抽搐，舌脱出，流涎，最后呼吸中枢麻痹或衰竭死亡。

［诊断］

（1）典型病例　根据病史、临床症状可作出诊断。

（2）实验室检验

①病理组织学检查。检出无基氏小体即可诊断为狂犬病。若为阴性结果，不可

轻易否定,因患犬脑的阳性检出率为70%~90%。

②荧光抗体检查。是一种快速而特异性很强的检测方法,应用广泛。另外还可用动物受种、酶联免疫试验等方法进行检查。

[预防]对犬等动物,主要进行预防接种,用灭活或改良的活毒狂犬疫苗免疫可预防狂犬病,其免疫程序是,活苗3~4月龄的犬首次免疫,1岁时再次免疫,然后每隔2~3年免疫1次。灭活苗在3~4月龄犬首免后,二免在首免后3~4周进行,二免后每隔1年免疫1次。

[治疗]该病目前无任何药物可以治疗,因对人畜危害很大,一经发现立即捕杀,尸体无害化处理。

4. 犬副流感病毒感染

犬副流感病毒感染是由犬副流感病毒引起的,以急性呼吸道炎症为主的病毒性传染病。

[流行病学]病犬或健康犬为主要传染源。呼吸道是本病的主要传染途径,也可经接触传染。各种年龄及品种的犬均易感染,以幼犬多发。

[症状]潜伏期为5~6天,常突然发病。病犬体温升高到39.5~40.5℃,打喷嚏,咳嗽剧烈,鼻流黏性或浆性分泌物。呼吸急促,听诊支气管,呼吸音粗。心跳加快,严重时出现呼吸性心律不齐。结膜潮红、流泪。精神倦怠,四肢无力,厌食。当与支原体或支气管皮氏杆菌混合感染时,病情加重,剧烈干咳,可持续数周之久。眼鼻分泌物增多,肺炎症状明显。2~3月龄幼犬感染后病程为1周至数周,成犬感染后症状较轻,一般可完全恢复正常。有少数犬感染后表现后躯麻痹和运动失调。

[诊断]

(1)根据临床症状、剖检变化,同时结合流行特点只能作出初步诊断。

(2)实验室检查

①病毒分离。从病犬鼻汁、咽部的分泌物中分离出副流感病毒。

②特异性荧光反应。应用犬副流感病毒特异荧光抗体,在气管、支气管上皮细胞中检出特异荧光细胞加以确诊。

[治疗]犬副流感病毒感染目前尚无特异性疗法。可采用增强机体免疫机能、抗病毒感染、抗继发感染、补充体液等方法进行对症治疗。

二、细菌性疾病

1. 犬破伤风

破伤风又名强直症,俗称锁扣风。是由破伤风梭菌产生的特异性噬神经型毒素所致的人畜共患病。

［**症状**］本病潜伏期为 5～10 天,长的可达几周。受伤的部位离头部越近,发病越快,并且症状也重。犬和其他动物相比,对破伤风毒素的抵抗力较强。临床上多见局部性肌肉强直性收缩。但部分病例可见有全身性强直痉挛,牙关紧闭怕光、怕声音、怕惊吓,稍有刺激患犬即可表现兴奋、肌肉强直、形如木马等症状,手触患犬全身肌肉僵硬。由于呼吸肌痉挛收缩可见有呼吸困难,咬肌收缩使患犬咀嚼吞咽困难。大多数病例预后不良,因进食困难,造成营养不良、衰竭死亡。但局部强直的患犬预后良好。一般破伤风病犬的康复期较长,常达 40 天。

［**诊断**］本病根据临床症状及有破伤口出现、肌肉强直性收缩和体温正常大多可以确诊。若症状不明显,可进行细菌学检查。

［**预防**］防止犬发生外伤,受伤时应及时进行外科处理,严防污染。污染的伤口应清除病原,中和毒素,用镇静解痉剂对症治疗。

［**治疗**］对感染外伤进行外科处理是清除破伤风梭菌的重要措施。首先要清创,可用 3‰双氧水、1‰～2‰高锰酸钾等进行消毒。同时在创伤周围分点注射青霉素、链霉素等。中和毒素是治疗破伤风的特效疗法。静脉注射破伤风抗毒素,可中和有力的毒素,并能使与神经细胞结合的毒素解离下来。另外再采取补液、补糖等治疗方法。

2. 犬布氏杆菌病

布氏杆菌病是人兽共患的一种传染病,以生殖系统侵害为特征。

［**症状**］犬感染布氏杆菌后,一般有两周至半年的潜伏期后才表现临床症状,多数为隐性感染,少数有临床症状。怀孕的母犬多在怀孕 40～50 天后发生流产,流产前一般体温不高,阴唇和阴道黏膜红肿,阴道内流出淡褐色或灰绿色分泌物。流产的胎儿常有组织自溶、水肿及皮下出血等特点。部分母犬怀孕后并不发生流产,在怀孕早期胎儿死亡,被母体吸收。

流产后的母犬常以慢性子宫内膜炎症状出现,往往屡配不孕。公犬感染布氏杆菌后,以睾丸炎、副睾炎、前列腺炎、包皮炎症状出现。病犬除发生生殖系统炎症外,还可发生关节炎、腱鞘炎,运动时出现跛行症状。

［**诊断**］根据临床症状可作出初步考虑,确诊需作实验室诊断,可用直接病料涂片染色镜检,或细菌分离、血清学诊断等方法。

(1)直接涂片镜检　采取胎衣、胎儿的胃肠内容物、阴道分泌物、肝脏等,将病料直接涂片,然后用改良柯氏染色法或改良耐酸染色法染色,镜检。前者将布什杆菌染成橙红色,背景为蓝色;后者将布什杆菌染成红色,背景为蓝色。

(2)血清学诊断方法　此法有补体结合反应、试管凝集反应和平板凝集反应。其中平板凝集反应简单易行,与试管凝集反应相一致,因此,只用于本病的筛选。

[预防]主要是加强检疫,坚持自繁自养,注重环境卫生,对经济价值不大的患犬,进行扑杀。

[治疗]主要是抗菌素疗法结合维生素疗法。早期可用氯霉素、土霉素、卡那霉素等,同时应用维生素 C、维生素 B_1,可提高疗效。

三、犬常见寄生虫性疾病

1. 犬蛔虫病

犬蛔虫病是由犬弓首蛔虫和狮弓首蛔虫寄生于犬的小肠的常见寄生虫病,主要危害 3 周至 5 月龄的幼犬。蛔虫病是幼犬肠套叠的主要因素之一。

[症状]幼犬感染蛔虫,症状较为明显。幼虫在肺内移行时,出现咳嗽、流鼻涕,重者可造成肺炎症状,体温升高,肺炎症状在 3 周后可自行消失。随着病情的发展,病犬食欲不振、呕吐、异嗜、渐进性消瘦、腹痛、腹部胀满,先腹泻后便秘,偶见呕吐物或粪便中有虫体,大量虫体寄生时可感到肠管套叠的界线,出现套叠或梗阻时,患犬全身情况恶化、不排便。

[诊断]根据呕吐物及粪便中见到的虫体可以确诊。一般病例,可根据临床症状和病原体检查做出确诊。病原体检查可用粪便直接涂片或饱和盐水浮集法,发现蛔虫或蛔虫卵。

[治疗]治疗蛔虫病的药物很多。常用的有左旋咪唑(每千克体重 10 mg,1 次口服)、丙硫苯咪唑(每千克体重 10 mg,口服,1 次/日,连服 3 日)。

[预防]注意环境卫生,及时清除粪便,幼犬在两个月左右一定要进行驱虫。

2. 犬绦虫病

犬的绦虫病是由假叶目和圆叶目的各种绦虫的成虫寄生于犬的小肠而引起的一种常见寄生虫病。

[症状]绦虫感染时,犬大多不显症状。重度感染时,病犬可见有精神沉郁、呕吐、异嗜、进行性消瘦、出血性肠炎等症状。有的可见神经症状,抽搐、痉挛等。当肠管逆蠕动虫体时可进入胃中,呕吐时虫体可随胃内容物一同呕出。粪便可见到大量脱落的节片。

[诊断]根据肛门周围粘有脱落的节片或粪便中有脱落的虫体节片可以确诊。实验室粪便检查,可在显微镜下看到绦虫卵加以判定。

[治疗]本病治疗的药物较多,常用的有:

(1)吡喹酮　口服或皮下注射。

(2)灭绦灵　口服,服药前禁食 12 小时。此药具有高效杀虫作用。

[预防]平时加强管理,不要让犬吃未煮熟的动物肉类、内脏及鼠类,每年定期驱

虫。1 年进行 4 次预防性驱虫。

3. 犬钩虫病

本病是由钩口科钩口属、弯口属的线虫寄生于犬的小肠,尤其是十二指肠中引起的犬贫血、胃肠功能紊乱及营养不良的一种寄生虫病。本病主要发生于热带及亚热带地区,但我国大部分地区包括北方地区均有本病流行。

[症状]感染性幼虫侵入皮肤时,可致皮肤发痒,继而出现丘疹、斑点或水疱。如有继发感染则出现脓疱。幼虫侵入肺时可出现咳嗽、发热。成虫寄生于肠道时出现呕吐、腹泻、排出带有腐臭气味的黏液性血便,消瘦、贫血、结膜苍白,因极度衰竭而死亡。

[诊断]

(1)临床诊断 根据临床症状:贫血、血便、消瘦、营养不良等均可考虑本病。

(2)实验室诊断 取粪便进行饱和盐水浮集法在显微镜下镜检,发现钩虫卵可确诊。

[治疗]可选用丙硫苯咪唑、甲苯咪唑、左旋咪唑等药物治疗,同时采用对症疗法,补液、补碱、强心、止血、消炎等。

[预防]注意环境卫生,及时清理粪便,发现或怀疑有本症的犬应及时进行隔离饲养。对幼犬及健康成犬要定期进行驱虫。

4. 犬弓形体病

弓形体病又称弓形虫病,病原是龚地弓形虫,是引起人和动物共患的寄生在细胞内的一种原虫病。目前其感染率、发病率和死亡率都有逐年上升的趋势,对人和动物的健康危害性严重。犬和其他动物除消化道感染途径外,还可以通过受损的皮肤、呼吸道、眼以及胎盘等途径感染。

[症状]多数弓形虫病病例为隐性感染,无临床症状。多见于幼龄犬,其症状为体温升高到 40～42℃,有咳嗽、呕吐、呼吸困难、便秘或下痢、后躯麻痹、癫痫样痉挛、斜颈和视力障碍等不同症状。妊娠母犬可发生早产或流产。

[诊断]本病诊断较难,一般是靠临床诊断与实验室检验相结合,实验室检验主要做病原体检查和血清学诊断。

(1)病原体检查 采集各脏器组织或体液做成涂片、压片或组织切片,做姬姆萨染色或瑞士染色,镜检,发现速殖子者即可确诊。但呈阴性者也不能排除本病,应该作进一步检查。

(2)血清学检查 主要有染色试验、补体结合试验及中和试验等。其中染色试验特异性高,而且被认为是标准的诊断方法。

[治疗]可选用磺胺嘧啶、乙胺嘧啶药物治疗。两种药物同时使用有协同作用,

增加疗效。

〔防治〕在预防犬弓形体病方面,应采取综合性防制措施:保持环境(栏舍、运动场等)清洁卫生,定期用氨水等消毒;禁止给犬喂食生肉、生乳、生蛋或含有弓形体包囊的动物脏器组织,必要时采取药物预防。

四、犬常见外科性疾病

1. 犬疥螨病

犬疥螨病是由疥螨虫引起的犬的一种慢性寄生性皮肤病。俗称癞皮病。本病是犬常见的皮肤病之一。

〔症状〕犬疥螨病幼犬较严重,多先起于头部、鼻梁、眼眶、耳部及胸部,然后发展到躯干和四肢。病初皮肤发红有疹状小结,表面有大量麸皮状皮屑,进而皮肤增厚、被毛脱落、表面覆盖痂皮、龟裂。病犬剧痒,不时用后肢搔抓、摩擦,当有皮肤抓破或痂皮破裂后可出血,有感染时患部可有脓性分泌物,并有臭味。临床可见病犬日见消瘦、营养不良,重者可导致死亡。

〔诊断〕根据临床症状和实验室诊断进行确诊。用消毒好的手术刀片在病变皮肤和健康皮肤交界处刮取皮肤取病料,将病料放置在载玻片上,滴上50%的甘油溶液、加盖玻片后,放置在显微镜下检查可见到活的疥螨虫即可确诊。

〔治疗〕药物治疗注射伊维菌素或阿微菌素,每千克体重0.2 mg,皮下注射,隔5~7天注射1次,连续2~3次,一般可治愈。对重症者可结合0.5%的敌百虫液涂擦患部药浴治疗。感染细菌者可选用广谱抗生素治疗。

〔预防〕隔离患有疥螨病的犬。注意环境卫生,保持犬舍清洁干燥,对于犬舍、犬床、垫物等要定期清理和消毒。

2. 犬蠕形螨病

犬蠕形螨病是由犬蠕形螨引起的犬的一种皮肤寄生虫病。它寄生于犬的皮脂腺和毛囊内。本病又称毛囊虫病或脂螨病,是一种常见而又顽固的皮肤病。

〔症状〕蠕形螨症状可分为鳞屑型和脓疱型。

(1)鳞屑型 主要是在眼睑及其周围、额部、嘴唇、颈下部、肘部、趾间等处发生脱毛、秃斑,界限明显,并伴有皮肤轻度潮红和麸皮状屑皮,皮肤可有粗糙和龟裂,有的可见有小结节。皮肤可变成灰白色,患部不痒。

(2)脓疱型 继发细菌感染后可形成广泛的出血性化脓性皮炎,皮肤病变处有浆液渗出或形成小脓疱,脓疱破溃,流出恶臭的脓汁,有结痂形成。

〔诊断〕根据病史及临床症状可作出初步诊断,确诊需进行病原体检查。取皮肤刮屑进行镜检,若发现虫体即可确诊。

[治疗]本病特效疗法是皮下注射伊维菌素,每千克体重0.5～1.0 mg,严重的犬剂量可加大到每千克体重1.5 mg,隔7天重复注射1次,重者可重复注射3～4次。

对于脓疱严重的可将脓疱开放用3%过氧化氢液清洗后涂擦2%碘酊。全身性感染的病例可结合抗菌素疗法。

[预防]同犬疥螨虫。

3. 犬眼球脱出

眼球脱出指眼球由于外力作用脱出于眼眶以外。该病多发于北京犬、西施犬及眼球较大的犬。

[病因]主要是因为犬之间相互打斗或其他外力因素作用于眼部。

[症状]突然发生整个眼球脱出于眼眶之外,不能自回。患犬疼痛不安,有高度的不适感,有的眼球因外伤或自身搔抓可见有眼球损伤。脱出时间较长的眼球,角膜干燥、角膜上粘有被毛及其他污物,瞳孔反射迟钝或无反射。严重的可见角膜萎缩、坏死或穿孔。

[治疗]对于症状轻的可采取眼球复位术,其方法为患犬全身麻醉,首先进行眼球冲洗。用3%硼酸水或混合生理盐水将眼球上的污物彻底冲洗干净,最后用混有青霉素的生理盐水冲洗。用创巾钳将上下眼睑提起,再用湿的灭菌纱布将眼球轻轻压入眼眶内。眼球上涂布四环素眼膏。为了防止眼球再次脱出可在上下眼睑结节缝合2～3针。同时,在上下眼睑皮下做封闭疗法,全身注射抗菌消炎药。

对于眼球已坏死、没有治愈希望的,应施行眼球摘除术。

4. 犬瞬膜腺(增生)突出症

瞬膜腺突出症是犬的一种常见眼病,有人将其称为哈德氏腺增生。本病特点是在眼的内眼角突然出现红色小肿物,多见于幼龄发育的犬,并以小型犬多见。

[病因]有人认为和遗传有关,也有认为与小型长毛犬毛发长、反复刺激有关。

[症状]在内眼眦处,出现一红色肿物。可单侧发生,也可两侧同时发生。病犬表现流泪、发痒、不适、用前爪搔抓。一般不影响视力。如不治疗,肿物增大后可继发其他眼病。本病对精神、食欲及全身情况无影响。

[治疗]最好的治疗方法是手术摘除肿物。犬经全身麻醉后,使用青霉素的注射水冲洗眼结膜,并滴含有肾上腺素的局麻药。用组织钳夹住重物外包膜,充分显露其基部,以弯头止血钳夹持基部数分钟,然后以手术刀沿止血钳外侧切除,或以外科小剪刀剪除。腺体务必切除干净,尽量不损伤结膜及瞬膜,用烧红的注射器针头对腺体断缘烧烙止血,再以青霉素水溶液冲洗伤口,取出夹钳。

5. 犬结膜炎

结膜炎是指睑结膜和球结膜受外界刺激和感染而引起的炎症。以结膜充血和眼分泌物增多为特征。犬常发生本病。

[病因] 机械性损伤、眼睑外伤、结膜外伤、眼内异物刺激、倒睫、眼睑内翻,化学性药物刺激,石灰粉、氨气,各种有刺激性的化学消毒药液及洗浴药液误入眼内。传染性因素及寄生虫性因素,如犬瘟热、眼丝虫病。

[症状] 初期,结膜潮红、肿胀、充血、流出水样分泌液,内眼角下面被毛变湿,眼睛半闭。随着炎症的发展,眼睑肿胀明显,眼分泌物变成黏液性或脓性,上下眼睑被脓性分泌物粘合在一起,眼角上被黄白色的分泌物覆盖,病犬不时用两前肢搔抓眼部。打开眼睑检查可见眼球上及结膜上有大量的脓性分泌物积存。如不及时治疗可侵害角膜,使角膜变混浊,继发角膜炎。

[治疗] 清除眼内分泌物,抗菌消炎。患有结膜炎的犬,应放于光线暗的屋舍内,防止光线刺激眼睛。清洗患眼可用 3% 硼酸、1% 明矾溶液或生理盐水,用醋酸氢化可的松眼药水点眼消炎。

6. 犬骨折

骨的连续性或完整性因外力作用遭受破坏称为骨折。骨折常伴有不同程度的软组织损伤,如神经、血管、肌肉挫伤断裂等。犬常常发生四肢长骨骨折、脊柱压缩性骨折和下颌骨折。

[症状] 犬骨折易于诊断,根据症状和病史再结合触压检查一般不难作出初步诊断。但无论是可疑骨折还是已确诊为骨折,有条件的情况下,都应进行 X 射线拍片检查。这样不仅可确诊骨折类型和程度,而且还能指导整复复位,监测愈后情况。

[治疗] 当骨折发生后,要限制犬的活动,如为开放性骨折要控制出血,防止休克。治疗方法有保守疗法和外科手术疗法。

[术后护理] 骨折术后护理对于骨的愈合较为重要,因此要加强术后管理。使用抗生素控制感染。饮食中补充维生素 A、维生素 D 和各种钙制剂。适当地进行患肢功能锻炼,防止关节僵硬、肌肉萎缩,并随时观察固定松脱,患部不适或有肿胀疼痛情况,一旦异常及时处理。定期进行 X 线检查,掌握骨折愈合情况,适时拆除内外固定。

五、犬常见内科性疾病

1. 犬胃炎

胃炎是指胃黏膜的急性或慢性炎症。有的可波及到肠黏膜出现胃肠炎。胃炎是犬最常见的一种疾病。

[**病因**]采食腐败变质或不易消化的食物及异物。服用刺激性强的药物引起。由其他疾病继发引起,如犬瘟热、犬传染性肝炎、细小病毒性肠炎、肾炎、肠道寄生虫病。

[**症状**]临床上以呕吐、腹痛、精神沉郁为主要特征。病犬有较强的渴感,但饮后即吐,食欲减少或不食,有脱水、消瘦症状。由异物引起,呕吐物中可见有异物或血液。触诊腹部敏感反抗,喜欢蹲坐或趴卧于凉的地面上。

[**治疗**]以保护胃黏膜、抑制呕吐、除去病因、防止脱水为原则。

2. 犬肠炎

肠炎是指肠黏膜急性或慢性炎症。肠炎可作为仅侵害小肠的一种独立疾病,但更常见的是胃、小肠和结肠的广泛炎症。通常所说的肠炎是包括胃、小肠和结肠炎症的通称。

[**病因**]肠炎的病因与胃炎的病因大致相同,但这种疾病通常是由于某些传染病、寄生虫病、中毒病继发。如犬瘟热、细小病毒、冠状病毒、绦虫、蛔虫、钩虫、鞭虫、滴虫有机磷中毒及其他农药中毒。另外,致病细菌也可引起肠炎,如大肠杆菌、沙门氏细菌、变形杆菌等均可引起肠炎。

[**症状**]肠炎的主要症状是腹泻、腹痛、发热和毒血症。病初多以肠卡他症状出现,粪便带有黏液及软便。当炎症波及黏膜下层组织时,粪便呈水样,并有臭味。十二指肠有炎症时,可出现呕吐症状。当肠黏膜有损伤出血时,粪便呈番茄酱色,并有腥臭味,里急后重,重的犬可见肛门失禁。全身变化较重,精神沉郁,反应迟缓,全身无力,体温升高 40～41℃以上,心动过速,可视黏膜绀红、眼球下陷,高度脱水,酸中毒。重者可昏迷、自体中毒死亡。

[**治疗**]根据病情对犬禁食,选用药物止血、止吐、驱虫,补液、消炎、纠正酸中毒等进行对症治疗。

3. 犬感冒

感冒是一种急性上呼吸道黏膜炎症的总称。临床上以流鼻涕、打喷嚏、羞明流泪、体温升高为特征。

[**病因**]突然遭受寒冷刺激,如天气骤变、舍内气温低、露宿室外、洗澡后没有及时将被毛吹干;长途运输地区温差大。

[**症状**]精神沉郁,眼睛半闭,羞明流泪,结膜充血红肿,鼻腔流浆液性鼻液,打喷嚏,体温升高 39℃以上,呼吸快,有时有咳嗽。食欲减少。幼犬发病时,如没有做过免疫,抵抗力降低,易继发其他传染病。

[**治疗**]单纯性感冒,如及时治疗,可很快治愈;如治疗不及时,幼犬可继发支气

管肺炎。可采取解热、除去病因,防止继发感染的方法治疗。

[预防]加强饲养管理,防止寒冷刺激。

六、犬常见产科病

1. 犬子宫内膜炎

子宫内膜炎是子宫黏膜的炎症,往往炎症可扩散到黏膜下层或肌层。

[病因]通常是在发情期、配种、分娩、难产助产及产后期中,致病微生物,如链球菌、葡萄球菌、大肠杆菌等通过阴道上行造成子宫感染。阴道炎、流产、死胎、布氏杆菌病、沙门氏菌病等,均可继发子宫内膜炎。

[症状]急性子宫内膜炎,多见于产后几天内,体温升高、精神沉郁、烦渴贪饮、不食,有时呕吐、弓背努责,有的可见从阴道排出少量混浊絮状分泌物。

慢性子宫内膜炎,可由急性炎症转来,也可由慢性炎症刺激引起,精神食欲变化不大。但体质大多消瘦,有从阴道流出白色浆液性分泌物,一般不发情,有个别发情的犬,但不能受孕。触诊子宫可触及到子宫角变硬、粗大。大量液体积存时,可有波动感。外观可见腹围增大。

[治疗]注射己烯雌酚让子宫口开张,排出分泌物。全身应用抗菌素。对于治疗无效的病例,应考虑卵巢子宫切除术。

2. 犬难产

犬难产是指怀孕的母犬在分娩过程中,超过正常的分娩时间而不能将胎儿娩出。

[病因]主要有胎儿和母体两个原因。

(1)母体方面因素 产力性难产:因母犬体弱、阵缩及努责微弱,阵缩及破水过早,子宫自身疾病造成;产道性难产:子宫捻转、子宫颈狭窄、子宫颈畸形、骨盆狭窄等。

(2)胎儿方面因素 胎儿过大、过多、双胎难产(双胎儿同时起动、揳入产道、胎儿畸形),胎位不正、胎儿姿势不正及胎儿方向不正等因素造成。

[助产]根据难产的不同原因采取不同的措施助产。产力性难产的犬,可用药物催产,结合产钳牵引助产。对于其他因素引起的难产,应立即施行剖腹产手术治疗。

3. 犬产后低血钙症

产后低血钙症是因血钙降低而出现的一种全身强直性痉挛,以呼吸困难、体温升高为特征的疾病。多发生于小型犬。

[病因]日粮中缺少钙质食物和维生素 D;妊娠阶段中,随着胎儿的发育、骨骼的形成,母体大量的钙被胎儿夺去,在哺乳阶段,血液中钙进入乳汁中的量很大,超出母

体的补偿能力,即可呈现肌肉兴奋性增高,出现全身性痉挛症状。

[**症状**]产后低血钙症大多出现在产后 15 天左右,一般没有任何征兆,突然发病。患犬表现不安、兴奋、步态强拘,有时嚎叫、站立不稳、全身肌肉强直抽搐、口吐白沫、呼吸困难,可视黏膜发绀、体温升高 40℃ 以上,个别犬可达 42℃。大多数犬强直性抽搐,没有间歇。如不及时抢救治疗或误诊,可在数小时内死亡。

[**诊断**]根据临床症状和血液检查可以确诊。血清钙检查在 7 mg 以下。

[**治疗**]

(1)静脉滴注 10％葡萄糖酸钙是十分有效的疗法。一般在滴注钙 1/2 量时大部分症状均可得到缓解,输入全量钙后症状即可消除。

(2)对症治疗,退热、防止肺水肿。

(3)减少哺乳次数,逐步过渡到人工哺乳。

(4)改善母犬的饲养配方,给予含钙多的食物。

七、犬常见中毒性疾病

1. 中毒的一般治疗措施

(1)切断毒源 为使毒素不再进入犬体内,必须让犬立即离开毒源,停喂可以引起有毒的食物或饮水,离开有毒的环境。若皮肤为毒物所污染,应立即用清水或能破坏毒物的药液洗净。不要用油类或有机溶剂,因为它们能透过皮肤,增加皮肤对毒物的吸收。

(2)阻止或延缓毒物的进一步吸收 根据情况不同可选用不同方法,大致有以下几种:

①冲洗法。对于经皮肤吸收的毒物,可用清水反复冲洗患犬的皮肤和被毛,并要冲净,或放入浴缸中清洗。为了加快有毒物的消除,在皮肤上可以使用肥皂水(敌百虫中毒时例外)冲洗,以加快可溶性毒物的清除。

②催吐。摄入毒物不超过 1～2 小时时,可使用阿朴吗啡催吐,静注每千克体重 0.04 mg,或肌注、皮下注射每千克体重 0.08 mg。摄入毒物超过 4 小时以上时,大多数毒物已进入十二指肠,不能用催吐药物。误食强酸、强碱腐蚀性毒物时,不宜催吐,以防对食道和口腔黏膜的损伤,或使胃破裂。

③洗胃。此法是在不能催吐或催吐后不能见效的情况下使用的方法。毒物摄入 2 小时内使用效果好,它可以排出胃内容物,调节酸碱度,解除对胃壁的刺激及幽门括约肌的痉挛,恢复胃的蠕动和分泌机能。对于急性胃扩张也可用此方法。常用温盐水、温开水、1％～2％ NaCl 溶液、温肥皂水、浓茶水和 1％苏打液等。洗胃的液体按每千克体重 5～10 ml 的量,反复冲洗,洗胃液中加入 0.02％～0.05％的活性碳,

可加强洗胃效果。

④吸附。摄入的毒物已超过 1～2 小时,毒物虽已进入肠道但尚没完全吸收时,可口服活性炭吸附毒物,能有效地防止毒物的吸收。但应注意的是,治疗中毒应用植物类活性炭,不要使用矿物类或动物类活性炭。具体方法是:用 1 g 活性炭溶于 5～10 ml 水中,每千克体重用 2～8 g,每天 3～4 次,连用 2～3 天。服用活性炭后 30 分钟,应服泻剂硫酸钠,同时配合催吐或洗胃,疗效更好。但活性炭对氰化物中毒无效。

⑤导泻。当毒物已由胃送达肠道时,为了加速排出,一般多用盐类泻药。常用的盐类泻剂如 Na_2SO_4 和 $MgSO_4$,每千克体重口服 1 g 润滑性泻药如液体石腊,口服 5～50 ml。注意不能使用植物油,因为毒物可溶于其中,延长中毒时间。

(3)加快已吸收毒物的排除 利尿剂可加速毒物从尿液中排除,但应在犬的水及电解质正常、肾功能正常的情况下进行。常用速尿和甘露醇。速尿:每千克体重 5 mg,每 6 小时 1 次,静注或肌注。甘露醇:静脉注射每千克体重每小时 2 g。使用时,若不见尿量增加,应禁止重复使用。见效后,为防脱水可配合静脉补液。

2. 常见中毒性疾病

(1)灭鼠药类中毒

①安妥类灭鼠药中毒。这是一种强力灭鼠药,白色无臭味结晶粉末,可引起肺毛细血管通透性加大,血浆大量进入肺组织,导致肺水肿。

[症状]犬食入几分钟至数小时后,呕吐,口吐白沫,继而腹泻,咳嗽,呼吸困难,精神沉郁,可视黏膜发绀,鼻孔流出泡沫状血色黏液。一般摄入后 10～12 小时时出现昏迷嗜睡,少数在摄入后 2～4 小时内死亡。

[治疗]此中毒无特效解毒药,可用催吐、洗胃、导泻和利尿的方法。

②磷化锌类中毒。这是一种常用灭鼠药,呈灰色粉末。食入后几天,它在胃中与水和胃酸混合,释放出磷化氢气,引起严重的胃肠炎。

[症状]患病犬腹痛,不食,呕吐不止,昏迷嗜睡,呼吸快而深,窒息,腹泻,粪中带血。

[治疗]可灌服 0.2％～0.5％的 $CuSO_4$ 溶液 10～30 ml,以诱发呕吐,排出胃内毒物。洗胃可用 0.02％ $KMnO_4$ 溶液,然后用 15 g Na_2SO_4 导泻。静注高渗葡萄糖溶液利于保肝。

③有机氟化物类灭鼠药中毒。这是一种含氟类灭鼠药,药性较强。

[症状]这是剧毒药,吃后 2～3 天病犬躁动不安、呕吐、胃肠机能亢进、乱跑、吠、全身阵发性痉挛,持续约 1 分钟,最后死亡。

[治疗]可肌注解氟灵,每千克体重 0.1～0.2 g,首次用量为全天量的 1/2,剩下的 1/2 量分成 4 份,每 2 小时注射 1 次。配合催吐和洗胃。给病犬喂生鸡蛋清,有利

于保护消化道黏膜。

（2）有机磷农药类中毒　有机磷广泛应用于农业上作为杀虫剂，如敌百虫、乐果、敌敌畏等。

[症状] 犬大量流涎，流泪，腹泻，腹痛，小便失禁，呼吸困难，咳嗽，结膜发绀，肌肉抽搐，继而麻痹，瞳孔缩小，昏迷。多因呼吸障碍而死亡。

[治疗] 首先缓慢静注硫酸阿托品，每千克体重 0.05 mg，间隔 6 小时后，皮下或肌注每千克体重 0.15 mg 的硫酸阿托品。解磷定可增强阿托品的功能，缓解肌肉痉挛的药，有助于症状的缓和。应注意个别犬对解磷定、氯磷定过敏。

（3）氯化烃类中毒　此类农药包括 DDT、六六六等。

[症状] 犬极度兴奋、狂躁不安或高度沉郁头颈部肌肉首先震颤，继而波及全身，肌肉痉挛收缩，随后沉郁，流涎不止，不食或少食，腹泻。

[治疗] 可用清洗法洗胃，然后用盐类泻剂导泻。对症治疗，过度兴奋的犬可给予镇静药。犬脱水、不食，应补液、补糖等。

（4）食物类中毒　犬食入腐败变质的鱼、肉、酸奶和其他食物后，由于这些变质的食物中含有较大数量的变形杆菌、葡萄球菌毒素、沙门氏菌肠毒素和肉毒梭菌毒素而引起中毒。

[症状] 突然呕吐，腹痛，下痢，呼吸困难，鼻涕多，瞳孔散大，抽搐和惊厥，共济失调，犬可能昏迷，后躯麻痹，体弱，血尿，粪便黑色。

[治疗] 切断毒源，中和毒素，采用催吐、补液等方法对症治疗，必要时可以洗胃、灌肠。

[预防] 平时应喂犬干净、新鲜的食物，尽量喂煮熟的食物，食物不能久放。

第二章　观赏猫

第一节　猫的种类

猫科动物广泛分布在除大洋洲和南极洲以外的世界各地,是肉食性最强的一类动物,是隐秘而高超的猎手,大型猫科动物一般都是各地顶级的掠食者。

猫类最早出现于新生代始新世(距今约 6000 万年)的猎猫类,而最早的猫科动物出现在渐新世(距今约 3000 万年)。真正的猫科动物诞生后向着两个方向发展,一支上犬齿逐渐延长,另一支犬齿趋于变小而身体比较灵活。上犬齿逐渐延长的这一支被归入剑齿虎亚科,其中以晚期的剑齿虎为代表。剑齿虎大概是史前哺乳动物中最引人注目的,体型巨大,上犬齿特别发达,可能以厚皮动物为食,并随着厚皮动物的减少而消失。

犬齿趋于变小的猫科动物又可以分成三支,一般分成以下三个亚科:

猫亚科:大多是小型猫类,不能大声吼叫。

猎豹亚科:体形趋于流线型,向快速奔跑发展。

豹亚科:大型猫类,能够发出大声的咆哮。

一、猫亚科

1. 野猫和家猫(猫属)

(1)非洲野猫(彩图 2-1)　分布在非洲和阿拉伯地区的山地、平原和树林。但在热带雨林没有分布。北非地区的非洲野猫也是家猫的祖先。

(2)欧洲野猫(彩图 2-2)　分布在除了斯堪的纳维亚半岛的欧洲大部分地区。

主要居于落叶阔叶林和针叶林带。

(3)亚洲野猫(彩图 2-3) 也叫印度野猫。分布于中东、印度、俄罗斯和中国。主要居于比较干旱的地区(中国境内的野猫也被称做草原斑猫)。

野猫一般吃啮齿动物、昆虫、鸟类和一些小的哺乳动物。野猫是独居动物,夜行性。一般在清晨和黄昏时分出猎。

野猫生存的最大威胁来自于和家猫的杂交,使它们的种群趋于弱势。栖息地的损失、对皮毛的需求也使野猫的生存受到威胁。有些地区的野猫捕食家禽,也遭到当地人们的捕杀。

家猫的祖先可追溯到公元前 2500 年左右,当时的人们为了控制鼠患,保护谷仓,便驯养野猫作为他们的捕鼠帮手。因为野猫的出色表现,从而被当时的人们尊崇为圣兽。

家猫的品种众多,很大一部分家猫品种的诞生是受到人类的影响。如苏格兰折耳猫。不同品种的家猫毛发有长有短,平均体重约有 3.0~4.5 kg,毛色多样。

家猫和它们大部分的野生亲戚一样,是非群居动物。游离于人类家庭之外的家猫尽管会在野外集群,但不会像群居动物那样干出团队合作之类的事来,比如围捕猎物等等。

家猫的繁殖能力很强,它们在人类的城市中生活,也没有自然天敌。理论上,2只未做绝育的猫及其子孙在 7 年内可以产仔 42 万只。惊人的繁殖能力使得它们在许多国家都变得数量过剩。即便在对动物保护做得比较成熟的美国,每年也会有数百万只健康猫因为无法找到领养家庭而被迫在救助中心被实施安乐死。

2. 荒漠猫(猫属)(彩图 2-4)

荒漠猫体重一般为 5 kg 左右。体色为棕黄色,背部的皮毛较厚,耳廓很宽,便于它们在大漠中捕捉细小的声音。荒漠猫一般捕食啮齿动物、兔类、鸟类等。

荒漠猫是孤独的夜行者,一般居住在只有一个出入口的土洞中,而雌性的土洞要比雄性的更深。春季地表尚未完全解冻时,它们依靠灵敏的视觉、嗅觉和听觉,用前爪在高原鼢鼠的洞道上方将表土拨开,待高原鼢鼠出来封堵洞口时将其捕获。对于在地面活动的鼠类,它们一般都能就地捕获。夏季是荒漠猫的繁殖、哺乳季节,这时大量的鼠类幼仔也开始独立生活,在地面上活动频繁,恰好为荒漠猫提供了丰富的食源,有利于哺育幼仔,所以在这时期荒漠猫的活动范围也比较小,而且很固定。秋季各种鼠类相继侵入农村田野中自然干燥的麦垛附近,有的从地下挖掘洞道一直延伸至麦捆下面,将麦穗和麦茎拉入洞道,此时荒漠猫也尾随鼠类而来,夜间在麦捆周围活动频繁。冬季气温低,天寒地冻,荒漠猫就在夜间到悬崖边上去捕食雀类、鸡类等中、小型鸟类,但过深的积雪常常影响鼠类的活动,造成荒漠猫食物短缺,有时被迫迁移到居民区附近活动,盗食家禽。

3. 丛林猫(猫属)(彩图 2-5)

丛林猫又叫狸猫、麻狸,体重大约为 3～5 kg。全身的毛色较为一致,缺乏明显的斑纹,背部呈棕灰色或沙黄色,背部的中线处为深棕色,腹面为淡沙黄色。四肢较背部的毛色浅,后肢和臀部具有 2～4 条模糊的横纹。尾巴的末端为棕黑色,有 3～4 条不显著的黑色半环。眼睛的周围有黄白色的纹,耳朵的背面为粉红棕色,耳尖为褐色,上面也有一簇稀疏的短毛,但没有猞猁那样长而显著。

丛林猫栖息在沿河、环湖边的芦苇或灌木丛、海岸边海拔较低的森林地带,或具有高草的树林、田野,以及海拔 2500 m 以上的山区,有时也到村庄附近,但不见于热带雨林中。它的嗅觉和听觉都很发达,善于奔跑和跳跃,能攀树,常用尿液标记领地。主要以鼠、兔、蛙、鸟为食,也吃腐肉和果实,特别喜欢捕食鹧鸪、野鸡和孔雀等雉鸡类,偶尔也潜入村庄盗食家禽。性情凶猛,敢于同家狗进行搏斗。

4. 沙猫(猫属)(彩图 2-6)

沙猫主要生活在沙漠地带。是一种小个头的猫科动物,体长不过 45～57 cm。沙猫的腿短,头宽,还有一对大得夸张的耳朵。它们的毛发不算长,但十分浓密。沙猫的体色多为浅沙黄色或浅灰色,它们背部的颜色稍深,腹部则偏白,背上和四肢外侧都有一些横向的深色条纹或斑点。它们的尾巴较长,超过身长的一半,尾巴上也环绕着一些深色条纹。沙猫的头骨很宽,眼睛颇大(貌似还有一圈黑眼线),两颊各有一道深色条纹飞入眼角。它们的鼻骨较长,鼻子比较大,这不仅使它们的嗅觉灵敏,据说还有助于锁住水分。沙猫的爪子和肉垫上还覆盖着长达 2 cm 的长毛,它们并不擅长攀爬跳跃,不过挖洞的本领却十分高超。

5. 黑足猫(猫属)(彩图 2-7)

黑足猫是最小的猫科动物之一,最大的雄性体重也只有 2.3 kg,雄性比雌性大31%。这种猫的名字来源于它们的足底有黑色的标记。黑足猫的皮毛呈淡棕黄色,不同的个体从肩部、尾部到腿部都有黑色的条纹。

黑足猫吃无脊椎动物、鼠类、鸟类、爬行动物以及它们的卵。它们的食谱中 50%是各种蜘蛛,雄性能捕捉野兔。黑足猫一个晚上能吃掉相当于它们体重 1/5 的食物,有时也能将食物保存起来。黑足猫也是孤独的夜行者,它们用尿液和粪便标出自己的领地,一只雄性猫的领地内有多只雌性猫。

6. 兔狲(彩图 2-8)

兔狲体型与家猫相似,体重 2～3 kg,身体粗壮而短,尾毛蓬松,显得格外肥胖。它的额部较宽,吻部很短,颜面部几乎直立,近似于猿猴类的脸型。瞳孔为淡绿色,收缩时呈圆形,但上下方有小的裂隙,呈圆纺锤形。耳朵短而圆,两耳相距较远,耳背为红灰色。尾巴粗圆,长度约为 20～30 cm,上面有 6～8 条黑色的细纹,尾巴的尖端长毛为黑色。全身被毛极密而软,绒毛丰厚如同毡子一般,尤其是腹部的毛很长,为背毛长度的一倍多。头顶为灰色,具有少数黑色的斑点。颊部有 2 条细的横纹。身体的背面为浅红棕色、棕黄色或银灰色,背部中线处色泽较深,常具有暗黑色泽,后部还有数条隐暗的黑色细横纹。

兔狲栖息在沙漠、荒漠、草原或戈壁地区,能适应寒冷、贫瘠的环境,常单独栖居于岩石缝里或利用旱獭的洞穴。巢穴通路弯曲,深度一般在 2 m 以上。夜行性,多在黄昏开始活动和猎食。冬季食物缺乏时白天也出来觅食,或移居村落附近。视觉和听觉发达,遇危险时则迅速逃窜或隐蔽在临时的土洞中。腹部的长毛和绒毛具有很好的保暖作用,有利于长时间地伏卧在冻土地或雪地上,伺机捕猎。叫声似家猫,但较粗野。主要以鼠类为食,也吃野兔、鼠兔、沙鸡等。

7. 薮猫(薮猫属)(彩图 2-9)

薮猫的相貌确实"超凡脱俗":纤细的身体,修长的四肢,颀长的脖子,外加一对紧密相靠的超大耳朵,让古代人有了"狼"和"鹿"的联想也不足为奇。薮猫体长约有67～100 cm。它们的四肢相当长,竟然将近 1 m。薮猫浑身沙黄或红棕色,身上布满黑色的斑纹或斑点,腹部的颜色偏白。在西非的薮猫身上的斑点比较小,斑点也不那么明显,以至于一度被人认为是另外一个独立的物种。总的来说,来自湿润地区的薮猫斑点更为精巧,而较为干旱地区的薮猫斑点则比较大。薮猫的尾巴较短,不到身长的 1/3,尾巴上有黑色的环纹装饰。它们的头部小,口吻部位比较长。当然,最有特色的还是那对大耳朵。薮猫的耳朵长,位置比较高,而且两耳距离也很近,耳背毛色黑白相间。

薮猫喜欢在水源充足的高草草原地带生活,在那里,它们可以利用修长的四肢像羚羊般在高高的草丛或芦苇间到处跳跃。

同多数猫科一样,薮猫也基本在晨昏或夜间活动。如果在雨季或哺育后代的时候,它们也会白天出来捕食。另外,部分地区的薮猫也会根据猎物的活动情况适当调整自己的作息习惯选择白天捕食。别看薮猫个头不小,但它们平常基本只捕捉小动物,例如各种鼠类、兔类、鸟、蛇、青蛙、蜥蜴、昆虫。运气好的话它们也能抓点小羚羊之类个头比较大的动物好好饱餐一顿,因为薮猫虽然生了两对超级长腿,但对草原追逐战并不那么感兴趣,而更愿意利用长腿优势占高望远、攀爬跳跃。比如它们会飞身跃入空中,用两只前爪拍击鸟类和昆虫,或者把它们按在爪下。薮猫在捕捉猎物的时候常常先用爪子连续击打,把猎物拍晕甚至打死,然后才用嘴撕咬。薮猫的大耳朵在捕猎当中自然也起了重要作用,它们需要用那对超强大的耳朵聆听草丛或地下小动物细微的活动声,分辨这些小东西的位置。曾有人看见它们埋伏在猎物的洞外,等那个"小倒霉"一接近洞口,它们就用长长的爪钩把猎物从洞里拖出来,甩到空中再行捕捉。

8. 亚洲金猫(金猫属)(彩图 2-10)

金猫属于中等体型的猫科动物,身体总长约 116～161 cm,其中尾巴就有 35～56 cm 长。金猫也有不同的毛色,在我国它们也因毛色的多变而得到不同的别名:全身乌黑的称"乌云豹";体色棕红的称"红棒豹";体色暗棕黄色的则被人称为"狸豹"等等。它们的眼睛又大又圆,耳朵短小而直立,当然还不能忘了脸部漂亮的斑纹:两眼内角各有一条粗粗的白色或黄白色条纹,面颊两侧还各有白色和深色相间的条纹相衬,十分美丽。

金猫属于奉行"独身主义"的夜行性动物,白天基本在树洞里休息。它们的活动区域比较固定,活动范围大约只有 2～4 km。捕食范围除了大个儿点的啮齿动物以外,还捕食小型的有蹄类、野禽等动物,和人类居住区相近的金猫还可能捕食村民小型的家畜。

曾一度属于金猫栖息地的印度和印度尼西亚如今已见不到野生的金猫,而在我国,根据对金猫皮毛的统计,估计它们的野生数量只在 3000～5000 只之间。我国也已将它们列入 II 级重点保护动物名单。

9. 婆罗洲金猫 (金猫属)(彩图 2-11)

婆罗洲金猫的个头和家猫差不多大,约 53～67 cm。它们的毛色分两种,大部分的婆罗洲金猫毛色呈栗红,上面隐约点缀着黑色斑纹,它们腹部和四肢内侧的毛色是较浅的黄棕色,毛皮上还有些黑色的小斑点。还有一种是灰色,数量应该较少。婆罗洲金猫的耳尖较圆,耳后毛色渐深。眼角内侧上部各有一条深色条状斑纹向头顶延伸,形成一个"M"字。下颚下方的颜色近白,并有两条浅棕色的条纹在面颊后方交汇。婆罗洲金猫的尾巴颇长,尾尖渐细,尾巴内侧有浅色的条纹,到了尾尖毛色见白,上面还点缀着一些细小的黑点。

婆罗洲金猫对生物学家而言属于颇为神秘的物种。很长一段时间内,由于没有谁在自然界亲眼见过这种猫科动物的活体,它一度被认为已经灭绝。没人知道它的习性,对它的一切研究成果仅来自于保存在欧洲自然历史博物馆中的 5 张皮和两副头骨。

由于森林被砍伐和人类居住地持续扩充等原因,这些神秘小动物的栖息地日渐缩小,它们的数量本来就极其稀少,它们的未来可谓令人忧心。

10. 非洲金猫 (非洲金猫属)(彩图 2-12)

非洲金猫尽管被称之为"金猫",但它们却并非全都是金棕色,也有银灰或石板灰色的,这种毛色的金猫也被人们称之为"银猫"。它们的脸颊和下巴的毛色呈白色,四肢和腹部内侧往往有斑点点缀着,有的金猫甚至全身都有斑点。长着绿色或棕色的漂亮眼睛,鼻子和嘴在那圆圆的小脑袋上显得宽大而突出。耳朵后面的毛色是黑的,耳尖上还有一小簇黑毛。尾巴有身体和头部的一半长,尾巴上方有时还会有明显的暗色环线。它们的个头挺大,差不多是家猫的两倍,平均身长约 75～140 cm,站立高度足足有 50 cm。

非洲金猫似乎喜欢吃各种啮齿类动物、爬行动物、鸟以及小型哺乳动物,当然有时候也会袭击家禽家畜。

11. 西表猫(马来亚猫属)(彩图 2-13)

西表岛位于我国台湾省东部,距离台湾仅 200 km 左右,是日本冲绳县的第二大岛。西表岛以山丘为主,岛上 90％的面积覆盖着热带、亚热带原始森林,岛上未经人类大肆开发的原始自然环境使许多珍稀野生动物得以在这里繁衍生息,其中就包括我们的"天然纪念物"——西表猫。

西表猫的体型和家猫相当,体长约有 50～60 cm。不过和家猫相比,西表猫的腿和尾巴都比较短。它们的毛色一般为深褐色,身上有数条深色的斑纹纵向排列,从脖后至肩部还有 5～7 条深色条纹。和多数猫科动物一样,它们的耳背也是深色的,中间镶嵌着浅色的斑点,腹部也是浅色的。它们的尾巴虽然不长,但却很浓密,粗尾巴上环绕着数条深色环纹。另外,由于爪鞘不完整,它们的爪子也无法完全收回爪鞘,同时趾间还有一部分蹼相连。

西表猫基本在夜间和晨昏活动,捕食各种鼠类、蝙蝠、鸟类、青蛙、昆虫、鱼类等等。西表猫有强烈的领土意识,这些独身主义者们的领地通常有 2～3 km²。它们用尿液标示自己的家园范围,并定期巡视。

12. 锈斑猫(豹猫属)(彩图 2-14)

锈斑猫是猫科动物家族中的小个头儿,体长只有 35～48 cm,和一只普通家猫差不多。锈斑猫身材修长,四肢较短,肉垫为黑色。尾巴约为身长的一半,也没有明显的斑纹。毛色以灰色为主,身上纵向绘有几道红褐色的斑纹或斑点,四肢外侧和胸部也有几条水平的条纹。它们的下巴、四肢内侧和胸腹部都是白色的。头部偏小,面颊有两道深色条纹装饰。它们长有一对明亮的大眼睛,眼睛四周还绘有一圈白色的眼线。它们的耳朵则相对小一点儿。

锈斑猫白天大多在窝里睡觉,到了晚上才出来活动。据说它们也是攀爬高手,在树上也能轻松捕食。它们主要捕捉鸟类和小型哺乳动物,但也会捉些爬行动物、昆虫、蛙类补充营养。另外,只要有可能,它们也会袭击人类家禽。

13. 豹猫(豹猫属)(彩图 2-15)

该物种已被列入国家林业局 2000 年 8 月 1 日发布的《国家保护的有益的或者有

重要经济、科学研究价值的陆生野生动物名录》。豹猫是小型猫科动物,体重 3～7 kg,体长 40～107 cm,尾长 15～44 cm。头圆形,两眼内侧至额后各有一条白色纹,从头顶至肩部有四条黑褐色斑点,耳背具有淡黄色斑,体背基色为棕黄色或淡棕黄色,胸腹部及四肢内侧白色,尾背有褐斑点半环,尾端黑色或暗棕色。

豹猫主要栖息于山地林区、郊野灌丛和林缘村寨附近。窝穴多在树洞、土洞、石块下或石缝中。豹猫主要为树栖,攀爬能力强,在树上活动的时候灵敏自如。它们多独栖或成对活动。擅长游水,喜欢在水塘边、溪沟边、稻田边等近水之处活动和觅食,主要以兔鼠类、松鼠、飞鼠、兔类、蛙类、蜥蜴、蛇类、小型鸟类、昆虫等为食,也吃浆果、榕树果和部分嫩叶、嫩草,有时也会潜入村寨盗食鸡、鸭等家禽。

14. 渔猫（豹猫属）（彩图 2-16）

渔猫的体型比家猫略大,身长 70～85 cm,尾巴比较短,大约只有身体的一半。头部较宽,吻部较长,耳朵又小又圆,耳背是黑色的,中间还点缀着明显的白斑。它们身材矮壮,四肢较短,全身毛色灰黄,布满纵向的深棕色或黑色长斑点。腹部的毛色偏白,也带有斑点。对于它们卓越的水性,以前的观点是它们的趾间带有部分蹼,以帮助它们游泳,但后来研究发现,它们趾间的那点蹼并不比北美洲的短尾猫发达。此外,它们的利爪也不能完全收回。

人们对渔猫的社会组成方式了解不多。就现有资料显示,它们很可能也是独居动物。良好的水性让它们可以捕捉到许多水中生物,例如各种鱼类、昆虫、软体动物、蛙类、蛇等等。渔猫捕捉水中动物有两种截然不同的方式,一种是直接站在水边用爪子抓鱼,或者干脆潜入水中追捕猎物。在巴基斯坦,还有人看到它们跃入水中捕捉水鸟。

15. 扁头猫（豹猫属）（彩图 2-17）

扁头猫的头部类似于兔狲,宽而且扁。头顶部和两耳几乎连成一条直线,大眼睛、小耳朵、粗短的腿和粗短的尾巴。毛皮厚而且柔软。体色为红棕色,侧面和腹部有斑点,前额到鼻子两侧有白色条纹。它们和大多数猫科动物不同,爪子不能伸缩。它们所有的牙齿都和犬齿一样呈尖齿状。

人们对扁头猫的习性了解较少,一般是夜行性的。扁头猫的大部分食物来自于蛙类、鱼类等水生动物,也攻击家禽,甚至吃植物的根和水果。它们的头部形状和锋利的牙齿更适合它们捕捉鱼类。小扁头猫体色呈浅灰色,出生大约一年后性成熟。

16. 虎猫（虎猫属）（彩图 2-18）

虎猫的斑纹与长尾虎猫非常相似,只是虎猫的个头大了不少,约有 65～100 cm,大约是长尾虎猫和家猫的两倍。虎猫的尾巴不太长,大概只有身长的一半左右,四肢相对短粗,还生有大脚爪。和长尾虎猫一样,这两种猫科动物的毛发都没有黑化或全黑的毛色出现。

虎猫同样善于游泳爬树,不过攀爬的本领比起灵巧的长尾虎猫还是要差了一截,因此它们多数时候在地面活动,而在森林地带居住的虎猫也时常选择低矮的树枝作为休息场所。虎猫以独身为主,基本也是在夜间出巡。它们的食谱多以小型哺乳动物、鸟类、昆虫等为主,例如各种鼠类、爬行动物、野兔、蝙蝠等等。当附近的河流、水塘在干旱季节日渐干涸时,它们也会趁机多抓点青蛙或鱼类补充养分。虎猫自然也会划分领地,而雄猫雌猫之间的领地可能会重叠。

17. 小斑虎猫（虎猫属）（彩图 2-19）

在虎猫属的三个成员中(即虎猫、长尾虎猫、小斑虎猫)小斑虎猫的个头最小,只有40～55 cm,体型与家猫差不多。

人类对它们的习性仍然所知甚少。它们似乎喜欢住在海拔较高的地区。一般来说小斑虎猫也是奉行单身至上的夜行动物。尽管比不上长尾虎猫,但它们的攀爬跳跃能力依然惊人,因此在它们的食谱中,鸟类占了不小的分量。另外,由于小斑虎猫捕食对象较小,因此除了鸟类,它们通常以啮齿类、爬行动物和昆虫等为食,即便它们有时和另外两种虎猫共享狩猎区,也不会由于生存竞争严重而相互之间伤了和气。

18. 长尾虎猫（虎猫属）（彩图 2-20）

长尾虎猫与它们的南美洲近邻虎猫以及小斑虎猫长得非常像,个头也介于两者之间。它们的体长大约有 46～79 cm,正好比小斑虎猫大点儿,又比虎猫小点儿。长尾虎猫的毛厚实柔软,浅黄褐色的毛绒身上绘有深色的斑点、斑块和条纹,有些比较长的斑块中间颜色稍浅,就好像金钱豹的花纹被拉长了似的。当然,容易让人们看走眼的虎猫和小斑虎猫斑纹也差不多如此。长尾虎猫的下巴、胸部、腹部以及四肢内侧都是白色的,两颊也各嵌有两条深色斑纹,耳朵又大又圆,黑耳背上照例有两块白斑。正如它的名字那样,长尾虎猫的尾巴很长,大概有身长的70%左右。爪子相对比较宽,脚趾十分灵活,让它们能够仅凭一条后腿就能把自己悬在树枝上。长尾虎猫的踝关节极为柔韧,能旋转180°。这让它们不仅可以像松鼠或猴子那样在树间蹿上跳下,还能让它们头朝下地从树干上缓缓爬下来,这在猫科动物间是比较罕见的,多数的猫科动物只能从树上快速跳下,要么就让后腿先着地。另外,如果在树间飞跃时不慎失手,它们也能用后脚钩住树枝,继续攀爬。长尾虎猫的跳跃能力也很出色,有人观察到圈养的长尾虎猫垂直距离最高能跳跃 6 m,水平距离则达到 9 m。

长尾虎猫是爬树的超级高手,自然是以树栖为主,它们也是夜游动物,吃的东西也不少,如树栖的啮齿类动物、小猴子、松鼠,还有鸟、昆虫、豪猪、三趾树獭,甚至还有果子。

19. 细腰猫（细腰猫属）（彩图 2-21）

细腰猫是属于长相比较独特的中小型猫科动物，以至于它们在墨西哥某些地方干脆被人称为"水獭猫"，因为它们的模样更像水獭。

细腰猫的身形颀长，约 51～77 cm。头部小而扁平，一双小眼睛的视距也比较近，还有一对不大的耳朵。支撑它们瘦长身躯的是四条不算长的细腿，而那条长尾巴让它们的样子看起来更像黄鼠狼。它们的毛色主要有三种，黑色、灰褐色、棕红色，身上也没有斑点。一般而言，体色较深的细腰猫多数居住在浓密的雨林里，而颜色比较浅的一般出现在相对开阔和干旱的地带。

细腰猫的行为模式有点复杂。首先，它们白天或者晨昏都可能出来活动。其次，虽然人们认为野生细腰猫应该属于独居动物，不过圈养的细腰猫却可能扎在一起。和狮子、美洲狮类似，猫宝宝出生的时候身上也布满了斑点，随着它们逐渐长大，斑点就会渐渐消褪。另外，不同代的猫宝宝也可能继续和爸妈住在一起。即便没猫仔陪伴，成年的细腰猫也可能成双成对地四处游荡和捕猎。

和其他猫科动物类似，细腰猫的食谱也很丰富，各种啮齿类动物、爬行动物、禽类都是它们最好的食物。由于它们既会爬树又会游泳，飞鸟、鱼以及其他水栖动物也成为它们的猎物。

20. 南美草原猫（草原猫属）（彩图 2-22）

南美草原猫又叫 Chilean pampas cat 或者 Grass cat，模样看起来就像是穿了厚厚的毛大衣的家猫。不过它们的体型还是比家猫大了些，体长约 56～70 cm。四肢不长，却显得粗壮，尾巴大约不到身长的一半，像个毛绒绒的刷子。南美草原猫的头部较小，脸比较宽，吻部也相对较短。它们长着一对漂亮的琥珀色大眼睛，在鼻子和眼睛周围往往还绘有一圈白毛。耳形较尖，耳背呈暗色。毛色多变，在安第斯山脉附近生活的草原猫的毛发底色呈灰色，身上还披着略微偏红的斑点或斑纹。

人类对南美草原猫的了解十分有限。据推测，它们应该以陆地生活为主，主要捕食小型哺乳动物和陆生鸟类，例如企鹅和企鹅蛋，当然还包括家禽。它们也会捕食蜥蜴和比较大的昆虫。

21. 南美林猫（草原猫属）（彩图 2-23）

南美林猫是美洲个头最小的猫科动物，和一只家猫差不多。它们身长大约 39～51 cm，尾巴短而毛发浓密，尾长不到身长的一半。毛发以灰褐色或红棕色打底，并配以深色的圆形斑点，到了肩部和头部则成了条纹。

南美林猫对人类来说也是相当神秘的小动物，人类对它们的情况所知甚少。它们应该擅长攀爬，而且是夜行动物。据推测它们的食物是以啮齿类动物、鸟类、爬行动物、昆虫等为主。那些距离人类居住区比较近的南美林猫有时也会偷猎人类的家禽。

22. 乔氏猫（草原猫属）（彩图 2-24）

乔氏猫的名字来源于 19 世纪初到南美旅行的法国人乔弗里·西莱,是他首先发现了这种猫。乔氏猫体形和家猫差不多大。体色为金黄色,全身布满黑色斑点。耳朵的位置较其他猫更靠后,所以它们可能更具有进攻性。眼睛的比例较大,并且处在脸部较低的位置,所以眼鼻基本呈"V"字形排列,而不是其他大多数猫类的"U"字形,这使它们的头部看起来更宽。乔氏猫一般吃啮齿动物、小鸟、蜥蜴、昆虫甚至蛋等。乔氏猫的皮毛交易非常猖獗,它们已属濒危物种。

23. 安第斯山猫（山猫属）（彩图 2-25）

安第斯山猫也叫南美山猫、山原猫。体形相当于一只家猫,有一身银灰色带光泽的皮毛,全身布满黄褐色、黑色的斑纹。背上有浓密的鬣毛。

目前对安第斯山猫的生活习性研究很少。仅知道安第斯山猫捕食啮齿动物、小鸟、爬行动物等。

24. 欧亚猞猁（猞猁属）（彩图 2-26）

欧亚猞猁比加拿大猞猁大一倍左右,体长 120 cm,尾长 10~20 cm,肩高 60 cm,体重 18~32 kg。体色多为灰色、黄褐色或棕色,下腹部为乳白色。头部宽大,身体的体毛长而浓密,耳朵后面长有黑色的长毛。它们身上的斑点会随着季节变化,夏天斑点变小,颜色也变浅,冬天变大而且黑。欧亚猞猁脚掌宽大,趾部有较厚的肉垫,能够起到保暖的作用,走起路来非常轻盈,能够轻松平稳地走过松软的雪地。

欧亚猞猁主要以有蹄动物和野兔等为食,主要包括鹿、麝、羚羊、驯鹿等,但通常只能捕捉它们的幼崽,有时候也捕捉体形更大的马鹿、麋鹿、野猪等。在有蹄动物分布较少的地区,欧亚猞猁则以兔子、啮齿动物和鸟类为食,也捕食家畜如山羊绵羊等,还偷袭家禽。

25. 西班牙猞猁（猞猁属）（彩图 2-27）

西班牙猞猁也叫南欧猞猁、伊比利亚猞猁。与欧亚猞猁外形非常相似,除了体形较小、体色较浅、斑点较深外,其他几乎没有区别。西班牙猞猁体重一般为 10~15 kg,只有欧亚猞猁的一半。西班牙猞猁也是独行客,主要在夜间活动。一般捕捉兔类,也吃鹿类、鸭子和鱼。

西班牙猞猁是严重濒危动物,一般认为它们的数量不超过 1200 只,并且只有 300~350 只是雌性,这对它们种群的恢复非常不利。

26. 加拿大猞猁（猞猁属）（彩图 2-28）

加拿大猞猁的体形只有欧亚猞猁的一半大,体重一般 10~20 kg。和所有的猞猁一样,它们脸部周围的毛发很长,在耳朵、大爪子和短而粗的尾巴上面都附有黑色长毛。体色多为红褐色并带有白色或其他颜色的斑纹,并有一种不同寻常的变种,称做"蓝猞猁"。加拿大猞猁有很长的腿和大的足部,后腿一般比前腿更长。

加拿大猞猁是日行性动物,它们在白天打猎,独行,不过雌性在带崽时会联合起来共同捕猎。主要吃雪兔,雪兔的数量下降时,很多加拿大猞猁的幼崽将无法存活。它们也吃小的啮齿动物、马鹿和雷鸟。

27. 短尾猫(猞猁属)(彩图 2-29)

短尾猫也叫美洲山猫、赤猞猁。短尾猫和猞猁有比较近的亲缘关系,过去它们曾经被认为和猞猁、狞猫同种。短尾猫的体形较加拿大猞猁小一些,尾部也略有不同,加拿大猞猁尾端为黑色,而短尾猫为白色。短尾猫足部也不如猞猁宽大和多毛,耳朵比猞猁小。短尾猫体色为红灰色或棕色,腿部、脸部、背部、腹部均有黑色斑点。和大多数猫科动物一样,它们耳朵背面也有一块白色斑点。它们的尾巴很短,因此而得名。

短尾猫吃兔子、啮齿动物等小型哺乳动物,也吃鸟类、鹿、蛋、鱼、蛙类、蜥蜴、蛇等它们能抓住的一切能动的东西。雄性一般捕捉更大的动物,这有利于降低竞争。也被迫捕捉家禽。它们还喜欢捕捉野兔,但不会和加拿大猞猁那样,数量随着野兔的多寡而波动,因为它们的食物来源更为广泛。短尾猫也是独居、夜行性动物。

短尾猫虽然体形小于加拿大猞猁,但可能比它更凶猛,很难被驯服。短尾猫在自然条件中会受到体形更大的猫科动物的伤害,比如美洲虎、美洲狮和加拿大猞猁。它们的皮毛市场也被打开,目前保护等级属于限制捕猎。

28. 狞猫(狞猫属)(彩图 2-30)

狞猫的亲缘关系和猞猁非常相近,耳朵后面长有可达 7 cm 长的黑色长毛,它们的名字来源于土耳其语"karacal",意为黑色的耳朵。不过狞猫的体形小于欧亚猞猁,体长 60～110 cm,尾长 20～40 cm,肩高 40～55 cm,体重 11～23 kg。狞猫的体色像美洲狮,有短而浓密的红棕色毛皮,口鼻眼部毛色略呈白色。它们的皮毛缺乏大多数猫科动物所拥有的斑点。与猞猁相比,它们的尾巴更长,而脸部和全身的毛更短。狞猫的腿部较长,后腿长于前腿。雌性个体比雄性小 25%。

在荒野上,狞猫吃朱鸡、鹧鸪、刺猬、啮齿动物、獴、霓羚、小羚、山苇羚、黑斑羚等,也捕捉体形更大的薮羚。岩蹄兔是狞猫的主要食物来源,也吃一些水果。狞猫是敏捷的掠食者,跳跃能力非常强,能够一跃跳起 3 m 多高,经常捕捉飞行能力并不甚强的朱鸡类。在印度,人们训练狞猫像狗那样捕捉鸟类、哺乳动物等,它能够轻而易举地杀死比自己大几倍的猎物。

狞猫常在凉爽的夜间活动,独居,白天在灌木丛或岩石缝里休息。狞猫是敏捷的登山爬树运动员,经常像花豹一样窜到树上来躲避其他大型食肉动物的攻击。狞猫的奔跑速度在猫亚科动物中名列第一。

29. 美洲狮(美洲金猫属)(彩图 2-31)

美洲狮是最大的猫亚科动物,体长 1.3~2.0 m,尾长约 1 m,肩高 55~80 cm,体重 35~100 kg,最大的美洲狮体重可达 100 kg。雄性个体比雌性大 40%。美洲狮是除狮子以外唯一单色的大型猫科动物,体色从灰色到红棕色都有,热带地区的更倾向于红色,北方地区的多为灰色。腹部和口鼻部为白色,眼内侧和鼻梁骨两侧有明显的泪槽。

美洲狮有又粗又长的四肢和粗长的尾巴,后腿比前腿长,这使它们能轻松地跳跃并掌握平衡,它们能越过 14 m 宽的山涧。美洲狮有宽大而强有力的爪,有利于攀岩,爬树和捕猎。

美洲狮白天夜里都很活跃,它们常利用树木和岩石作为隐蔽,然后伏击猎物。它们捕捉所有能看到的猎物,如白尾鹿、黑尾鹿、马鹿、马驼鹿等,也捕捉其他动物,如松鼠、兔子、水獭、犰狳、西貒、啮齿动物、火鸡、短吻鳄、鱼、昆虫、豪猪、臭鼬,甚至蚱蜢、蝙蝠、蛙、树獭、貘等。也捕食家畜,甚至袭击人类。

30. 云猫(石纹猫属)(彩图 2-32)

云猫因身上的毛色似天上的云彩而得名,因喜食椰子和棕榈汁而又称为椰子猫和棕榈猫。云猫的毛色呈棕黄色或黑灰色,头部为黑色,眼睛的下方及侧面有白斑,身体两侧为黑色花斑,背部有数条黑色纵纹,四肢及尾部为黑褐色,外观很漂亮,是一种珍贵的观赏猫。云猫全身都没有明显的条纹,背部和四肢的外侧呈沙黄色,背中部略微具有暗红棕色,并具有十分显著的长峰毛,这是它最为显著的特点之一。颌部白色,前胸部淡黄褐色,腹部暗黄色。

云猫的洞穴多为多石的地穴、土洞或树洞,且多在向阳的坡埂附近。性喜单独活动。云猫以小鼠、松鼠、鼯鼠、鸟类、鸟卵、蜥蜴、蛙类和昆虫(特别是马蜂类)等为主要食物。此猫仅分布在我国南方。

第二节　猫的生物学特性

一、基本特性

猫科成员均是中型或大型食肉动物,头部圆,颜色短,胡须发达。躯体柔软灵活、强健有力。瞳孔能收缩。

它们都是趾行性动物,前足五趾、后足四趾,趾端有锐利的弯爪,爪可收缩。大多数均能攀缘树木。视觉、嗅觉、听觉敏锐发达。

猫科动物大部分是单独生活的夜行性动物。除猎豹外,它们捕捉猎物一般都采取隐藏伺机或悄悄接近然后猛扑过去的办法。

幼兽出生时一般眼睛都是闭着,身上有毛。幼兽由母兽哺育并一直随母兽一起生活到其独立猎食为止。雌猫乳腺位于腹部,有四对乳头,有双角的子宫。雄猫的阴茎只是在勃起时向前,所以在泌尿时,尿向后方排出。猫和兔属典型的刺激性排卵动物,只有经过交配的刺激,才能进行排卵。猫属于"季节性多次发情"动物,怀孕期为60～68天,哺乳期为60天,性周期为14天。

二、生活习性

猫科动物经常清理自己的毛。它们的舌头上有许多粗糙的小突起,这是除去脏东西最合适不过的工具。其实,猫科动物的梳洗"打扮"完全是出于生理的需要。如猫用舌头舔被毛,是为了刺激皮脂腺的分泌,使毛光亮润滑,不易被水打湿;并能舔食到少量的维生素 D,促进骨骼的正常发育;还可使被毛蓬松,有促进散热的功能。在炎热季节或剧烈运动之后,体内产生大量的热量,为了保持体温的恒定,必须将多余的热能排出体外。我们人类可以用冲洗或出汗的办法解决,但猫的汗腺不发达,不能蒸发大量的水分,所以,猫就利用舌头将唾液涂抹到被毛上,唾液里水分的蒸发可带走热量,起到降温解暑的作用。在脱毛时经常梳理,可促进新毛生长。另外,通过抓、咬,能防止被毛感染寄生虫病,如跳蚤、毛虱病等,保持身体健康。

猫科动物掩盖粪便的行为,完全是出于生活的本能,是由祖先遗传来的。猫的祖先为了防止敌人从其粪便气味中发现它、追踪它,于是就将粪便掩盖起来。现代猫的这种行为已丝毫没有这方面的意义了,但却使猫赢得了讲卫生的好声誉。

猫科动物的大部分至今仍然保持着肉食动物那种昼伏夜出的习性,很多活动(如捕鼠、求偶交配)常常是在夜间进行。多数猫科动物每天最活跃的时刻是在黎明或傍晚,而白天的大部分时间都在休息。

三、解剖结构

以家猫为例,家猫有 230～247 块骨骼,与兔、犬的大致相同。家猫的骨骼分为头骨、脊椎骨、肋骨、胸骨和四肢骨。

头骨由颅骨和面骨组成,由成对的顶骨、额骨、颞骨和不成对的枕骨、蝶骨、筛骨等围成颅腔;由上颌骨、腭骨、鼻骨、颧骨等构成口腔和鼻腔。

脊椎包括颈椎(7 节)、胸椎(13 节)、腰椎(7 节)、骶骨(3 节)和尾椎(21 节)。值得一提的是像曼岛猫这样的无尾猫没有或只有一两个尾椎；日本短尾猫有数个尾椎。

肋骨共 13 对,其中真肋 9 对,假肋 4 对;胸骨由 8 个节片组成,中间 6 节组成胸骨体。

四肢骨包括前肢的肩胛骨、锁骨、肱骨、桡骨、尺骨,前足的 7 枚脆骨、5 枚掌骨和指骨,后肢的髋骨、股骨、胫骨、腓骨、膝盖骨,后足的 7 枚附骨、5 枚鲍骨和数枚趾骨。另外,公猫还有 1 枚阴茎骨。随着年龄的增长,有些骨头融合在一起。

家猫的全身有 500 多块肌肉。肌肉分为横纹肌、平滑肌和心肌三种。平滑肌构成了胃、肠、血管等器官,横纹肌连接着骨骼。横纹肌含有丰富的蛋白质,在短时间内可释放出大量能量,因此,肌肉伸缩力强。

家猫有良好的骨骼系统和发达的肌肉,再加上其脚趾有一层软垫,构成了家猫矫健的形体和发达的运动系统。家猫或跑或走轻松自如,灵活多变,喜欢爬高,善跳跃;它的前肢可以在 360°范围内活动;头可以左右敏捷旋转 180°;脊柱灵活;尾巴能左右扫、上下扫,还能像蛇一样运动。因此,家猫能够有力地、闪电式地扑向猎物,甚至能捕到刚刚起飞的雀类,而且猫有发达的平衡系统和完善的机体保护机制,所以即使从很高的地方落下,也不会伤害身体。当家猫从空中落下时,不管开始处于何种姿势,即使是背朝下,四脚朝天,在下落过程中,也能迅速地转过身来,这是靠一系列的眼、耳、脑的协同作用完成的。在接近地面时,它们的前肢已做好了着地准备,它们脚趾上厚实的肉垫能大大减轻地面对其体的反冲震动;加之家猫腹腔内的大网膜很发达,上面积满脂肪并充填在内脏器官之间,可有效地防止对各脏器的损伤。

四、猫的感觉器官及其感觉功能

1. 耳与听觉

猫的听觉非常灵敏,它们的听力超过人类的 2 倍。它们能区别距离 15~21 m 的相似声音。据研究,肉食动物听觉的灵敏程度与所捕猎物的种类有关,所捕猎物越小,听觉越发达,因为只有在听到所捕猎物发出的声响时才能决定捕猎方位。

猫耳由外耳、中耳和内耳三部分组成。外耳呈漏斗形,称为耳廓,它可以 45°角向四周转动,因而在头不动的情况下可做 180°的摆动,从而使猫能对声源进行准确定位。外耳的外表面有被毛覆盖,内表面被毛稀少。外耳往里便是中耳,中耳由鼓膜和鼓室等组成。鼓膜位于外耳与鼓室之间,是一种纤维组织薄膜;鼓室内有 3 块听小骨,声波对鼓膜作用产生的震动,可借听小骨传至内耳。内耳是一个曲折迂回的隧道,故又称迷路。迷路又分为膜迷路和骨迷路。膜迷路是套在骨迷路内的一个膜性管道,膜迷路内充满内淋巴液,膜迷路与骨迷路之间有外淋巴液。骨迷路自前而后可分为耳蜗、前庭和半规管三部分。耳蜗内面的膜性蜗管内有一系列由上皮细胞组成的听觉感受器。耳廓接受声波,并震动鼓膜;鼓膜把空气震动转换成机械运动,并沿听小骨向里传递;机械能在前庭和耳蜗等部位转化成淋巴液的波动,最后蜗管里的听觉感受器把液波转化成神经冲动,后者沿听神经到大脑产生听觉。

猫能听到 30 Hz 至 45 kHz 之间的声音,而人能感知的声频是 20 Hz 至 17 kHz,所以有许多声音猫能听到而人却听不到。

与人相比,猫的耳朵有极强的平衡机能,猫不管是坐汽车、火车还是乘船、乘飞机,很少出现晕车、晕船的现象。虽然蓝眼睛的白猫,生下来几乎都是聋子,但是它们仍有很强的平衡机能。

2. 眼和视觉

猫眼由眼球和眼的附属器官两部分组成。眼的附属器官包括眼睑、结膜、泪腺和眼外肌等。盖在眼球前面的软组织为眼睑,其上有较多被毛覆盖,可保护眼球避免外伤和强光刺激,并可以协助瞳孔调整进入眼球的光线。如果细心注意猫的眼睛,就会发现猫还有一层特别的"眼皮",横向来回地闭合,这就是第三眼睑,又叫瞬膜,位于眼睛的内眼角。瞬膜对眼睛具有重要的保护作用,瞬膜患有疾患时会影响猫的视力和美观,所以平时应注意保护好猫的瞬膜,不宜用手去触摸,若有疾病需早治疗。结膜是连结眼球与眼睑的透明黏膜,含有丰富的血管,对于浅色猫来说,能透见红色或淡红色。观察结膜的颜色可判断猫的健康状况,如贫血时呈苍白色,感染发热时呈潮红色。泪腺位于眼睛的上方,腺体分泌的泪液经数十个排泄管排出,可以滋润眼球,保持角膜的透明度。泪液中含有特殊的溶菌酶,具有一定的杀菌作用。猫通过眨眼可使泪液均匀分布于整个眼球表面。泪液通过鼻泪管排入鼻腔。若鼻泪管阻塞或因刺激泪液过多时,眼泪可溢出眼睑,形成"哭"眼。眼外肌是数条运动眼球的随意肌,当眼外肌协同作用下降或支配肌肉的神经麻痹时,可出现斜视或内视的现象。眼外肌发育不协调也能导致眼斜视或内视。

眼球是视觉形成的主要解剖结构,由眼球壁和屈光物质两部分组成。眼球壁可分为 3 层,即纤维膜、血管膜和视网膜。纤维膜的前面部分为无血管的透明组织,称为角膜,光线可通过角膜;纤维膜的其他部分覆盖整个眼球表面,称为巩膜。血管膜是眼球壁的第 2 层,富含有血管。血管膜的前面部分(位于角膜的后面)为虹膜,一般为棕黑色,其表面有许多放射状纹理,"黑眼球"就是透过角膜看到的虹膜,虹膜中央有一圆孔,即瞳孔,瞳孔的大小可随光线的强弱而变化。在角膜与巩膜嵌接处深面的血管膜增厚形成睫状体,其主要功能是调节视觉、产生房水。睫状体后面的血管膜为脉络膜,脉络膜内有大量被称为反光色素层的反光细胞。眼球壁的第 3 层为视网膜,此层具有感光功能,并有视神经分布。视网膜有视锥细胞和视杆细胞两种感光细胞。前者具有感受强光和辨别颜色的作用,后者主要是感受弱光。

眼球的曲光物质包括玻璃体、晶状体、房水和角膜。玻璃体为半流动的胶状物质,充满眼球腔的晶状体和视网膜之间;晶状体是位于虹膜和玻璃体之间无色透明的结晶体。在角膜和晶体状之间是房水。光线经过瞳孔进入晶状体,通过调节晶状体凸面的弧度,从而使光线的焦点正好落在视网膜上,视网膜里的感光细胞受光线的刺激后产生兴奋冲动,这种冲动经视神经传入大脑而产生视觉。

3. 鼻腔与嗅觉

猫的鼻腔既是呼吸系统气体的通道,又是重要的感觉器官——嗅觉器官。鼻子的外口由无毛的皮肤包围,并由软骨加强,鼻孔可以随意伸缩,以调节其口径的大小。鼻腔覆盖有黏膜,富含血管。按其功能不同可把鼻黏膜分为 2 区,即嗅觉区和呼吸区。嗅觉区位于鼻腔的深部,叫嗅黏膜,面积有 20~40 cm,比人大 4 倍,里面有 2 亿多个嗅细胞。这些细胞对气味非常敏感,当气味随着空气扩散到鼻腔后,嗅细胞受刺激而产生电位,沿着嗅神经传入嗅中枢,而引起嗅觉。

4. 舌与味觉

通过肌肉固定在口腔里的舌具有许多功能,它既可像勺那样舐食水和液质食物,还可借助舌乳头从骨上舐食肌肉纤维以及从被毛上去除毛屑。最重要的是,舌还是味觉组织所在地。在舌的根部有很多小而呈囊状的味蕾,即为猫的味觉器官。味蕾的顶端开口于舌表面,里面含有味细胞。溶解在液体里的食物成分通过味蕾开口刺激细胞,产生味觉。猫的味觉比较发达,它的味细胞能感知苦、酸和碱的味道,但对甜味不太敏感。另外猫还能品尝出水的味道。

5. 胡须

猫的胡须又叫触须,长在上唇两侧的皮肤里,具有非常灵敏的感觉性能。在黑暗中可以起到猫眼睛的作用。在一定距离内能感知物体的存在。

有人曾经做过试验,把猫的胡须拔掉、剪掉或烧掉,猫在夜间捕鼠数量就减少,甚至不捕鼠。一般认为,猫的胡须是通过空气振动波的压力变化来识别或感受物体的。捕猎时,猫眼全神贯注地盯着猎物,这时胡须能补偿侧视的不足,从而有助于随时调整身体的位置和运动姿式,以迅速抓获猎物。另外,当猫遇到狭窄的缝隙或孔洞时,胡须被当做测量器,以确定身体能否通过。

第三节　猫的价值

一、药用价值

猫的肉、头、肝、油、被毛和胎衣均可入药。猫肉为常用的中药之一,可以治疗瘰疬恶疮、烫伤及风湿痹痛等,中国古医书《本草求真》云:猫肉能"补血、治痨痔等"。现代中医临床证实,用适量猫肉,煮熟汤服用,对治疗血小板减少性紫癜有良好的效果。

猫头甘酸微温,《本草纲目》云:猫头能治"心腹诸痛、杀虫治痔及痘疮变黑,瘰疬鼠瘘,恶疮"。《医方摘要》云,用猫头一个(煅研),鸡子一个(煮熟去白,以黄煎出油),入白蜡少许,调灰敷之,外出膏护住,收敛痛疽有良好的效果。

据《仁斋直指方》云,猫肝可治劳瘵,杀虫。黑猫肝一具,生晒研末,酒调服。猫油是治烧伤的良药,民间常用猫油、獾油涂抹烧伤部位,可治轻度烧伤。

猫被毛能主治疮症,外用,烧成灰调敷。选有猫腹部被毛,在坩埚内煅成灰,加少许轻粉,油调外敷,可治疗乳痈溃烂等疮症;用被毛灰和药膏敷之,对治疗"鬼剃头"亦有良效。

猫胎衣,味甘酸,性温,可以治噎膈、反胃、胃脘痛等症状。《杨氏验方》记载,把猫胎衣烧成灰,加入朱砂少许,压在舌下,能治反胃、吐食。《同寿录》记载,取猫初生胎衣,用新瓦焙干,研成细雨末,每次服一二份,黄酒送服,可治噎膈。

此外,猫肠还可制成肠线,供外科缝合伤口用。

二、生物医学中的选择应用

1. 生理学研究

猫具有极敏感的神经系统,头盖骨和脑的形状固定,是脑神经生理学研究的绝好实验动物。可在清醒条件下研究神经递质等活性物质的释放和行为变化的相关性,研究针麻、睡眠、体温调节和条件反射及周围神经和中枢神经的联系,做大脑僵直、交感神经的瞬膜及虹膜反应实验等。

2. 药理学研究

用脑室灌流研究药物的作用部位,药物如何通过血脑屏障。观察用药后呼吸、心血管系统的功能效应和药物代谢过程对血压的影响。猫血压恒定,血管壁坚韧,心搏力强,便于手术操作,能描绘完好的血压曲线,适合进行药物对循环系统作用机制的分析。还可通过瞬膜反射,分析药物对交感神经和节后神经节的影响。易于制备脊髓猫以排除脊髓以上中枢神经系统对血压的影响。

3. 疾病研究

诊断炭疽病，进行阿米巴痢疾，白血病、血液恶病质的研究。

4. 疾病动物模型

用猫可制备很多疾病动物模型，如弓形体病，Kinefelters 综合征，先天性吡咯紫质沉着症、白化病、耳聋症、脊柱裂、病毒引起的营养不良、急性幼儿死亡综合征、先天性心脏病、草酸尿、卟啉病等。

第四节　猫的饲料

一、动物性蛋白饲料

猫的动物性饲料中含蛋白质比较高，主要有肉类、鱼类、鱼粉、骨肉粉、血粉和屠宰场的下脚料等。鱼粉中包括80％的鱼肉和20％的鱼骨，其钙和磷含量也很高，这些钙和磷都易被猫消化吸收利用。屠宰场的下脚料和内脏器肉粉也是很好的蛋白质饲料。蝇和蝇蛹也都是很好的高蛋白饲料。

二、饼类饲料

饼类饲料指豆饼、花生饼、芝麻饼和向日葵等。豆饼是饼类饲料中含蛋白质较高、赖氨酸最高的饲料，大多数饲料含赖氨酸低，因此豆饼对调节赖氨酸的量起重要作用。生黄豆内含有胰蛋白酶抑制素，能抑制胰蛋白酶的分泌，影响蛋白质的消化和吸收，还含有血细胞凝集素和皂角素，都是有毒物质，所以不宜用生黄豆粉直接饲喂猫，豆粕在浸出油工序中蒸汽加热不足，还会留些上述有毒物质，饲喂时一定要煮熟后再喂。

花生收获后，如果没有及时晒干，或被雨水淋湿，保管不当，容易发霉产生黄曲霉素，对猫是有害的，所以花生收获后保管时应注意防止发霉。

三、谷物饲料

此类饲料有玉米、小麦、大麦、大米、土豆等含淀粉多的谷物。它的特点是能量高，缺点是氨基酸的含量不平衡。含钙很少，含磷也不足，除少量硫胺素外，其他维生素含量也很不足。

四、青饲料

猫吃青饲料或一些蔬菜,主要是为了获得维生素和矿物质。因为青饲料中含有比较齐全的维生素(除维生素 A 外),有利于猫的生长发育。

五、矿物质饲料

主要指内粉、石粉、碳酸钙、磷酸氢钙、蛎粉和食盐等。

第五节　猫的饲养与管理

一、日常饲养常识

科学的饲养管理是养好猫的关键。科学饲养首先要给猫提供营养丰富而又均衡的饲料,饲料单一容易引起营养代谢病。

家养猫要每年接受一次疫苗接种,以防止猫常见传染病的发生。防疫计划制订得要科学。幼猫初次免疫的时间应不小于 8 周龄(2 月大),以后每间隔 2~3 周加强注射 1 次,直到 4 个月大。以后每年加强免疫 1 次。狂犬病疫苗初免时间是在犬只不小于 3 月龄大时,以后每年 1 次。如果不按计划进行免疫,就有可能导致免疫失败。

对常见的寄生虫,如蛔虫、钩虫、绦虫等,由于先天感染率很高,一般出生后 25 天开始驱虫,以后每月 1 次,8 月龄后每季度驱虫 1 次。

二、猫舍

不论养在室内还是室外,猫舍的基本要求都应做到温暖、舒适、清洁和便于猫的自由出入。猫舍内的设施和用具如下:

1. 猫窝(彩图 2-33、2-34)

过去大多采用木制的小箱作为猫窝,箱内铺上废报纸或柔软的垫草。现今有人改用小竹篮或小竹篮筐,这些小竹篮或竹篮筐便于清洗消毒,其中的铺垫应经常更换,并将被弄脏的铺垫物烧掉。稍作训练,新来的猫就会很快适应它的新窝。

2. 食盆和饮水盆(彩图 2-35)

食盆和饮水盆质地要结实,盆底要重,盆的边缘要厚。否则,当猫站在食盆或饮水盆盆缘上吃食或饮水时会把食盆或饮水盆蹬翻,弄脏地面,所以用普通的盘子作为食盆或饮水盆是不合适的。有些猫吃食时,有把食物弄到食盆外面的不良习惯,因此食盆下最好垫上废报纸,保持地面的清洁。

3. 便盆(彩图 2-36)

用小塑料盆作便盆既方便又好清洗,盆内铺上沙土(或专用猫沙),这些松散物便于猫便溺后用它的爪子掩埋。铺垫物最好每天更换 1 次,清洗便盆时避免使用刺激性强或带有特殊气味的洗涤剂,否则,下次猫就不喜欢使用它来便溺。此外,有些肥皂和消毒剂对猫也是有害的。

4. 旅行箱(彩图 2-37)

带猫外出或去兽医院给猫看病,事先准备一只特制的旅行箱是很有必要的,这样,猫在路上不会跑掉,在里面也很舒服。

三、猫的室内训练

新进家门的小猫,首先不要惊吓它,更不要让小孩随意玩耍它,定时定量地给它一些喜欢吃的美味食物,轻轻地抚摸它的被毛,逐渐和它建立感情。开始训练的第一件事是让猫到指定的地点去大小便,猫是最喜欢干净的,它所使用的便盆要经常保持清洁卫生,如未能经常清洗便盆,日子久了,气味难闻,猫就会养成随地大小便的恶习。遇到这种情况,解决的办法是用肥皂和硬毛刷彻底清洗便盆及地面,去掉原来的臭味,再反复地、耐心地引导小猫到指定便盆处便溺。小猫适应新环境后的第一个象征,就是它开始舔刷自己的被毛。

四、猫的营养需要和饲喂

养好猫的关键是必须满足它的营养需要。猫是杂食性动物,以吃肉为主。它的祖先——野猫生活在大自然中,靠猎物的生肉、骨骼以及野菜、青草等为生。野猫的营养需要原则,可为饲养家猫提供参考。

营养良好的猫,对一些病毒性疾病、寄生虫性疾病的抵抗力强,容易产生抗体获得免疫力。反之,营养不良的猫在各个生长或繁殖阶段都会表现不良的后果。例如母猫在妊娠前及妊娠期的营养状况会直接影响胎儿的发育、体质及产后的成活率。刚出生的仔猫一般体重不应低于 100 g,否则就表明母猫营养不良。哺乳期母猫营养物质供应水平对仔猫的生长发育影响更大。4 周龄的幼猫除哺食母乳外,还应适当补给固体食物,7 周龄断奶后的小猫生长加快,这时应该特别注意饲喂食物的质量。幼猫生长到 10～12 周龄,这是个关键时刻,因为这时来自母体的后天获得性抗体几乎已殆尽,一旦营养措施不利,幼猫就容易感染疾病,特别是消化系统和呼吸系统疾病。

一只营养良好的、发育正常的公猫,36 周龄左右就可达性成熟期,否则,性成熟期将会向后推移。一般母猫的性成熟约为 42 周龄,但严重营养不良时,会不发情;营养缺乏时,虽能发情受精,但到了妊娠后期将会流产,流产的胎儿常被母猫吃掉。有的纵然勉强达到产仔期,生下来的仔猫也个小、体弱、数少,成活率低。有的则屡配不妊。

五、猫的护理

1. 梳理

正如前文所述,健康猫是酷爱清洁的。猫的舌面粗糙,好似一把毛刷或梳子,经常用它来梳理被毛。舔不到的部位如头部、肩部和颈背部等,是靠爪子来梳理的。

健康的短毛猫一般不需要人为它梳理,除非猫的被毛受到了污染。为了防止自然脱落的猫毛到处散落,养在室内的,每天最好给它梳理一次,同时可以增加人与猫之间的感情。

对于长毛猫,猫主人每天至少要给它梳理 1 次,否则,被毛容易纠结,纠结之后的被毛杂乱无章,有损于猫的全貌。分开纠结在一起的毛是要花费很大力气的,有时甚至花上几个小时都难奏效。从小开始给它梳理被毛的幼猫,容易形成习惯,而且喜欢这种对它的爱护。

梳理的工具应选用金属梳子或尼龙梳子,此等梳子坚固耐用容易清洗。兼有密齿和疏齿的更好。

给猫梳理被毛的同时,顺便检查一下猫的耳朵、脚趾和爪子等情况,及时给以清拭、修剪、锉平。

2. 洗澡

定期给猫洗澡,既可以洗掉皮毛上的污物,又可以除去一些外寄生虫。

给猫洗澡应该注意:一是水温不能太低或太高,以不烫手为宜;二是所用的肥皂刺激性不能太大,以免刺激皮肤,最好用猫专用的洗澡香波;三是洗澡之后要立即用干毛巾揩干被毛,不要感冒,气温偏低时,应盖上专用的毛巾被或其他保暖用品。

3. 换毛

一般家养的成年猫,全年都在换毛,但以夏、秋两季比较明显。幼猫长到一年之后,不论什么季节都要换毛。

4. 随人旅行

猫不太适应乘坐车、船或飞机等交通工具,原则上应尽量避免带猫旅行。幼猫的适应性更差。如果旅行时非要带猫,那么必须选择一个大小合适而且通风良好的厚纸箱,当然,用特制的旅行箱更为理想。箱内一定要铺上废旧报纸,并在箱的一角放一个浅而小的纸盒,撒上锯末或沙土,便于猫在旅途中便溺。容易兴奋或神经质的猫,最好给予适量的镇静药。

六、猫的哺乳

初生仔猫全身披毛,双目闭合,一般要在 9 天前后才睁眼睛。这段时间全靠嗅觉、触须来鉴认猫妈妈和自己的兄弟姐妹。母猫每胎产仔最多可达 6 只,最少 1～2 只。一胎之中必有体弱的仔猫,主人要帮帮忙使它吃上母乳,尤其是头 3 天的乳不能短缺。

小猫出生后第 2 周开始长出牙齿,第 3 周便能吃点固体食物,随后逐渐与母猫吃同样的食物。一般到了第 6 周便可断奶。

第六节　猫的繁殖

繁殖对于猫科动物是非常重要的。只有繁殖才可以得到种族的延续。猫的种类很多,各种猫的初次发情年龄也不尽相同。泰国猫等外国型的猫初次发情一般在 5 个月龄或更早,其他大都在 7 个月龄。波斯猫和其他长毛猫在 10 个月龄或更晚些初次发情。公猫性成熟比母猫晚,大约在 7～12 月龄时进入性成熟阶段。个别要到 2 岁才成熟。猫科动物的繁殖是具有极强的季节性的。季节性的选择,对它的种族延续有非常大的好处。母猫每年发情 3～4 次,尤其到了春天,平均 3～4 周便发情 1 次,而且会反复发情。发情持续时间的长短,因猫的品种不同有所差别,一般在 3～15 天。

一般猫的配种活动在春天达到高潮,夏天则降低,秋天也是发情季节,但是没有春天时强烈。通常 10～12 月份不发情。母猫发情的表现有:性情比平时更温和,食欲减退,排尿次数增多,喜欢主人抚摸,把腹部紧贴地面摩擦等。配种季节的公猫比较敏感,不喜欢主人接近它,食欲下降,排尿地点不固定,这时的公猫在很远就能听到母猫的叫声,或嗅到母猫的气味。一旦发现发情的母猫,便在母猫的周围徘徊嘶叫和撒尿,刺激母猫进行交配。这种现象在春季的夜晚经常可以看到或听到,俗话为"闹猫"。

为了保证下一代品种优良、个体发育健康以及母猫的健康,配种时应注意以下问题:①如果是纯种猫,应选品种相同的交配;②公猫、母猫身体健康;③公猫、母猫都已性成熟;④体型小的母猫不宜与体型大的公猫交配。

母猫妊娠的第3周,其乳房发红,周围的毛稀疏。初次妊娠的母猫这种现象不明显。妊娠4~5周时,用手能摸到胎儿。触摸的动作要轻柔,否则容易导致母猫流产。临产前两周,母猫不安,时常寻找安静的地方做窝准备生产。主人应准备一个适当大小的产箱,可用木箱或硬纸盒制作。产箱应放置在安静、温暖、干燥的地方,温度不能低于22℃。

母猫分娩后,主人最好小心地为母猫更换垫料,并尽早让幼仔吃上初乳。主人不要抚摸刚出生的小猫,因为仔猫闻到人的气味后会不愿吃母乳。

第七节　猫的常见病防治

一、病毒性鼻气管炎

1. 症状

潜伏期2~6天,幼猫比成年猫易感,且症状更明显。发病初期体温升高,上呼吸道感染症状明显,出现阵发性咳嗽,打喷嚏,流泪,结膜炎,食欲减退,体重下降,精神沉郁,鼻腔分泌物增多,开始为浆液性,后变为脓性。仔猫患病约半个月死亡,继发感染死亡率更高。成年猫感染以结膜炎症状出现,角膜充血,口腔糜烂溃疡,进食困难,由口腔不断流出黏性分泌物,有臭味。慢性的以鼻窦炎、溃疡性结膜炎和眼球炎为主要特征,重者可造成失明。鼻腔由于炎症可使呼吸道狭窄,以至呼吸困难、窒息。成年猫死亡率约20%~30%。猫经过治疗耐过7天后可逐渐恢复健康。

2. 治疗

主要采用对症治疗,防止继发感染。

(1)四环素注射液每千克体重0.1 mg,每日2次,静脉注射。

(2)庆大霉素每千克体重1万单位,地塞米松每千克体重0.5 mg,混合肌肉注射,每日2次。

(3)结膜炎可用封闭疗法:先锋霉素每千克体重0.05 g,地塞米松每千克体重0.5 mg,2%普鲁卡因每千克体重0.15 mg混合,结膜下封闭,每日1次。也可用氯霉素眼药水,可的松眼药水交替点眼,每日3~5次。

(4)口腔溃疡可用碘甘油涂布口腔,口服多种维生素。

(5)脱水不食的猫可静脉注射补给液。

二、白血病

1. 症状

(1)消化道淋巴瘤型　主要以肠道淋巴组织或肠系膜淋巴结出现 B 细胞淋巴瘤组织为特征。腹外触压内脏可感觉到有不同形状的肿块,肝、肾、脾肿大。临床上可见可视黏膜苍白,贫血,体重减轻,食欲减退,有时有呕吐腹泻。此型约占全部病例的 30%。

(2)多发淋巴瘤型　全身多处淋巴结肿大,体表淋巴结均可触及到肿大的硬块。患猫表现消瘦、贫血、减食、精神沉郁等症状。

(3)胸腺淋巴瘤型　瘤细胞常具有 T 细胞特征,严重的整个胸腺组织被肿瘤组织所代替。有的波及纵隔膜前部和膈淋巴结,由于纵隔膜及膈淋巴形成肿瘤,压迫胸腔形成胸水,可造成严重呼吸困难,使患猫张口呼吸,致循环障碍,表现十分痛苦。进行 X 光照相可见胸腔有肿物的存在。临床解剖可见猫纵隔淋巴肿瘤达 300～500 g。该类型多见于青年猫。

(4)淋巴白血病　该类型常有典型临床症状。初期表现为骨髓细胞异常增生。由于白血细胞引起脾脏红髓扩张会导致恶性病变细胞的扩散及脾脏肿大、肝脏肿大、淋巴结轻度至中度肿大。临床上常出现间歇热,食欲下降,机体消瘦,黏膜苍白,黏膜及皮肤上出现出血点,血液检查可见白细胞总数增多。

2. 治疗

目前尚无有效疫苗可供使用。可用血清疗法和放射疗法,抑制肿瘤的生长。有些人士认为患猫可带毒和散毒,建议施行安乐死。

三、传染性腹膜炎

1. 症状

发病初期症状不明显,随病程的发展逐渐明显。患猫体重减轻,食欲减退,时好时坏。几天后体温升高至 39.5～41.5℃,血液中白细胞数增多,持续 1～6 周后,可见腹部膨大,触诊无痛感。可感到有水样波动或水响声,患猫表现呼吸困难,逐渐消瘦,贫血。腹腔抽液可抽出 500 ml 左右的液体,过几日后又重新胀满。病猫高度脱水,最后休克死亡。有的病例主要侵害眼、中枢神经、肾和肝脏,腹腔内几乎见不到腹水。眼部可见角膜水肿、角膜炎、羞明流泪、角膜上有沉淀物,重者可导致角膜穿孔而失明。中枢神经受损伤时,表现为后躯运动障碍、行动失调、痉挛、背部感觉敏感。侵害肝脏后,可见有黄疸症状;肾脏受侵害时,腹壁触诊时可感到肾肿大,临床上可见肾功能障碍。

2. 治疗

目前尚无有效的特异性治疗药物。出现临床症状后的猫一般预后不良。发病初期用皮质类固醇药物治疗有一定效果。

四、泛白细胞减少症

此病又称猫瘟热、猫传染性肠炎,是猫的一种急性高度接触性传染病。临床表现多以突然发高热、顽固性呕吐、腹泻、脱水、循环障碍及白细胞减少为特征。病原属细小病毒科、细小病毒属的一种病毒。

1. 症状

潜伏期为 2～9 天,临床症状与年龄及病毒毒力有关。几个月的幼猫多呈急性发病,体温升高 40℃ 以上,呕吐,很多猫不出现任何症状,突然死亡。6 个月以上的猫大多呈亚急性临床,首先发热至 40℃ 左右,1～2 天后降到常温,3～4 天后体温再次升高,即双相热型。病猫精神不振,厌食,顽固性呕吐,呕吐物呈黄绿色,口腔及眼、鼻有黏性分泌物,粪便黏稠样,后期带血,严重脱水,贫血。

2. 治疗

(1)特异性疗法　猫瘟免疫血清通过临床使用效果尚好。用法:每千克体重 2 ml,肌肉注射,隔日 1 次。

(2)对症疗法　止吐,消炎,解热,止血,补糖,补碱,补液。

①胃复安注射液每千克体重 0.15～0.25 ml,每日 2 次,肌肉注射。

②庆大霉素每千克体重 1 万单位,或卡那霉素每千克体重 5 万～10 万单位,每日 2 次,肌肉注射。

③柴胡注射液每千克体重 0.3 ml,每日 2 次。

④25％葡萄糖注射液 5～10 ml,5％碳酸氢钠注射液 5 ml,复方生理盐水 30～50 ml,混合静脉注射。

⑤止血可用维生素 K_3 注射液每千克体重 0.3 ml,每日 2 次,肌肉注射。

五、急性胃肠炎

1. 症状

以呕吐、腹泻、腹痛、精神沉郁、体温升高、脱水为主要症状。患猫表现口渴感,卧于水碗边不喝或喝后即发生呕吐。呕吐物中带有血丝及黄绿色液体。表现高度脱水,眼球下陷,皮肤弹性下降。排粪次数增加,粪便稀臭,肛门周围粘有大量污粪。动物抗拒腹部检查,特别是触诊胃部时可有呕吐症状出现。

2. 治疗

(1)禁食禁饮 12 小时。

(2)对症治疗,给予止吐剂,胃复安每千克体重 2 mg,每日 2 次;氯丙嗪每千克体重 0.5 mg,每日 2 次,分别肌肉注射。若胃有出血可给予止血剂,止血敏每千克体重 15~25 mg,肌肉注射。维生素 K_1 每千克体重 0.1 mg,肌肉注射,每日 2 次。

(3)消炎补液,庆大霉素每千克体重 1 万单位,地塞米松每千克体重 0.5 mg,混合肌肉注射,每日 2 次。葡萄糖盐水 40~60 ml,5‰碳酸氢钠注射液 5 ml 混合静脉注射,每日 1 次。口服补液盐(葡萄糖 20 g,氯化钠 3.5 g,碳酸氢钠 2.5 g,氯化钾 1.5 g,加水 1000 ml)饮服。

(4)护理,给予流食、牛奶、肉汤、鱼汤类,逐步过度到正常饲喂食物。

六、耳螨病

1. 症状

耳螨虫具有高度的接触传染性。临床表现为耳部奇痒,患猫不时用后爪搔抓耳部。常可见有皮肤损伤、耳血肿、摇头不安。耳道中可见有棕黑色的分泌物及表皮增生症状。当继发细菌感染时可造成化脓性外耳炎及中耳炎,深部侵害时可引起脑炎,出现脑神经症状。患猫耳部疼痛明显,有压痛,拒绝检查耳部。

2. 治疗

(1)伊维菌素注射液　每千克体重 0.3 ml,皮下注射。隔 7 日重复注射 1 次。

(2)敌百虫　100 ml 水中加敌百虫 0.5~1.0 g,溶解后用棉签清理耳道,每日 2 次。

有中耳炎的猫应结合抗生素疗法及皮质类激素疗法。

第三章　观赏鸟

第一节　鸟的种类

一、鸟——人类的朋友

自然界中,鸟是所有脊椎动物中外型最美丽、声音最悦耳、最深受人们喜爱的动物之一。它与人类是地球村里相互依赖、共同命运的村民。

现今,地球上存有鸟类约 156 个科,9000 余种,近 1000 亿只,可分为三个总目:平胸总目,包括一类善走而不能飞的鸟,如鸵鸟;企鹅总目,包括一类善游泳和潜水而不能飞的鸟,如企鹅;突胸总目,包括两翼发达能飞的鸟,绝大多数鸟类属于这个总目。

我国疆土辽阔,鸟类资源丰富,共有 81 个科,1186 种,占世界鸟类总数的 13%,比多鸟的国家印度还要多,超过整个欧洲、北美洲,是世界上鸟种类最多的国家之一。其中,雉科的野生种(各种野鸡)有 56 种,约占世界雉科的 20%;鹤有 8 种,约占世界总数的 53%;画眉科有 34 种,约占世界总数的 74%。能够笼养供观赏的鸟类也有 100 种左右。

鸟的种类在脊椎动物中仅次于鱼类。这些鸟在体积、形状、颜色以及生活习性等方面,都存在着很大的差异。在众多的鸟类中,最大的要数鸵鸟,它是鸟中的"巨人"。非洲鸵鸟体高 2.75 m,最重的可达 165.5 kg;最小的是南美洲的蜂鸟,体长只有 50 mm,体重也就同一枚硬币一样重。

据国外媒体报道,2004 年科学家们在哥伦比亚境内安第斯山脉的森林中新发现了一种色彩艳丽的鸟种。此前,还从未有任何科学刊物记录过它们。现在,科学家们已经对这种新发现的鸟进行了命名——雅里吉斯薮雀。据介绍,这种鸟长着黑黄相间的尾翼和红色的冠毛。对于从事环境保护工作的专家们来说,此次发现纯属偶然。不过,直到 2006 年专家们才成功地捕获了 2 只雅里吉斯薮雀,一只在被拍照和提取了 DNA 样本后已被重新放归大自然,而另一只不幸死亡。

据一位曾参与考察活动的专家介绍,雅里吉斯薮雀生活的区域相当辽阔,然而此前就连哥伦比亚本国人都对它们一无所知。发现者们认为,必须非常仔细地监控这些鸟的活动情况,避免它们陷入灭绝的境地。目前,全世界范围内每年都能发现 2～3 个新的鸟种。

二、养鸟的历史

我国饲养鸟类以供观赏的历史非常悠久,大约可追溯到 3000 年前。周代就已开始饲养鹦鹉,汉代开始饲养信鸽,唐代开始饲养黄鹂。宋时除大量饲养鸽以外,玩养百灵、画眉也很盛行。明清之际,富裕之家一般都喜欢养鸟,以此为生活增添新的情趣。

今天,养鸟已成为人们业余生活的内容之一。在城市生活的居民,终日看到的是楼房、工厂、道路,听到的是机器声、车辆声、嘈杂声,对大自然之美接触很少,特别是对那些自然的羽色、自然的音韵接触就更少。鸟类能给人类带来大自然的美,给生活增添欢乐、生动、活泼的气氛,从而丰富人们的精神生活,延年益寿。因此,养鸟是一项有益的生活。

三、我国观赏鸟的分类

我国鸟类不仅品种繁多,而且有许多珍贵的特产种类。例如,羽毛绚丽的鸳鸯、相思鸟,产于山西、河北的褐马鸡,甘肃、四川的蓝马鸡,西南的锦鸡,台湾省的黑长尾雉和蓝腹鹇;产于我国中部的长尾雉,东南部的白颈长尾雉,还有黄腹角雉和绿尾虹雉等等。有不少鸟类,虽不是我国特产,但主要产于我国境内,如丹顶鹤和黑颈鹤等。

我国观赏鸟一般分为以下几类(见彩图 3-1～3-38):

1. 外观型

以鸟的羽毛是否美丽作为观赏标准。其中,具有较高观赏价值的有红嘴蓝鹊、黄鹂、寿带鸟、翡翠、交嘴雀、燕雀、太平鸟、红耳鹎、白喉矶鸫、灰顶红尾鸲、相思鸟、绣眼鸟、戴胜等。另外,鸟类飞舞的姿态是否优美也是重要的观赏标准之一,善飞的鸟包括百灵、云雀、绣眼鸟等。

2. 鸣叫型

中国人在欣赏观赏鸟时,十分注意鸟的鸣叫声。鸟的叫声有的激昂悠扬,有的清朗流畅,有的柔润婉转,给人以不同的愉悦享受。以鸣叫为主的观赏鸟有画眉、百灵、云雀、黄雀、金翅雀、白头鹎、红耳鹎、红嘴蓝鹊、白喉矶鸫、鹊鸲、相思鸟、红点颏、蓝点颏、乌鸫等。最能唱的百灵据说有"十三套音韵",简直如同乐器齐全的合唱队。

3. 模仿型

鹦鹉、八哥、鹩哥等经训练都可模仿人类语言,还可模仿自然界其他鸟兽的叫声以及汽车、火车的鸣笛声等多种声响。

4. 善斗型

这类鸟的观赏价值基本体现在擅长争斗上,具有这种特质的鸟有棕头雅雀、画眉、鹌鹑、鹊鸲等。

5. 技艺型

能接受训练而学会技艺的鸟类。如黄雀、蜡嘴雀、金翅雀、交嘴雀、燕雀、朱顶雀、白腰文鸟等,这些鸟经过训练能表演杂技。

在技艺型观赏鸟中,最值得一提的就是鸽。汉代张骞出使西域时,曾用信鸽传递消息。到了唐宋时,养鸽已相当盛行。中国观赏鸽的品种十分丰富:有全体洁白,头部黑色的"雪花";有全体乌黑,头部洁白的"缁衣";有全体洁白,头尾乌黑的"两头乌";有全体黑白相间的"喜鹊";还有尾羽多于一般鸽子两倍并经常竖立似扇面的"扇面鸽",胸部气囊鼓起如球的"球胸鸽",眼周很大的"眼镜鸽",鼻部蜡膜特别发达的"瘤鼻鸽"和能翻筋斗的"筋斗鸽"等。

在2008年2月举行的《中国鸟》邮票首发式上,红腹锦鸡被认为是中国国鸟的最佳候选。中国科学院动物研究所研究员孙悦华说:"目前世界上已有40多个国家确定了国鸟,中国作为世界大国,也应尽早确定。"

四、养鸟的益处

1. 有益身心健康

美国有一所精神病医院的病人抓到一只受伤的小鸟,经过他精心饲养,这只小鸟被养活了。这马上引起医院其他精神病人的极大兴趣,都争相喂养小鸟。结果,这些养鸟的精神病患者的症状大为减轻。生理病理学家通过研究后发现,喂养动物不仅有助于病人疗养病疾,也有益于一般人的身心健康。

心理学家指出,喂养动物带给人最重要的心理益处,就是动物对人表示的关注。

不管人们是否注意狗,狗对人总是十分关注的。而我们知道,以眼神表示关注对人的心理慰藉是多么重要。

喂养动物给人们带来另一个心理上的"收获",就是动物对人表示的"欢迎"行为。每个人都希望自己成为到处受欢迎的人。当一个人回到家中,看到爱犬摇头摆尾的欢迎,小猫温顺的亲昵,听到鹦鹉婉转悦耳的欢迎时,心情一定会是异常愉悦的。

2. 特殊作用

观赏鸟不仅可供人观赏,还有其特殊的作用。观赏鸟体型小巧,机能齐全,对有毒气体反应相当灵敏。当人们不能觉察到空气中的有毒气体时,鸟却会有反应,表现出暴躁不安、搭头搭尾、提前报警。所以,化工厂生产有毒产品时,常将鸟笼挂在车间,作为监视报警器。当气体外溢污染时,鸟就呆滞或跌倒,如芙蓉鸟、妖凤鸟、相思鸟、绣眼鸟、黄雀都可做到这点。民间百姓进菜窖、地瓜窖时常带鸟笼,以察视气体是否有毒气,就是这个道理。

随着社会的发展,人民生活水平逐渐提高,观赏鸟的需要量也越来越多。有的种类可从野外捕捉,有的可以人工饲育。现在已出现以饲育鸟为业的饲养业,有的人已成为饲养观赏鸟的专业户。但目前饲养水平都不高,有必要建立饲鸟专门科研机构,提高饲育质量,增加观赏鸟的种类。如金山珍珠鸟、灰文鸟、胡绵鸟、牡丹鹦鹉等,都可进行人工饲育。不光国内饲养者需要,还可大量出口国外。特别是那些善于啭鸣的鸟,深受国外饲育者的欢迎。仅 1978 年和 1979 年,我国就曾出口百万只观赏鸟,换取外汇百余万元。红嘴相思每年出口 20 万只;画眉 10 万多只;太平鸟、交嘴鸟、绣眼鸟、八哥等外销数量也数以万计。这对增加农民收入、积累社会资金、增加各国人民的友谊都有益处。

第二节　鸟的生物学特性

一、鸟类的起源

鸟类是由古爬行类动物进化而来的一支适应飞翔生活的高等脊椎动物。现在已知最早的鸟是始祖鸟,1861 年在德国南部发现了第一个始祖鸟化石。始祖鸟既有鸟类的特征又有与爬行动物某些相似之处,所以它是证明鸟类由爬行类动物进化而来的一个强有力的证据。

鸟类的形态结构既与许多爬行类动物相同,又有很多不同之处。这些不同之处一方面是在爬行类动物的基础上有了较大的发展,具有一系列比爬行类动物高级的进步性特征,如高而恒定的体温,完善的双循环体系,发达的神经系统和感觉器官,以及与此联系的各种复杂行为等；另一方面为适应飞翔生活而产生了特异性的进化，如身体呈流线型，体表被羽毛，前肢特化成翼，骨骼坚固、轻便，具有气囊等。这一系列的特异性进化，使鸟类具有很强的飞翔能力，能进行特殊的飞行运动。

由于鸟类在形态构造方面有上述一系列的高级特征和飞翔能力，所以种类繁多，遍布全球。

二、鸟类的生物学特性

1. 鸟的生理结构

鸟类全身生有羽毛，身体呈流线型，前肢变成翅膀，后肢形成支持体重的双脚。大多数鸟类可以飞翔，少数平胸类鸟不会飞。特别是生活在岛上的鸟，基本上也丧失了飞行的能力，比如鸵鸟双翅已退化，胸骨小而扁平，没有龙骨突起，便不能飞翔。企鹅是特异化的海鸟，双翅变成鳍状，也失去了飞翔能力。当人类或其他哺乳动物侵入到它们的栖息地时，这些不能飞翔的鸟类往往更容易遭受灭绝之灾。

鸟类口中没有牙齿，用喙在土壤中取食，喙一般狭长而尖细。作为恒温动物，鸟类体温较高，通常为42℃。其心脏有两心房和两心室，呼吸器官除包括肺外，还有由肺壁凸出而形成的气囊，用来帮助肺进行双重呼吸。胸骨上有发达的龙骨突，骨骼中空充气，这是鸟类适应飞行生活的骨骼结构特征。

2. 鸟类的生活习性

(1)换羽 经过了紧张辛劳的繁殖期，鸟类的羽毛逐渐变旧、磨损或折断。因此，大多数鸟类在幼鸟离巢飞走后便开始换羽。换羽过程有一定的顺序，需缓慢而对称地进行，以不致完全丧失飞翔能力。但此期间飞翔能力极弱，所以换羽期间鸟类多隐蔽生活，如鸭科鸟类等。换羽的顺序，通常先从尾羽和飞羽开始，最后换体部羽毛。换羽时，左右翅在同一时间内对称地脱落羽毛，以保持身体的平衡，如燕鸥。换羽的次数，大多数在每年繁殖后更换一次。而燕子及一些猛禽在冬季换羽，也有些鸟类除秋季完成换羽外，在繁殖前还有一部分需进行一次分期换羽。

(2)迁徙 到了秋季，绝大多数在北方繁殖的鸟类要带着幼鸟成群结队地迁往南方越冬。第二年春天，再返回北方生儿育女。鸟类这种随季节的周期更替而往返的行为，称为迁徙。根据鸟类迁徙的性质，可把它们划分为候鸟和留鸟。留鸟是终年栖居，在繁殖季节也不迁走的鸟类，常见的有麻雀、喜雀等；候鸟是随季节的变化，沿固定的路线在繁殖地与越冬地之间移居的鸟类。观赏鸟经过人们的驯化，基本为留鸟。迁徙的距离一般在2000～2500 km。通常小、中型鸟类的飞行速度为每小时10～40 km，日程100～200 km，飞行高度100～1000 m。大型鸟则更快、更远、更高。

3. 鸟类的差异

鸟是两足、恒温、卵生的脊椎动物,体型大小不一,既有很小的蜂鸟,也有巨大的鸵鸟。绝大多数的鸟类营树栖生活,少数营地栖生活。水禽类在水中寻食,部分种类有迁徙的习性,主要分布于热带、亚热带和温带,我国的种类多分布于西南、华南、中南、华东和华北地区。

有些鸟类虽然可以飞行,但距离很短,如家鸡由于双翅短小,不能高飞。大多数鸟都有很强的飞行能力。在会飞的鸟中,飞行最高的要算秃鹫了,它的飞行高度一般可在 9000 m 以上;飞行最快的要属苍鹰,其短距离飞行最快可达 600 km/h;飞行距离最长的则是燕鸥,可从南极飞到遥远的北极,行程约 1.76 万 km。

第三节 鸟的价值

有些鸟类不仅具有外观美丽、可供观赏的价值,还有很大的经济价值,主要是营养价值和药用价值。下面简单介绍几种。

一、鹌鹑

古称鹑鸟、宛鹑、奔鹑,为补益佳品,肉、卵可以吃,是鸡形目中体形较小的一种。野生鹌鹑尾短翅长而尖,上体有黑色和棕色斑相间,具有浅黄色羽干纹,下体灰白色,颊和喉部赤褐色,嘴沿灰色。

1952 年以来,我国开始引进鹌鹑家养品种,现已在黑龙江、吉林、辽宁、山西、陕西、河北、湖北、四川、江苏、广东等地有饲养基地。

1. 品种介绍

蛋用型鹌鹑:包括日本鹌鹑、朝鲜鹌鹑、中国白羽鹌鹑、黄羽鹌鹑等;肉用型鹌鹑:包括法国巨型肉鹌鹑、莎维麦脱肉用鹌鹑等。

2. 经济利用

鹌鹑的肉和蛋营养价值很高,含有丰富的蛋白质和维生素,是极好的营养补品,有动物"人参"之称,是宴席上的佳肴。鹌鹑还可作药用和观赏鸟,长期食用对血管硬化、高血压、神经衰弱、结核病及肝炎都有一定疗效。据本草纲目记载,鹌鹑肉能"补五脏,益中续气,实筋骨,耐寒暑,消结热"。据统计,1966 年以前我国每年向国外输出 20 多万只野生鹌鹑。从进行鹌鹑饲养后,由于鹌鹑产蛋率高,一年可达 300 多个,且具有生长快、成熟早、繁殖力强、容易饲养等特点,因此在一些省市鹌鹑饲养发展很快,现已成为最经济的饲养家禽。

二、鹧鸪

鹧鸪是集肉用、药用、观赏为一体的名贵野味珍禽。其肉质细嫩,味道鲜美适口,且含有人体所需要的多种氨基酸,蛋白质的含量为 30.1%,比鸡肉高 10.6%;脂肪含量为 3.6%,比鸡肉低 4.2%;脂肪酸含量为 64%,为不饱和脂肪酸;尤其是含有其他鸟类体内所没有的牛磺酸,牛磺酸是有益儿童智力发育的"脑黄金"。

我国古代《唐本草》《本草纲目》《医材摘要》和《随息居饮食谱》等都阐明:鹧鸪肉具有"利五脏、开脾胃、益心神"等滋补强壮作用。鹧鸪肉及其制品也是人们享受美味佳肴、体会"药食同源"的中国饮食文化及增进健康的上乘佳品。婴幼儿童、孕妇和哺乳期妇女食用后,对促进儿童智力发育,提高母婴健康水平大有裨益;多病体弱者和老年人食用,对加速康复、增进疾病抵抗力具有意想不到的效果。

三、鸽子

1. 鸽肉

鸽子又名白凤,亦称家鸽、鹁鸽,为鸟属鸠鸽科孵卵纲脊椎动物。鸽子的祖先是野生原鸽。鸽子的营养价值极高,既是名贵的美味佳肴,又是高级滋补佳品。鸽肉为高蛋白、低脂肪食品,蛋白含量为 24.47%,超过兔、牛、猪、羊、鸡、鸭和狗等肉类,所含蛋白质中有许多人体所必需的氨基酸,消化吸收率在 95%;鸽子肉的脂肪含量仅为 0.73%,低于其他肉类,是人类理想的食品。

鸽肉不但营养丰富,且还有一定的保健功效,能防治多种疾病。《本草纲目》中记载:"鸽羽色众多,唯白色入药",从古至今中医学认为鸽肉有补肝壮肾、益气补血、清热解毒、生津止渴等功效。现代医学认为:鸽肉壮体补肾,生机活力,健脑补神,提高记忆力,降低血压,调整人体血糖,养颜美容,可使皮肤洁白细嫩,延年益寿。

2. 鸽蛋

同鹌鹑一样,鸽蛋也被人称为"动物人参",富含蛋白质。我国民间有"一鸽胜九鸡"的说法。据有关资料,鸽蛋含有优质的蛋白质、磷脂、铁、钙、维生素 A、维生素 B_1、维生素 D 等营养成分,有改善皮肤细胞活性、增强皮肤弹性、增加颜面部红润(改善血液循环、增加血色素)等功能。中医认为:鸽蛋味甘、咸,性平,具有补肝肾、益精气、丰肌肤诸功效。在麻疹流行期间,让小儿每日食两枚煮熟的鸽蛋,既可预防麻疹又有解毒功效。有贫血、月经不调、气血不足的女性常吃鸽蛋,不但有美颜滑肤作用,还可能治愈疾病,使人精力旺盛,容光焕发,皮肤艳丽。

鸽蛋能补肾养心,可用于肾虚或心肾不足所致的腰膝疲软或身体疲乏无力、心悸失眠。可与 10 克龙眼肉，10 克枸杞子，加冰糖蒸熟服用。鸽蛋有极丰富的营养价值，因其性温，故人们常把它作为冬令补品或供体弱者调理食用。《四川中药志》记载："鸽蛋可治肾气不足"，就是用鸽蛋、桂圆肉、枸杞子各适量，加冰糖水蒸开水服。

四、鸵鸟蛋

1. 营养价值

鸵鸟蛋是蛋类之最，被称做"百蛋之王"。每枚重约 1.5 kg，口感细腻、味道鲜美、营养价值极高。吃法与鸡蛋一样，炒、煮、炖、煎等，价格稍贵于鸡蛋，因物以稀为贵。

鸵鸟蛋是鸵鸟美食的重要组成部分，一蛋两吃是鸵鸟蛋的独特吃法。由于每个鸵鸟蛋通常都在 1.5 kg 左右，体积较鸡蛋等大得多，所以鸵鸟蛋的一个独特吃法就是放在蛋壳里蒸，厨师会在蛋液中加入具有药用价值的蚂蚁，品味非常独特。另一种吃法则是仿照鸡蛋等，和别的蔬菜炒着吃。另外，用鸵鸟蛋做成的蛋酥也别具一番风味。

2. 收藏价值

鸵鸟蛋壳具有象牙般的光泽，壳厚而硬，质地细腻、均匀，可作为象牙的替代品进行彩绘和雕刻，具有较高的收藏价值。

第四节　鸟的饲料

一、鸟类饲料的分类

观赏鸟的饲料主要可分为粉料、粒料、青绿饲料和辅助饲料。

1. 粉料

常用的粉料有玉米面、黄豆面、绿豆面、豌豆面和鱼粉、骨粉、蚕蛹粉及煮鸡蛋混合的饲料。粉料是软食鸟的主要饲料，如画眉、相思鸟、点颏、太平鸟、黄鹂、绣眼鸟、百灵鸟等。这些软食鸟在野外以觅食昆虫为主，所摄取的营养主要是动物性蛋白质，在人工饲养下无法全部用昆虫来喂养，必须改变其食性，但又不能违背它选择食物的基本要求，于是用富含植物性蛋白质的豆类，再加少量含动物性蛋白质的鱼粉、熟鸡蛋等代替。经长期饲养实践证明，只要饲料调配得当，是可以改变食虫鸟的食性而不影响其健康的。

玉米粉和黄豆粉的制作方法：先将玉米和黄豆冲洗干净，放入锅内蒸或炒至七成熟，晒干磨成粉。不能喂生豆粉，若用生豆磨粉，则磨粉时产生的热会使豆类所含的脂肪氧化而产生苦味。豆类含脂肪愈高,苦味也愈烈,故黄豆更不宜生磨,因鸟类食生黄豆粉会拉稀,不易治愈。

鱼粉:可以购买供饲料用的商品鱼粉,也可以自己制作。最好用小杂鱼,清洗干净后放在高压锅内蒸或煮,时间短,骨也能煮得酥软,蒸煮酥熟后,取出将水沥干,用文火炒至干松,再用研钵研细,过筛备用。

蚕蛹粉是将蚕蛹焙干后研成细末制成的。蚕蛹是完全变态的昆虫由幼虫变成成虫的一种过渡形态。蚕吐丝做茧以后,即变成蚕蛹。也可以捕捉蝗虫、蟋蟀等昆虫,用沸水烫死,再用火焙干,然后碾成昆虫粉。用同样的方法还可以制作蚯蚓粉等。

2. 粒料

粒料主要指未经加工的植物籽实,通常为硬食鸟的主要饲料。常用的粒料有粟(谷子)、黍(黄米)、稗子、稻谷、玉米、苏子、麻籽、油菜籽、核桃、花生、葵花籽等植物的籽实。

3. 青绿饲料

青绿饲料是观赏鸟所需维生素的主要来源,与鸟类的健康有着密切的关系。大部分鸟喜欢吃青绿饲料,也有个别鸟不喜欢吃,应采取强迫的办法补充,如可把青菜剁成菜末加在粉料中喂食。

常用的青绿饲料有叶菜类的白菜、圆白菜、油菜以及苜蓿等,瓜果类的西瓜、西红柿、南瓜、胡萝卜等,水果类的苹果、梨、桃等,这些青绿饲料都富含糖分和维生素。叶菜类在喂前应洗净,浸泡5～10分钟,沥干后再喂。喂法是切成碎末或整个喂给任其自由啄食。瓜果类应切成块,插在笼内任鸟啄食。

4. 辅助饲料

观赏鸟每天除供给上述介绍的必需饲料外,还要供给一些非必需而又不能缺少的饲料,这种饲料称辅助饲料。观赏鸟的辅助饲料主要有面包虫、蝗虫、鱼粉、骨粉、钙粉、油葫芦、蚕蛹粉、贝壳粉、羽毛粉、熟石灰、墨鱼骨粉、鱼肝油及各种维生素添加剂及微量元素等。这些饲料对鸟类的健康、生长发育、繁殖等都具有非常重要的作用。

食虫鸟的辅助性动物饲料非常广泛,几乎所有昆虫都能食。最常用于喂鸟的动物性饲料主要有蝉、蜘蛛、蝗虫、面包虫、油葫芦等,其他还有尺蠖、蝼蛄、松毛虫等。

笼养鸟大都在夏季换羽,这时应相应增加富含蛋白质的饲料和维生素,减少高脂性饲料。羽毛粉、蝉衣、蛇蜕和蛋壳内衣等有促进换羽的作用,必要时可在日料中适当添补。饮水要保证全天供给,经常更换,保持水质清洁。

二、鸟类饲料的主要成分

形式众多的饲料,通过鸟类的消化、分解,最终都成为相同的5种营养物质,即糖类、脂肪、蛋白质、维生素、矿物质。这5种营养物质对鸟的生长发育都有特殊的功能，是无法互相替代的。饲料要科学搭配，饲喂时需有个比较合理的比例，从而保证鸟所需要的营养物质的合理供给。

1. 糖类

糖类，即碳水化合物，是鸟类热能的主要来源，是维持体温、飞翔、跳跃等活动的基本能源。鸟的新陈代谢较其他动物旺盛，消耗的热能也大，因此需要不断补充能源。

2. 脂肪

鸟体应保持一定量的脂肪，因它有维持体温、减少脏器间摩擦的作用，也是热量最经济的贮存方式。某些脂溶性维生素还得以脂肪来溶解才能被鸟体吸收。但过多脂肪会使鸟肥胖，变得呆滞不活泼，雄鸟不鸣叫，雌鸟不产卵，散热困难易中暑等。

3. 蛋白质

蛋白质是细胞最基本的组成物质。鸟的皮肤、羽毛、肌肉、内脏等都是以蛋白质为主要成分的。蛋白质在体内经消化分解成各种氨基酸后，才能被吸收利用。鸟类的饲料要混合多种饲料，使蛋白质中的氨基酸互相弥补，以提高营养价值。

4. 维生素

饲料中的维生素含量极微，鸟对它的需要量虽不多，但它对鸟类的生命活动有重要作用。鸟体内的各项生理活动都与维生素有密切关系。维生素缺乏会使鸟类抗病力低，生长缓慢，还会发生多种疾病，如：软骨、羽毛不齐、颜色不鲜艳等。鸟类需要的主要维生素是A、D、E、B的复合体等。

5. 矿物质

矿物质是鸟类骨骼的主要组成成分，并与鸟体造血功能、消化功能、食欲、精神、发情、生殖等都有密切关系。鸟类需要较多的元素是钙、磷、氯、钠、钾；需要微量的元素是铜、钴、锰、锌、镁、碘、硫等，这些矿物质需要量极微，因此称为"微量元素"。人们给予鸟类的饲料种类多样，鸟体一般不会感到缺乏微量元素，其他的矿物质一般也能在饲料中满足。需要注意补充的是钙，因鸟类在长期的生长期和繁殖期都需要较多的钙。常用的有骨粉、石粉、蛋壳粉、墨鱼骨等。

三、鸽的常用饲料配方

种鸽的配方：各种豌豆（黄、绿、白）32%、黄玉米29%、小麦19%、红高粱9%、白高粱4%、野豌豆3%、红花籽2%、花豌豆2%。

赛鸽的配方:黄玉米 27%、各种豌豆(黄、绿、白) 17%、小麦 19%、白高粱 9%、红高粱 9%、野豌豆 7%、花豌豆 5%、红花籽 3%、小葵花籽(带壳) 2%、谷子 2%。

四、配制饲料的注意事项

1. 保持新鲜

特别是动物性饲料,在炎热夏天极易腐烂。如果用变质的饲料去喂鸟,轻者会引起腹泻,重者会使鸟死亡。配制好的饲料,要放在干燥通风的地方,不要使它受潮发霉。

2. 清洗饲料

饲料(如叶类蔬菜)食用前一定要用水清洗干净,要在清水中浸泡 5~10 分钟,消除农药并吹干后才能使用。

3. 清除杂物

要随时注意清除饲料中的杂物,如铁屑、草根、果壳等。

第五节　鸟的饲养与管理

各种鸣禽类观赏鸟的日常饲养管理方法,虽因种类不同而各异,但其一般管理要点是基本相同的,现介绍如下。

一、鸟的饲养

观赏鸟的消化能力强,但体内不能贮存大量饲料来慢慢消化,所以它们的喂食方式与一般动物不一样,不能 1 天只进食 1 次或 2~3 次,而是要不断进食,才能满足身体需要。每天最好上午喂食、换水,喂前先给以声音信号,形成条件反射,并把喜欢吃的食物拿着喂,这对鸟的驯熟很有效。

在饲喂过程中,要防止饲喂不当致病。这常与饲料不当、营养不良有关,因此需从饲料的配比上加以妥善解决。饲料的搭配,要根据鸟的食性和饲养者的经验而定,然后再经过一段时间的饲喂试验,才能证明对鸟是适宜的。除季节性变化外,不要轻易改换饲料配方。

1. 粒料的饲喂

硬食鸟应供给粒料,它们能将饲料壳剥去,吞食籽粒。在饲喂时,应注意食缸中食量的多少,不能造成断食少粮。应该每天将壳吹去或筛除,再添加些新饲料。对于无壳粒料,如蒸蛋米和炒蛋米,因为它们易变质发霉,在饲喂时一定要密切注意,一般情况下,炒蛋米可 2 天更换 1 次,蒸蛋米夏、秋高温炎热季节应每天更换。

有的鸟在取食时,喜欢挑取其中的菜子、麻子、苏子等富含脂肪的食物,而把其他谷物如黍、粟、稗、稻谷等留于食缸内。饲养者在添加饲料时,不应只加鸟喜食的食物,以免鸟摄取脂肪过多而发胖,应减少饲料脂肪的比例,迫使鸟取食混合饲料。

2. 粉料的饲喂

粉料含蛋白质丰富,与粒料相比更易发霉变质,所以应防止食物发霉变质。在配制粉料时,可少配一些,一般气温在 12℃ 以下时,1 天的粉料可 1 次调配,12～24℃ 时 1 天的粉料分 2 次调配,24℃ 以上时,1 天的粉料分 3 次调配。

添加饲料时应注意,必须让食缸已有的粉料吃完之后再加。如果食缸中已有的粉料将要变质,在添加新粉料之前,必须把食缸中剩余的粉料清除干净,否则,新加的粉料易变质。

3. 青绿饲料的饲喂

青绿饲料包括各种水果、菜叶等,应保持新鲜,对于那些食用青绿饲料不多的鸟类,可将少量青绿饲料切碎放入菜缸中饲喂,当菜沫变色或变蔫后,应及时更换。而对于那些需要食用大量青菜的鸟类,如娇凤、芙蓉鸟等,可将大棵青菜劈成两半或 4 片,再插于竹签上供鸟任意啄食。

4. 饮水

应供给笼鸟清洁干净的饮水,一般每天换 1 次水,以凉白开水或自来水为好。矿泉水因为太硬最好煮成开水,凉后使用,河水太脏一般不用。在供给饮水时,既要防止水缸中缺水,又要防止水加得太多,以避免鸟在缸中水浴。可采用曲颈饮水器或在水缸中放入一块海绵或丝瓜络,使鸟仅能饮水而不能淘水。夏天、秋天高温季节,应随时检查水缸中是否有水,如有缺水应及时加入。为了防止水质变劣,可在水缸中加入一块木炭。

二、日常管理

1. 沙浴

鸟是很爱清洁的动物,在野生环境中,有些鸟类,如百灵、云雀等喜欢用沙浴的方法清洁自身的羽毛以降低体温。因此在笼养时也应提供沙浴条件,可在笼底铺垫一层 0.5 cm 厚的细河沙,经水洗后,过筛晒干、晾干或烘干后使用。笼中的细沙必须定期更换,一般 2～3 天换 1 次,当发现鸟整天不进行沙浴时应立即更换细沙。如果细沙不易获得,换下的细沙经过筛、水洗晒干或烘干后可重复使用。

2. 水浴

大多数观赏鸟喜欢水浴。水浴可将鸟放入洗浴笼内,再将洗浴笼放在盛有水的浅盘中,让鸟沐浴。如果鸟暂时还不习惯于在笼中沐浴,也可将水从笼顶滴洒到鸟体上。鸟的水浴时间不能过长,应以鸟羽不全湿透为标准。不同季节水浴的次数不同,一般情况下,1～2 天水浴 1 次;冬季和早春气温低时,4～5 天水浴 1 次;处于换羽期的鸟则应减少水浴次数。水浴后应将羽毛擦干,并将鸟置于避风向阳的温暖处,也可将鸟笼移近暖气片,让羽毛尽快干燥。

3. 修爪

由于观赏鸟在笼中活动较少,其爪不能像在野外生活时一样与沙石、树木、土壤等长期接触并磨损,因而生长过长,影响其站立、行走,甚至会出现鸟爪插入笼缝中折断的现象。一般情况下,当鸟爪长度超过趾长的 2/3 或爪已向后弯曲时即需修剪。需要的工具有剪刀和锉。修爪时,在爪内血管外端 1～2 mm 处向内斜剪一刀,注意不要剪到血管,剪后再用锉稍锉几下即可。

4. 修喙

笼养的鸟类食物供应充足,因此其喙在找食、啄食过程中得不到磨损而生长过长或弯曲,严重时甚至影响进食,此时可用锉将过长的部分锉去,或在食物中加入部分沙粒,这样鸟在啄食时,喙得到磨损,不致生长异常。

5. 清洗

当鸟因胃肠病而引起拉稀时,其趾或羽毛会受到污染,此时仅靠水浴和沙浴是难以清洁的,需要进行人工清洗。清洗时左手握鸟,将欲清洗的部位浸入水中,右手持棉花或湿软布在有积垢的部位轻轻搓擦。洗毕擦干鸟羽,放回笼中。清洗的水温不要太热或太凉,40～50℃是比较适宜的。

第六节　鸟的繁殖

春天来临,绝大多数鸟类不再像冬天那样喜欢群居生活,而是各自忙于选择理想的地方求偶筑巢,繁衍后代。

一、繁殖行为

鸟类的繁殖行为主要包括选择巢区、求偶、筑巢、交配、产卵、育雏等。求偶是动物繁衍的前奏,也是动物种群自我选育、优育的基础。不同的鸟类有各自的求偶行为,如善鸣的鸟类在枝头跳跃、欢叫,以吸引异性;鹤类则翩翩起舞,以优美的舞姿来赢得对方的好感;羽毛华丽的雄孔雀,光彩照人,相互展示漂亮的羽毛以招引雌性等等。求偶行为对保护种群的优良基因和更好地适应自然环境具有重要意义。

二、选择巢区

在繁殖期间,为了避免长途跋涉寻找食物,每一对鸟都要选择一个适宜活动和取食的范围作为巢区,并在其中筑巢。巢区由雄鸟选择占据,发情时在巢区内鸣啭,炫耀羽毛,以特殊的姿态吸引雌鸟,并向其求爱。雄鸟有保护巢区的行为,不准其他同种个体进入。如果在发情的雄鸟巢区内放一个同种雄鸟的标本,再播放此鸟鸣叫的声音,会使这只雄鸟大声鸣叫,甚至发生攻击行为。鸟类的繁殖行为一般开始于筑巢而结束于幼鸟离巢。筑巢是其繁殖行为中的一个显著特点。

鸟巢在其生殖和发育过程中的主要作用如下:

1. 利于鸟卵聚集成团,防止散落

这对一次孵卵数目较多的鸟类尤为重要,如果全窝的卵都在成鸟的身体下面,胚胎就可在亲鸟的体温作用下进行良好的发育。

2. 利于躲避敌害

由于很多鸟类把巢筑在非常隐蔽的地方,再加上一些伪装,便很难被天敌发现。

3. 利于维持雏鸟生长发育的最适温度

对于晚成鸟的雏鸟来说,在刚出生的几天,体温还不恒定,很容易随外界温度的变化而变化,仍要成鸟维持其体温。这时鸟巢起着减缓热量散失的作用。

4. 利于进行繁殖行为

对于已经配对的鸟来说,鸟巢是刺激它们性生理活动的重要因素。当鸟在自己窝内时,由视觉和触觉等器官所发出的信号,通过脑的综合,能促进体内雌激素的加速分泌,从而使体内的卵细胞迅速成熟并排出。很多鸟类是"认巢不认卵",它们一见到自己的巢就回去孵卵,即使把卵换成石头,它们也会"照孵不误"。但如果鸟巢被毁掉了,其孵卵行为就会立即终止。

三、筑巢

鸟类在占领巢区、选好配偶之后,就开始筑巢安家,筑巢大都由雌鸟独自承担。鸟巢的材料一般依周围环境而定,如兽毛、羽毛、泥土、地衣等。根据位置,可分为地巢、水巢、建筑巢及编织巢等。雉、雁、鸥类以及云雀、柳莺、百灵等,在地面土壤上筑

巢,有的直接把卵产在地面的凹陷处。小鹧鸪等鸟在水面上筑成浮巢,这种巢可随水升降,水波对幼鸟不会造成危险。翠鸟、沙燕等是在岩边堤基或沙土峭壁下坑道状的洞穴筑巢。啄木鸟、鸳鸯、山雀等利用天然树洞筑巢。啄木鸟必须自己凿洞。家燕等要在建筑物和屋檐下筑巢。鹭类、鸠鸽类等在树上用树枝编织巢,十分简陋。

四、产卵

鸟类在筑巢结束之后,即开始产卵、孵化。鸟卵的形状、颜色等各种各样,多数卵呈椭圆形,翠鸟、啄木鸟、猫头鹰等是球圆形卵,燕鸥及一些海鸟是陀螺形卵。洞穴内筑巢的鸟卵多为白色,但大多数鸟卵上有各种各样的斑纹。如块斑、环斑、条纹等,形成保护色,不易被敌害发现。每窝卵的数目也各有不同,一般小型鸟类每窝产卵 4～6 枚,雉、鸭产卵 10～20 枚,有些人工驯化饲养的野鸭产卵可达30～60枚。

产卵时间多在清晨。鸟体和卵接触的部分羽毛脱落,形成孵卵斑,该处血管发达,表皮温度高,能促进卵的孵化。各种鸟卵的孵化期差异较大,小型鸟一般为 13～15 天;中型鸟为 20～25 天;大型鸟需要的时间更长,如大山雀约 15 天,雉约 21 天,野鸭 24～28 天。

五、育雏

鸟类的雏鸟可分为早成鸟和晚成鸟。早成鸟在孵出时已经充分发育,眼已睁开。腿脚有力,全身披着丰富的绒羽,在绒羽干燥后,就能跟随成鸟啄食。大多数地栖鸟或游禽,如鹌鹑、鹤、雁、天鹅、海鸥、野鸭等的幼鸟均为早成鸟。晚成鸟出壳时尚未发育,眼不能睁开,颈软无力,不能行走,全身光裸或只有少量绒羽,需继续在巢内完成发育过程,由成鸟喂养。雀形目鸟类和攀禽、猛禽等的幼鸟均属于晚成鸟。

抚育幼鸟是鸟类的本能之一。成鸟在育雏期间十分紧张,每天往返喂食活动要用 16～19 个小时,如大山雀近百次,斑啄木鸟高达 120 次。亲鸟衔食归来踩巢时,幼雏就会产生条件反射,伸头张口。不张口的雏鸟,成鸟不会喂食。海鸥、信天翁等大中型鸟类,用其自身反刍消化过的食物来饲喂雏鸟。将要离巢的雏鸟,喙几乎到了全长,体重也已接近于成鸟,体色也和成鸟相似,但仍保留一些幼鸟的特征,如嘴角有黄色、尾较成鸟短等。通常成群活动,叫声尖细。

第七节　鸟的常见病防治

观赏鸟由于长期生活在人为的饲养条件下,饲料单纯,运动量少,抗病能力差,很容易生病。因发病前期征候不明显往往不能早期发现,或发现后来不及治疗就很快死亡。下面简单介绍一下几种鸟类常见病的防治。

一、几种鸟类常见病的防治

1. 骨折

鸟体某个部位的骨骼发生断裂的情况称为骨折。观赏鸟骨折时有发生,在喂料、喂水、清洁等操作或捕捉不当时,常可发生翅、腿或掌部等的骨折。

本病症状有特征性,因而不难诊断。局部触诊有助于进一步确诊和判断骨折的类型和性质。一旦发生骨折,应立即检查,用雷夫诺尔药液清洗,整复断骨,并用消炎止痛胶布缠绕包扎患部加以外固定。处理后将病鸟放回笼内单独饲养,去掉栖杠,置于安静环境中。休养过程中应供以营养丰富而且易消化的日料,适当补给维生素 C 和维生素 D。为预防继发性细菌感染,可酌情使用抗生素。在非感染性伤口的情况下,一般 10～14 天即能除去夹板,恢复良好。

2. 肠胃炎

患鸟羽毛松弛,形体消瘦,精神委靡,粪便黏稠,带黄白色黏液,有恶臭。通常是由于饲料腐败变质、饮水不洁、饲料投放不及时等造成的。如不及时治疗,病鸟会衰竭而死。防治本病的关键是注意饲料和饮水的清洁。患鸟应移到温暖避风处隔离治疗。每天用痢特灵 0.2～1.0 mg 溶于糖水中滴喂,连喂 3 天。此外,饲料中可加入适量木炭粉,以吸收其肠胃中的毒素。

3. 拉稀病

观赏鸟在出现受凉或填食过稀、吃了发霉饲料或饮水不洁时,容易拉稀。由于缺水,病鸟表现为张嘴或烦躁撞笼。拉稀严重的鸟会闭着眼,将头扎在翅膀中,全身羽毛或翅羽下垂。治疗方法:用四环素或土霉素 1/5 片研成末放入食缸中,鸟食后很快就会病愈。

4. 厌食上火

一般是由于天气闷热缺水,或冬天室内空气不好等引起的。有的人习惯早晨到郊外遛鸟,如突然停止遛鸟,也容易上火厌食。防治方法可捉几只小蜘蛛给鸟吃,帮助泻火解毒,也可将凉绿豆汤放入水杯中,食后可清热去火。

5. 感冒与肺炎

由于气候急剧变化,观赏鸟受到风寒或水浴后容易着凉引起感冒。病鸟表现为羽毛蓬松,呼吸困难,鼻流黏液,饮食减退,有时浑身发颤,如不及时治疗,便会导致肺炎,死亡率很高。治疗方法:应及时将病鸟移到温暖避风处静养,用棉签蘸些蓖麻油擦去鸟鼻上的黏液,使之呼吸通畅,并在饮水中加入白糖。药物治疗可用 2～3 mg 的土霉素滴喂,每日 2 次。

6. 脚趾病

观赏鸟的脚趾有的容易被尖锐物体划伤,有的被蚊虫叮咬后伤口感染化脓,继而肿胀或成疙瘩状,甚至造成趾关节坏死,趾爪脱落。应经常对鸟笼进行消毒,防止将尖锐器物带入鸟笼。鸟患病后,可进行清创排脓,再用生理盐水或 0.1% 的高锰酸钾液冲洗伤口,涂以碘酊或消炎膏,使其静养。

7. 寄生虫病

常见的外寄生虫病是由蜱、螨、虱等引起的。这些寄生虫很小,寄生在鸟类的羽毛和皮肤上,蚀食皮屑和羽毛,有的还吸食鸟血。预防寄生虫病的关键是保持笼具和鸟体的清洁。发现鸟羽中有寄生虫时应及时驱虫。笼具消毒可用稀释后的 84 消毒液喷洒或用开水淋烫,鸟巢垫料应全部烧掉。对患有寄生虫病的鸟,可在水中投放少许煤油,供鸟洗浴。

观赏鸟的疾病防治应该包括预防和治疗两个方面,以预防为主,治疗为辅,消除或切断疾病发生和流行的传染源、传播途径、易感鸟类三个环节之间的相互联系。

二、防治鸟类常见病的四项原则

养鸟者应切实做到"养、防、检、治"四项原则。

"养"是指平时必须搞好饲养管理,倘若在饲养时照顾不周,诸如饥饱不匀、饲料变质、饮水污染等都会导致疾病发生。每天早晚都要细心观察鸟的精神状态,注意取食、饮水、排便等情况是否正常,如发现异常应尽早治疗。必须合理搭配日料,满足鸟的正常需要;做好清洁卫生和消毒工作。

"防"和"检"是指通常所说的预防和检疫,应防止引入病源,尽早发现和控制,及时扑灭疫情。目前有些鸟类的疾病尚无特效药可用,在这种情况下,应科学地进行免疫接种,给予适当的预防药物。"防"和"检"是四项原则中的关键环节,对增强鸟的体质、提高鸟体抗病能力、保证鸟健康地生长发育具有重要作用。

"治"是指疫情发生后,对病鸟采取必要和恰当的治疗措施,以促进病鸟的早日康复。同时对健康鸟也要紧急接种疫苗。

第四章 观赏鱼

观赏鱼是指那些具有观赏价值、有鲜艳色彩或奇特形状的鱼类。随着人们物质生活的丰富和水平的提高,人们更要求充裕的精神生活方式,逐渐从温饱型向享受型发展。色彩鲜艳、姿态优雅、若隐若现、美妙动人的观赏鱼和观赏性水生动植物,以及正在世界各地兴建的水族馆,把千姿百态、美丽多彩、美妙神奇、充满生气的水中世界展现在人们眼前。当今世界各国,无论是发达国家还是发展中国家,都在兴起观赏鱼热。一方面,观赏鱼作为一种水养宠物,使人们业余生活充满了美的享受,观赏鱼休闲饲养迅速发展;另一方面,一些国家特别是发展中国家,观赏鱼生产养殖规模越来越大,利用各自的优势发展观赏鱼养殖,互通有无,开展贸易往来,充分开发观赏鱼的经济价值,是观赏鱼产业成为渔业经济发展的一个新的增长点。

第一节 鱼的种类

一般观赏鱼分为两大类:淡水观赏鱼和海水观赏鱼。

淡水鱼主要来自于热带和亚热带地区的河流、湖泊中,它们体形特征各异,颜色五彩斑斓,非常美丽。依据原始栖息地的不同,分布于亚洲地区、美国亚马孙河流域的许多国家和地区,如哥伦比亚、巴拉圭、圭亚那、泰国、马来西亚、印度、斯里兰卡等。淡水鱼较为著名的有金鱼、锦鲤;还有灯类鱼品种,如红绿灯等;神仙鱼系列,有七彩神仙、黑神仙、芝麻神仙、鸳鸯神仙、红眼钻石神仙等;龙鱼系列,有金龙鱼、银龙鱼、红龙鱼、黑龙鱼等。

海水观赏鱼类来自于印度洋、太平洋中的珊瑚礁水域的海水观赏鱼,品种很多,体型怪异,体表色彩丰富,极富变化,善于藏匿,具有一种原始古朴的神秘的自然美。常见产区有菲律宾、中国台湾和南海、日本、澳大利亚、夏威夷群岛、印度、红海、非洲东海岸等。海水观赏鱼常见品种有雀鲷科、蝶鱼科、棘蝶鱼科、粗皮鲷科等,著名品种有女王神仙、皇后神仙、皇帝神仙、月光蝶、月眉蝶、人字蝶、红小丑、蓝魔鬼等。海水观赏鱼颜色特别鲜艳,体表花纹丰富。许多品种都有自我保护的本性,有些体表生有假眼,有的尾柄生有利刃,有的棘条坚硬有毒,有的体内可分泌毒汁,有的体色可任意变化,有的善于模仿体形,林林总总,千奇百怪,充分展现了大自然的魅力。海水观赏鱼分布极广,它们生活在广阔无垠的海洋中,许多海域人迹罕至,还有许多未被人类发现的品种。海水观赏鱼是全世界最有发展潜力和前途的观赏鱼类,代表了未来观赏鱼的发展方向。

我国淡水鱼种类主要有金鱼(彩图4-1)和锦鲤。金鱼品种有金鲫、红狮头、黑龙睛、龙系金鱼(龙种)、水泡朝天,名贵品种有红顶虎头、墨龙睛蝶尾、凤尾龙睛、玉印头、荧鳞蝶尾、宫廷鹅头红、望天、喜鹊花高头球等。锦鲤科有白金鲤、大正三色、丹顶鲤、红白鲤、黄金鲤、浅黄鲤、昭和三色鲤等。

其他国家淡水观赏鱼有胎生鳉鱼科的爱琴鱼、三叉琴尾鱼,卵生鳉鱼科的孔雀鱼、箭尾鱼、摩利鱼,鲤科的金斑马鱼、金丝鱼、丁子鲫、彩虹鲨、黑鲨、中华胭脂鱼、豹纹斑马、红尾黑鲨、银鲨、虎皮鱼、斑马鱼,脂鲤科的红裙鱼、食人鲳、盲鱼、七星灯、红钩扯旗、铅笔鱼、金铅笔鱼、玫瑰扯旗、大铅笔鱼、头尾灯、黑裙、柠檬灯、宝莲灯、红绿灯(彩图4-2)、玻璃扯旗等,鲶鱼科,鳅鱼科,斗鱼科,慈鲷科有非洲慈鲷、花罗汉、斑尾凤凰、斑点短鲷(彩图4-3)等;还有彩虹科,骨胭鱼科。其他淡水观赏鱼有马达加斯加彩虹、玻璃拉拉、电光美人、罗氏琴尾鱼、五彩琴尾鱼、青鲨、蓝曼龙(彩图4-4)、金曼龙、接吻鱼(彩图4-5)、红丽丽(彩图4-6)、橘红双须鼠、雀鳝(彩图4-7)、象鼻鱼、七星刀鱼、金龙鱼、银龙鱼(彩图4-8)、东方鲀、一点皇冠、皇冠泥鳅、迷你鸭嘴鲶、红翅鲨、清道夫,还有电鲶等。

海水观赏鱼有喷射机、草莓、狐狸鱼、珍珠狗头、长鼻木瓜、蓝魔鬼、咖啡小丑、美国红雀、白额倒吊等众多种类。

第二节　鱼的生物学特性

下面介绍几种常见的观赏鱼生物学特性。

一、金鱼(彩图4-1)

观赏鱼的代表种类有许多。我国养殖观赏鱼历史悠久,是世界闻名的金鱼故乡。金鱼的养殖自1174年的南宋开始,至今已有800多年,400年前的1500年传入日本,17世纪传入欧洲,19世纪初传入美国,现已遍及世界各地,约有200多个品种,是观赏鱼中的主要家族。

金鱼属鲤形目,鲤科。是由野生鲫鱼培育而成的小型鱼类,在外部形态上与野生鲫鱼有很大变异,体色五彩缤纷。金鱼喜弱碱性水质,最适水温为 20~28℃,是杂食性卵生鱼类,品种繁多,体态端庄,游姿典雅,是世界上最受欢迎的观赏鱼之一,普及程度广。中国金鱼依其头部、身体、尾鳍以及有否背鳍等特征区分为 4 种品系,分别是鲫系金鱼、文系金鱼、龙系金鱼和蛋系金鱼。

1. 金鲫

鲫系金鱼(草种)。是最原始的金鱼品种,形状与普通鲫鱼相似。主要特征是身体狭长呈流线型,小眼睛,单尾鳍,游动很快但不怕人。经长期驯养后,能随着人的呼叫声列队而游,投喂食物时常常群集水中争食。依据色泽的不同,分为白草鲫、金鲫、墨黑鲫、黄黑鲫、红白鲫等品种。

2. 红狮头

文系金鱼(文种)。特点是体型短、头嘴尖、腹圆、眼小而平直,不凸于眼眶外。有背鳍并长有四开大尾鳍,犹如"文"字,所以得名"文种"。文系金鱼体色多为红、红黑、红白、蓝、紫及五色花斑等。主要品种有文鱼、狮头和珍珠鳞等。

二、锦鲤(彩图 4-9)

锦鲤在生物学上属于鲤科,鲤科是所有鱼种中最大的一科,超过 1400 种鱼种。

锦鲤的起源就是鲤鱼的起源,而鲤鱼起源于黑鱼,这种鱼至今仍生活在地球上。它原产于东亚,由东亚传至中国后再经朝鲜传到日本,至今已有 2500 年的历史。

锦鲤属鲤形目,鲤科。大型鱼类,体纺锤形,体表有红、白、黄、蓝等绚丽色彩和变幻多姿的斑块。口前位,吻端有触须一对,口中无齿,但有咽喉齿。体被大圆鳞,背鳍位于腹鳍前,鳍基长,尾鳍深叉形,喜偏碱性软水,最适水温 20~25℃,杂食性卵生鱼类。

锦鲤生性温和,喜群游,易饲养,对水温适应性强。可生活于 5~30℃ 的水温环境,生长水温为 21~27℃。杂食性。锦鲤个体较大,体长可达 1 m,重 10 kg 以上。性成熟为 2~3 龄。寿命长,平均约为 70 岁。锦鲤的原始品种为红鲤。早期由中国传入日本。经过人工改良为绯鲤,又称色鲤、花鲤,二战后改称锦鲤。锦鲤品种的划分主要依据其颜色分为若干品系。其鲤种来源分为绯鲤、革鲤和镜鲤。锦鲤共分为九大品系,约百余品种。根据色彩、斑纹及鳞片的分布情况,主要分为 13 个品种类型。

红白锦鲤(彩图 4-9),锦鲤的正宗,全体纯白底红斑,不夹带其他颜色,底似雪样纯白,红斑浓而均匀,边界清晰。本类型分为 20 多个品种。

日本的锦鲤在世界观赏鱼中也占有一席之地。锦鲤源于1906年日本引进的无鳞"德国鲤"、"镜鲤"与本国鲤鱼进行杂交,经多年培育而成,色彩斑斓,深受人们喜爱,被日本视为"国鱼"。20世纪60年代传入我国,得以发展,现锦鲤约有百余种。

三、龙鱼

龙鱼,原产地称之为AROWANA,华人的发音为"亚罗娃娜",是西班牙语"长舌"的意思。美丽硬尾鱼被人们称之为"金龙"、"红龙"鱼,属骨舌鱼目,骨舌鱼科。原产于印度尼西亚,为大型鱼类,体长,侧扁,口上侧位,吻端有须一对,背、臀、尾鳍相连,体呈微红、血红、橙红等色。凶猛鱼类,适宜水温27℃左右。金龙鱼外形华丽富贵,在东南亚地区被视为吉祥物,在观赏鱼市场上极为昂贵。

龙鱼属于骨舌鱼科,是一种大型的淡水鱼。早在远古石炭纪时就已经存在。该鱼的发现始于1829年,在南美亚马孙河流域,当时是由美国鱼类学家温带理博士定名的。1933年,法国鱼类学家卑鲁告蓝博士在越南西贡又发现红色龙鱼。1966年,法国鱼类学家布蓝和多巴顿在金边又发现了龙鱼的另外一个品种。之后又有一些国家的专家学者相继在越南、马来西亚半岛、印尼的苏门答腊、班加岛、比婆罗洲和泰国发现了另外一些龙鱼品种,于是就把龙鱼分成金龙鱼、橙红龙鱼、黄金龙鱼、白金龙鱼、青龙鱼和银龙鱼等。真正作为观赏鱼引入水族箱是始于20世纪50年代后期的美国,直至80年代才逐渐在世界各地风行起来。

龙鱼全身闪烁着青色的光芒,圆大的鳞片受光线照射后发出粉红色的光辉,各鳍也呈现出各种色彩。不同的龙鱼有其不同的色彩。例如,东南亚的红龙幼鱼,鳞片小,白色微红,成体时鳃盖边缘和鳃舌呈深红色,鳞片闪闪生辉;黄金龙、白金龙和青龙的鳞片边缘分别呈金黄色、白金色和青色,其中有紫红色斑块者最为名贵。这一科龙鱼的主要特征还有它的鳔为网眼状,常有鳃上器官。

龙鱼属肉食性鱼类,从幼鱼到成鱼,都必须投喂动物性饵料,以投喂活动的小鱼最佳。动物内脏易妨害消化系统,不可投喂。投喂的人工配合饲料多选用对虾饲料(浮性)。需要注意的是:鱼和人一样需要各种养分,不可只投喂一种饵料,应制订出一份营养丰富的菜单,以确保它的营养均衡。

龙鱼适应的水温介于24~29℃之间,有的甚至可以适应22~31℃的温度。不过龙鱼和其他观赏鱼一样,切忌水温急剧变化。

亚洲龙鱼包括:红龙鱼、金龙鱼(红尾金龙鱼、过背金龙鱼)、白金龙鱼、青龙鱼等。银龙鱼学名为双须骨舌鱼,形似金龙,但体色为银白色,也被人们视为"风水鱼",价格昂贵。

四、神仙鱼(彩图4-10)

神仙鱼学名为Pterophyllum scarale(Lichtenstein,1823),属鲈形目,丽鱼科。

原产于南美洲秘鲁境内的普卡尔帕(Pucallpa)，沿着乌卡亚利河(Rio Ucayali)往北，经亚马孙水域一路到巴西东部的亚马孙三角洲为止，在这将近 5000 km 的范围内，都可以发现它们的踪迹。此外，在内格罗河(Rio Negro)及其他支流亦可发现它们的踪迹或存在其他地域的品种。神仙鱼被誉为"热带鱼中的皇后"，品种最多，形态最美，俗名天使鱼。体棱形而侧扁，头小而尖，眼大，背、臀、尾鳍均长，腹鳍条延长呈丝状，体银白色，体侧有四条黑横纹，眼红色，尾鳍上有黄色横纹，性格温顺，喜弱酸性软水，饲养水温为 23～26℃，喜食动物性饲料，为自择配偶的卵生鱼类。一般成鱼体长为 12～18 cm。适合水温为24～27℃。水质要求总硬度为 3～6 dGH，酸碱度(pH)为 6.5～7.0。

神仙鱼性格十分温和，对水质也没有什么特殊要求，在弱酸性水质的环境中可以和绝大多数鱼类混合饲养，唯一注意的是鲤科的虎皮鱼，这些调皮而活泼的小鱼经常喜欢啃咬神仙鱼的臀鳍和尾鳍，虽然不是致命的攻击，但是为了保持神仙鱼美丽的外形，还是尽量避免将神仙鱼和它们一起混合饲养。

红眼钻石神仙，原产于南美洲亚马孙河，属慈鲷科。体长 10～15 cm，体扁圆形。眼睛鲜红色，体色银白，体表的鱼鳞变异为一粒粒的珠状，在光线照射下粒粒闪光，散发出钻石般迷人的光泽，非常美丽。饲养水温为 22～26℃，繁殖水温为 27～28℃，水质要求弱酸性软水。饵料有鱼虫、红虫、颗粒饲料等。亲鱼自由择偶，配偶关系固定，一对一缸，不再分开。属雌板卵生类，雌鱼每次产卵 300～500 粒。

云石神仙，原产于亚马孙河，属慈鲷科。体长 10～15 cm，体圆形侧扁。体色黑白两色偏黑，斑驳交错。饲养水温为 22～26℃，水质要求弱酸性软水。饵料有鱼虫、水蚯蚓、红虫、颗粒饲料等。亲鱼性成熟 6 个月，雄鱼体格魁梧，头顶圆厚敦实，雌鱼头顶扁平。繁殖水温为 27～28℃，磁板卵生。亲鱼自由配对，一对一缸，不再分开。雌鱼每次产卵 300～500 粒，间隔产卵时间为 7～10 天。

五、孔雀鱼

别名彩虹鱼、百万鱼、库比鱼。产于委内瑞拉、圭亚那、西印度群岛等地的江河流域。适宜水温为 22～24℃。pH 为 7.0～8.5。食物为水蚯蚓、水蚤及人工合成的饵料。性情温和、活泼好动，可与小型鱼混养。

孔雀鱼体长 4～5 cm，是最容易饲养的一种热带淡水鱼。它丰富的色彩、多姿的形状和旺盛的繁殖力，备受热带淡水鱼饲养族的青睐。尤其是繁殖的后代，会有很多与其亲鱼色彩、形状不同的鱼种产生。雌、雄鱼差别明显，雄鱼的大小只有雌鱼的一半左右，雄鱼体色丰富多彩，尾部形状千姿百态。孔雀鱼体形修长，有极为美丽的尾鳍。成体雄鱼体长 3 cm 左右，体色艳，基色有淡红、淡绿、淡黄、红、紫、孔雀蓝等，尾部占体长的 2/3 左右，尾鳍上有 1～3 行排列整齐的黑色圆斑或是一彩色大圆斑。尾鳍形状有圆尾、旗尾、三角尾、火炬尾、琴尾、齿尾、燕尾、裙尾、上剑尾、下剑尾等。成体雌鱼体长可达 5～6 cm,尾部占体长的 1/2 以上,体色较雄鱼单调,尾鳍呈鲜艳的蓝、黄、淡绿、淡蓝色,散布着大小不等的黑色斑点,这种鱼的尾鳍很有特色,游动时似小扇扇动。孔雀鱼适应性很强,最适宜的生长温度为 22～24℃,喜微碱性水质,pH为 7.2～7.4。食性广,性情温和,活泼好动,能和其他热带鱼混养。孔雀鱼易养,但要获得体色艳丽、体形优美的鱼,则从鱼苗期就需要宽大的水体、较多的水草、鲜活的饵料、适宜的水质等环境。孔雀鱼 4～5 月龄性腺发育成熟,但是繁殖能力很弱,在水温为 24℃、硬度为 8 度左右的水中,每月能繁殖 1 次,每次产鱼苗数视鱼体大小而异,少则 10 余尾,多则 70～80 尾。当雌鱼腹部膨大鼓出、近肛门处出现一块明显的黑色胎斑时,便是临产的征兆。

六、地图鱼(彩图 4-11)

别名猪仔鱼、尾星鱼、黑猪鱼、星丽鱼。丽鱼科属。产于南美洲的圭亚那、委内瑞拉、巴西的亚马孙流域。一般成鱼体长 35 cm。适合水温 18～25℃,水质要求 pH 为 7.0～7.5。性格十分凶猛,有时会自相残杀,或者吃掉自己的小鱼。

地图鱼是热带鱼中体形较大的一种鱼,在人工饲养条件下可达 30 cm 长,现在已有几种不同变种。地图鱼体形魁梧、宽厚,鱼体呈椭圆形,体高而侧扁,尾鳍扇形,口大,基本体色是黑色、黄褐色或青黑色,体侧有不规则的橙黄色斑块和红色条纹,形似地图。成熟的鱼尾柄部出现红黄色边缘的大黑点,状如眼睛,可作保护色及诱敌色,使其猎物分不清前后而不能逃走。因体色暗黑,又称黑猪鱼;其尾鳍基部还有一中间黑、周围镶金黄色边的圆环,游动时闪闪发光,因此又叫尾星鱼。

地图鱼的背鳍很长,自胸鳍对应部位的背部起直达尾鳍基部,前半部鳍条由较短的锯齿状鳍棘组成,后半部由较长的鳍条组成;腹鳍长尖形;尾鳍外缘圆弧形。地图鱼色彩虽然单调,其形态却很别致,具有独特的观赏价值,同时它的肉味鲜美,具有食用价值。据介绍,地图鱼经人工饲养后,很有感情,当人们走近水族箱时,它会游过来表示欢迎。

七、胭脂鱼

胭脂鱼属鲤形目,亚口鱼科,胭脂鱼属。俗称:火烧鳊、黄排、木叶盘、红鱼、紫鳊、燕雀鱼、血排、粉排。分布于我国长江、金沙江等地。生活在湖泊、河流中,幼体与成体形态各异,生境及生物性不尽相同,幼鱼喜集群于水流较缓的砾石间,多活动于水体上层,亚成体则在中下层,成体喜在江河的敞水区,其行动迅速敏捷。主食无脊椎动物和昆虫幼虫,也吃水底的有机物质,还常在水底砾石上吸食附着的硅藻及植物碎片。

胭脂鱼成鱼体侧中轴有 1 条胭脂红色的宽纵纹,雄鱼的颜色鲜艳,雌鱼颜色暗淡。雌鱼一般在水质清新、含氧量高、水位及水温较稳定的急流浅滩中繁殖,3～4 月产卵。卵浅黄色,黏性,粘附在水底砾石或水藻上,在 16～18℃ 的适宜水温下 7～8 天可孵出幼鱼。胭脂鱼具有体型大、生长快、肉厚、味美等特点。该鱼性情温顺,生命力强,食性广泛,是养殖业中的理想对象,幼体是很好的观赏鱼。胭脂鱼是国家 II 级保护野生动物。

胭脂鱼体高而侧扁,呈斜方形,头尖而短小,背部在背鳍起点处特别隆起。吻钝圆,口小,下位,呈马蹄形。唇厚,富肉质,上唇与吻皮形成一深沟;下唇向外翻出形成一肉褶,上下唇具有许多细小的乳突。无须。下咽骨呈镰刀状,下咽齿单行,数目很多,排列呈梳状,末端呈钩状。背鳍无硬刺,基部很长,延伸至臀鳍基部后上方。臀鳍短,尾柄细长,尾鳍叉形。鳞大,侧线完全。在不同的生长阶段,其体形变化较大。仔鱼期当体长为 1.6～2.2 cm 时,体形特别细长,体长为体高的 4.7 倍;长到幼鱼期体高增大,体长为 12～28 cm 时,体长为体高的 2.5 倍;成鱼期体长为 58.4～98.0 cm 时,体长约为体高的 3.4 倍,此时期体高增长反而减慢。其体色也随个体大小而变化。仔鱼阶段体长 2.7～8.2 cm,呈深褐色,体侧各有 3 条黑色横条纹,背鳍、臀鳍上叶灰白色,下叶下缘灰黑色。成熟个体体侧为淡红、黄褐或暗褐色,从吻端至尾基有一条胭脂红色的宽纵带,背鳍、尾鳍均呈淡红色。胭脂鱼从仔鱼到成鱼的发育过程,其外部形态及体色的这些变化,过去文献记载相当混乱。一些学者根据大小不同的标本或另立新种,或记述新亚种,均欠稳妥。实际上我国的胭脂鱼只有一种,其他的种和亚种名称,均系此种的同物异名。

胭脂鱼生长较快,1 龄鱼体长可达 200 mm 左右,成熟个体一般体重可达 15～20 kg,最大个体重可达 30 kg,在长江上游是一种重要的经济鱼类。目前野生状态个体的数量正逐年趋于下降。葛洲坝截流后,长江中下游亲鱼不能上溯至上游的沱江、岷江等大支流中产卵,宜昌江段的某些产卵场的环境也遭到破坏。虽然坝下江段仍发现有繁殖群体,但因捕捞过度,目前自然存在的野生群体数量下降趋势仍在继续。

八、接吻鱼(彩图 4-5)

接吻鱼又叫亲嘴鱼、吻鱼、桃花鱼、吻嘴鱼、香吻鱼、接吻斗鱼等,在分类学上隶属于鲈形目,吻鲈科,钉嘴鱼属,以鱼喜相互"接吻"而闻名。实际上,不仅异性鱼,即使同性鱼也有"接吻"的动作,故一般认为接吻鱼的"接吻"并不是友情表示,也许是一种争斗。体色淡浅红色。其英文名为 Kissing fish,意为接吻鱼,上海的热带鱼爱好者常用中英文名合称为"Kiss 鱼"。

原产于泰国、印度尼西亚、苏门答腊。性情温和,无攻击性,能混养。对水质不苛求,但最好略带硬性的水,pH 为 7.0～7.5。接吻鱼的体长一般为 20～30 cm。身体呈长圆形。头大，嘴大，尤其是嘴唇又厚又大，并有细的锯齿。眼大，有黄色眼圈。前鳍、臀鳍特别长，从鳃盖的后缘起一直延伸到尾柄，尾鳍后缘中部微凹。胸鳍、腹鳍呈扇形，尾鳍正常。身体的颜色主要呈肉白色，形如鸭蛋。接吻鱼适宜生活的水温为21～28℃，最适生长温度为22～26℃，喜偏酸性软水。能刮食固着藻类，刮食时上下翻滚，极为活泼。接吻鱼性情温顺、好动，宜与比较好动的热带鱼混养。接吻鱼还有一种呈淡青色的品种，不过并不多见，而水族市场上销售的另一种呈心形的种类则是它们的人工改良品种，使其形体更具吸引力。

九、凤尾斗鱼

凤尾斗鱼属攀鲈科，是著名的观赏鱼。分布于长江上游及南方各省。体形与圆尾斗鱼相似。腹鳍有1根分节鳍条特别延长，雄鱼鳍条延长尤甚，尾鳍叉形。多生活于山塘、稻田及水泉等浅水地区，食无脊椎动物。繁殖期雄鱼吐泡沫为巢，将卵汇集于中，雄鱼有护巢的习性，且个体小，体色鲜艳好斗。

中国斗鱼，又名：叉尾斗鱼、兔子鱼、天堂鱼等，龙岩人叫"呼朋"，也叫"三斑"。以前在我国南方的野外溪流、河沟、稻田到处可见，因为它的分布地带属于亚热带地区，因而中国斗鱼可在0℃以上的低水温环境中良好生存，在14℃以上的水温中也可以很好地生长。现在因水质污染，几乎灭绝，难得一见。

德国著名的观赏鱼专家弗兰克·舍费尔在《迷鳃鱼大全》一书中对叉尾斗鱼的评价是："最早的热带观赏鱼，也是迄今为止最美丽的鱼种之一。"在西方国家，中国斗鱼是最受欢迎的观赏鱼种之一，被称为天堂鱼。野生的中国斗鱼体呈长圆形，稍侧扁，眼眶为金黄色，体色呈咖啡色夹杂部分红色竖条纹，额头部分有黑色条纹，两侧鳃盖后方边缘各有一块绿色斑块。背鳍和臀鳍都有蓝色镶边，鳍上有深色斑点，背鳍、臀鳍均呈尖形，尾鳍基本呈红色深叉形。和其他斗鱼科的鱼类一样，中国斗鱼除正常呼吸器官之外，还长有褶鳃，可以直接从水面以上的空气中呼吸氧气。斗鱼以其艳丽的体色和好斗而为人们所喜爱。中国斗鱼生性好斗，而且偶尔会攻击其他的小型鱼类，因此建议不要将中国斗鱼与体型较小而游动缓慢的鱼类饲养在一起，当然为了避免成为大型食肉性鱼类的"点心"，也不可以将中国斗鱼和这些过于凶猛的鱼类共同饲养。

中国斗鱼的体质强健，不择食，偏爱肉食性的饵料。它们对饲养环境要求不高，对水质也没有特殊要求，可以说饲养很容易，因而受到一部分爱好者的偏爱。

十、灯鱼（彩图 4-2）

灯鱼属拟鲤科，又称脂鲤或加拉辛。主要产于南美洲、非洲、北美洲和中美洲。种类繁多，其中的小型者，多被称为"灯鱼"。这类鱼的特征是第2背鳍为脂鳍，另一特征为口内有赤,从外边就能看见。常见品种有:黑裙、头尾灯、红尾玻璃、宝莲灯、红绿灯、黑莲灯、柠檬翅灯、玫瑰扯旗、绿灯、金尾灯、红鼻鱼、盲鱼、拐棍鱼等,是热带观赏鱼中数量最多的一种。体型娇小、色彩丰富、性情温顺是它们的特点。大多数有脂鳍,只有很少数品种没有脂鳍。口部都有牙齿。多数脂鲤科鱼喜欢生活在22～28℃之间的弱酸性软水中。光照以散射光为最好,部分品种需要在较暗的环境里生活。

第三节　鱼的价值

观赏鱼养殖别具特色,效益可观,是具有良好发展前景的朝阳产业。观赏鱼贸易品种大约有1600多种。淡水观赏鱼主要来自东南亚、新加坡和中国香港地区;海水观赏鱼主要来自菲律宾、印度尼西亚、新加坡、斯里兰卡、加勒比海地区、肯尼亚、毛里求斯和红海沿岸国家。观赏鱼出口亚洲居首位,供应量占全球总量的50%以上。欧洲的淡水观赏鱼出口国主要为德国、比利时和荷兰;海水观赏鱼出口国有法国、西班牙和意大利等。中国以淡水观赏鱼养殖为主,主要是出口贸易,1999年出口金额232.2万美元,占世界观赏鱼出口总额的1.4%,观赏鱼进口额22.4万美元,仅占世界进口总额的0.09%。广州和上海是主要进出口地区。我国金鱼驰名中外,我国对国际观赏鱼市场的参与度逐渐增长。

第四节　鱼的饲料

一、动物性饲料

动物性饲料是观赏鱼最喜爱吃、而且营养最丰富的饲料之一。它的品种很多,常见的有以下几种。

1. 鱼虫

俗称红虫、水蚤,是滋生在污水坑塘、池、江河中的浮游动物,是各种水蚤类的俗称。其体形有大有小,像红蜘蛛虫。体色呈血红色。它不仅营养丰富,而且它以浮游植物为食,有利于净化水质。所以,我们常用鲜活的红虫适当投喂(指不过剩)的金鱼要比投喂其他代用饲料的金鱼发育快,颜色鲜艳,鱼病发病率也相应减少。

2. 剑水蚤

俗称青蹦。它属甲壳动物中的桡足类。它的优点是生命力强,游动快,能存养几天不死。但缺点是体形小而且剑水蚤还能咬伤小鱼苗。所以,投喂剑水蚤时,最好用开水烫一下。

3. 草履虫

俗称灰水。它是浮游生物中几种原生动物的俗称。如草履虫,可用稻草培养,最适宜投喂刚孵出的鱼苗;轮虫,它是多细胞动物(即由许多细胞组成其本身的),如龟纹轮虫、水轮虫、柱轮虫、泡轮虫等。

4. 孑孓

摇蚊的幼虫,南方称为血虫,北方称为油蹦。是摇蚊的幼虫,体色血红,故得名为血虫。其营养丰富,价格也比较贵,不容易保存,需要冷藏,一般爱好者直接将其冷冻后投喂。

5. 水蚯蚓

水蚯蚓种类很多,含有丰富的蛋白质、脂肪和维生素,观赏鱼最爱吃。它们一般生活在肥沃的江河或流水的阴沟污泥表层,一端伸入污泥中,一端随水摆动。它们个体细小、柔软、体鲜红色或深红色,容易被金鱼吞食,但在投喂前必须进行反复漂洗,有条件的话,必须养几天,让水蚯蚓将泥吐净后再投喂。

二、植物性饲料

观赏鱼的饲料当然是以动物性饲料为最理想,但是,在缺乏动物性饲料的情况下,植物性饲料可以成为救急或维持生命的辅助饲料。常见的有芜萍、水草等,其中芜萍是种子植物中体形最小的种类之一,植物体无根茎细小如沙,营养成分也较好。另一种是小浮萍,它有一条细丝状根,金鱼在饥饿时也要吃,一般只可喂较大的金鱼,但不可多喂,喂前要仔细检查有无害虫和虫卵,或用低浓度的高锰酸钾溶液浸泡片刻再喂,否则很容易带入病菌和虫害。

三、合成饲料

发展规模观赏鱼养殖业,光靠捕捞天然饵料鱼虫不能满足需要,除开展人工培养鱼虫外,还必须发展配合颗粒饲料的生产,供应市场,一方面可解决养殖场的饲料来源,另一方面也可满足金鱼爱好者家庭养玩金鱼的需要。有了人工饲料,家庭饲养金鱼就方便多了。

配合颗粒饲料要求营养成分齐全,符合观赏鱼生长发育的需要,主要成分应包括蛋白质、糖类、脂肪、无机盐和维生素等 5 大类。

1. 蛋白质

蛋白质是观赏鱼身体的主要组成成分,在体内的作用是生长新组织,修补旧组织,也是热能供应的组成成分。饵料中必须有足够的蛋白质,才能促进观赏鱼快速生长。

2. 糖类

糖类是观赏鱼体内热能的主要物质,是观赏鱼的主要饲料成分。

3. 脂肪

脂肪是储存热能最高的食物,其生理功能和糖一样,在体内氧化供给能量。一般来说饲料中缺少脂肪,金鱼生长慢、个体小,会降低鱼体对低温、缺氧的耐力,越冬时易造成死亡;脂肪过多,鱼体过肥,会阻碍性腺的发育。

4. 无机盐类

这是组成色骨骼的主要元素,如磷酸钙、碳酸钙。鱼的血液、肌肉中也含有一定量的钙和磷。饲料中含有一定量的钙能促进消化和帮助脂肪、磷的吸收。观赏鱼除了能从饲料中获得钙和磷外,还能通过皮肤、鳃将水中的钙和磷渗透到体内。金鱼还需要铁、铜、镁、钠、钾等微量元素,缺少了这些元素就会生长缓慢,发生疾病。为了保障金鱼的正常生长,饲料中应含有这些元素。

5. 维生素

这也是观赏鱼生长所必需的。长期缺乏维生素,鱼体会发育不良、生长缓慢或完全停止生长,甚至会产生畸形,对外界不良环境和各种鱼病的抵抗力降低。缺乏维生素 A,会引起色鳍断裂,鱼体色素消失,体色变淡,不鲜艳;缺乏维生素 E,会使性腺发育不良或不发育,同时对水生真菌的抵抗力大为降低;在饲料中加少量维生素 B_{12},能够促进鱼体生长。

第五节　鱼的饲养与管理

一、水质

饲养观赏鱼最重要的是水质。水质主要包括水的硬度、酸碱度、溶氧及病毒等,是鱼赖以生存的环境,直接影响到鱼的生长。养鱼一般用饮用水,硬度在 5℃ 左右,对热带鱼生长较适合,又经过净化,基本上无病菌,但有时含有大量的游离氯,因此用自来水时要经阳光晾晒一、二天。水的酸碱度也是养好观赏鱼的重要因素,应根据鱼的品种要求,调整鱼的 pH 值,用过滤器加活性炭过滤可使 pH 值降低,加硅砂、麦饭石可提高 pH 值。

二、水温

水温对热带鱼这种狭温鱼类尤为重要,温度过高或过低都影响它的生存和生长,金鱼和锦鲤也是如此。对水温应加以控制,用光照、加热器调温都可以达到调温目的。一般水温在 22～25℃较好。

三、溶氧

溶氧直接关系到鱼的生存。溶氧过低,鱼会因窒息而死;溶氧过高,鱼易生病。溶氧一般在 7～8 mg/L 为最好,最低不可低于 5 mg/L。鱼通常在黎明和下午4:00—5:00容易缺氧,因此要配备充气泵,适时充氧。定期定量换水,可增加水中溶氧量和改善水的透明度。

四、光照

光照泛指日光、灯光,适量的光照对鱼体甲状腺分泌机能具有促进作用,益于鱼的生长发育,但过量的光照适得其反。光照对水质转化有重要作用,并可促使鱼体变色,且日光中的紫外线具有一定的杀菌作用。在缺乏阳光的水族箱内安装 15～25 支可控光的紫外灯,每日照射数小时,有利于鱼体健康。

五、放养密度

合理的放养密度是保证鱼体健康和水环境卫生的一项重要措施。放养密度大,既限制鱼体的活动量,又易造成缺氧和水质污染。放养密度应以水中溶氧适宜鱼体健康为准。

六、饵料

饵料包括人工饵料和天然饵料两种。人工饵料是根据观赏鱼各阶段营养的需要,按照一定比例的蛋白质、脂肪、维生素等混合制成。天然饵料主要是指轮虫、草履虫(蛔水)、枝角类(红蜘蛛虫)、桡足类(青料)等浮游动物,水蚯蚓、红蚯蚓等底栖生物及一些藻类,可人工培养或野外采集获得。投饵中要注意不要喂得过饱,以 15～20分钟吃完为准。撒食要均匀,定时定量,冬季少喂。

七、防病

鱼病有多种,不同的鱼病用不同的治疗方法,必须准确诊断,才能正确治疗。常用的治疗方法是将药溶于水中,药治病鱼。鱼病的发生出于多种原因,主要由水质不好、水温不宜、饲养不当、操作不慎、病原体带入所致。因此应以防为主,注意水质水温要符合要求;保证饲料质量,投喂定时定量;细心操作,避免鱼体受伤;容器、工具及鱼体要常消毒。

第六节 鱼的繁殖

一般观赏鱼的繁殖技术有人工繁殖、苗种培育技术、成鱼养殖技术几种。

一、人工繁殖技术

1. 亲鱼的收集与培育

亲鱼只能从人工养殖的群体中收集。选择亲鱼的标准是:雄鱼 5 龄以上,雌鱼 7 龄以上;体态丰满健壮,鳞片光亮完整,无病伤;体重 7~8 kg 以上为佳。进入繁殖季节成熟亲鱼的性别特征明显:雄鱼体色呈鲜艳的橘红色,头部、胸鳍、臀鳍、尾鳍等处出现大量珠星,轻压腹部有乳白色精液溢出。雌鱼的体色呈灰褐色略浅红,珠星较小,腹部丰满宽厚。如亲鱼难以收集,可以选购人工繁殖的子二代苗种或成鱼,再在池塘中蓄养成亲鱼。

培育时,注意亲鱼下池前,用食盐或高锰酸钾溶液短时浸浴,伤口处用红霉素软膏涂抹消毒。一般每 0.067 km² 放养尾重 7~8 kg 的亲鱼 16 尾左右。可搭配大规格鲢、鳙鱼种 100 尾左右,放养量以 150 kg 为宜,但不得搭配鲤、鲫等吃食性鱼类,以免与亲鱼争食。

亲鱼培育要注意从产后恢复期即开始抓起。为了满足亲鱼生长发育的营养需要,最好以投喂水蚯蚓为主,少量补充些鱼糜、螺蚌肉、蚯蚓、黄粉虫等动物蛋白饲料。一般 4—5 月的投饵率应为亲鱼体重的 3%,6—8 月为 4%~5%,9—10 月为 3%~4%,11—12 月为 1%~2%,1—3 月少量投喂。在产卵前 20 天左右应控制投饵量,避免亲鱼产季过肥。日常管理要十分注重水质调节和防病工作。

2. 人工催产与孵化

(1)催产 鱼繁殖盛期在惊蛰至春分前后 20 天左右。亲鱼的性腺发育非常快,成熟不几天后就开始退化。因此,要提前做好准备,发现亲鱼性成熟要抓紧催产,千万不要错过时机。亲鱼成熟的标准是:雄鱼轻压腹部有乳白色精液流出,入水即散。雌鱼腹部膨大,用挖卵器挖出的卵粒大小整齐,饱满,分散,直径超过 2 mm。雌雄配比为 1:1 或 1:2。一般采用多种混合激素注射,剂量是:雌鱼每公斤注射 LRH-A

10～70 μg、HCG500～2000IU、DOM 2～6 mg,加垂体少量,雄鱼剂量减半。成熟度良好的亲鱼可采用一次性注射,稍差的亲鱼宜采取先低剂量催熟,再高剂量催产的方法,分2～3次注射,每次注射隔24小时1次。亲鱼在催产中始终要有适当的流水刺激。

(2)受精与孵化　鱼对催产药物反应很慢,一般当水温为15～18℃时,最后一针的效应时间为22～26小时;水温为13～14℃时,效应时间长达2～5天。注射最末一针20小时后,要半小时左右检查1次,一旦发现卵粒,应立即将亲鱼捕起,揩干水分,挤卵受精于瓷盆中,再加水激活,轻轻搅拌精卵1～2分钟,完成受精。间隔2～3小时,亲鱼可再次挤卵受精,一般要3～4次才能把卵产完。受精卵微黏性,孵化前不必脱黏。受精卵可在水族箱内静水充气孵化;也可在孵化桶内微流水孵化;还可在孵化槽内,流水充气孵化。以最后一种方式效果最好。当水温为13～15℃时,孵化出膜时间需要9～11天,水温为18～20℃时,孵化出膜只需6天左右。孵化前期,鱼卵每天用消毒溶液浸洗约10秒钟,以防水霉病发生。出膜当天,停止用药,避免药害。

二、苗种培育技术

1. 仔鱼的护理

刚孵出的仔鱼全长为8.5～10.5 mm,生命力脆弱,因此对初孵鱼苗护理要特别精细。方法是:每天仔细清除孵化容器底部污物,避免鱼苗钻进污物中。调整适当水流,不让鱼苗受过强的水流冲击成团。用气泵增氧,保证水体溶氧充足。一旦发现有鱼苗扎堆现象,立即用羽毛将其轻轻散开。采取保湿增温措施,严防早春寒潮侵袭。在水温为18～22℃条件下,一般5日龄的仔鱼消化道已完全贯通,可在水中游动活跃,并开口觅食。此时可转入鱼苗培育阶段。

2. 鱼苗培育

鱼苗培育设施为小水泥池或小网箱。小水泥池面积为1～3 m²,深为0.6～0.8 mm,微流水,具有进排水管道和过滤纱窗。小网箱用40～20目网布制作,面积为2 m²左右,架设在水质清新、有微流水的水体中。鱼苗的放养密度为2000～5000尾/m²。养殖过程中,逐渐分稀,至体长3 cm时,稀养至100～200尾/m²。

鱼苗的饲料可用蛋黄浆作开口饵料喂养1天。接着在自然水体中捞取轮虫、草履虫、硅藻、绿藻等浮游生物投喂。待鱼苗长到1.5 cm时,改喂小型的枝角类和桡足幼体;体长为2.5 cm时,投喂捣碎的水蚯蚓;体长为3～3.5 cm时,可直接投喂鲜活的水蚯蚓。投喂时,所有的鲜活饵料均应清洗干净,并要用25目网布滤去大型类饵料,水蚯蚓应每天用5%的食盐溶液浸浴几分钟,或每5天1次用5 ml/L大蒜素浸浴30分钟消毒。一般日投食2～3次,每天要清箱或排污换水,注意观察水质、水温变化和鱼苗活动情况,防止发生意外。

3. 鱼种培育

鱼苗长到 3～5 cm 时,进行鱼种培育。鱼种池面积为 0.067～0.134 km²,深为 1.5 m 左右,放种 3000～4000 尾。鱼种下池前,清塘消毒,施肥培育水中饵料生物。鱼种下池后,除摄食天然饵料生物外,还应轮流投喂水蚯蚓、陆生蚯蚓、碎的鱼浆和鳗鱼饲料,日投喂 2 次。一般鲜活饵料的投饵率为鱼种总重的 15%～25%,精饲料投饵率为 5%～10%。日常管理,要坚持早、中、晚巡塘,经常加注新水,定期泼洒生石灰调剂水质,防止敌害生物进入池内。若喂养得当,鱼种饲养到当年底一般可达 250～300 g。

三、成鱼养殖技术

主要在池塘中进行。一般以主养方式为主,也可在其他鱼池中套养。主养池面积以 0.2～0.3 km² 为宜,池深为 2～3 m,水源充足,水质清新。每 0.067 km² 投放 100～200 g/尾的大规格鱼种 500～600 尾,另搭配鲢、鳙鱼 100 尾左右,不投放食性相争的鲤、鲫鱼种。套养时每 0.067 km² 放种 20～30 尾。

成鱼投喂以配合饲料为主,目前可用长吻或鲟鱼饲料代替使用。刚开始投喂配合饲料时,应用水蚯蚓或鱼肉糜作诱食剂,驯食一周。投饲应做到定质、定量、定时、定位。投饵率可参照前述的亲鱼标准。在喂配合饲料的同时,每周投喂 1 次适量的水蚯蚓效果更好。也可投喂当地易得的螺蚌肉、小鱼虾、陆生蚯蚓、蝇蛆、黄粉虫等鲜活饵料,以降低饲料成本。

鱼不耐低氧。日常管理要经常加注新水,保持水体透明度在 30～50 cm,溶氧在 3 mm/L 以上。成鱼养殖 8～10 个月,一般可达 600～750 g,单产约 400 kg/亩*。

第七节　鱼的常见病防治

一、寄生虫性鱼病

1. 车轮虫病

病原体呈球形、卵形车轮虫,主要寄生在鳃部。当病原体大量侵袭鳃部时,由于鳃组织被破坏,使鱼呼吸困难,病鱼游近水表呈浮头状。即使换清水后仍不能恢复正常。此病主要危害当年金鱼。大鱼体上虽有车轮虫寄生,通常不会死亡。水温在 25℃ 左右时,车轮虫大量繁殖,每年 4—6 月为流行季节。

---

*　1 亩≈666.67 m²,下同。

防治方法:用 0.7 ml/L 的硫酸铜溶液全池遍洒。用 3 ml/L 的硫酸铜溶液浸泡 20 分钟,用 0.5 ml/L 敌百虫溶液全池泼洒。上述药物和处理方法能有效预防和治疗此病。

2. 斜管虫病

病原体是鲤科管虫。病鱼瘦弱,体色较深,体表有乳白色薄翳物质,使观赏鱼失去原有色彩。严重时病鱼的鳍条不能充分伸展开。病原体寄生在体表和鳃上,破坏鳃组织,使鱼呼吸困难。此病是观赏鱼的常见病、多发病,多发生在水缸和水质较脏的水池中,对当年鱼苗危害最大。最适水温为 12～18℃,当水温在 25℃以上时,通常不会发病。3—4 月份为流行季节。

防治方法:与车轮虫防治方法相同,用 3 mg/L 敌百虫溶液浸泡 15～20 分钟。或将鱼移入室外水温高于 25℃的环境中。

3. 小瓜虫病(白点病)

病原体是多籽小瓜虫,病鱼、鳍条和鳃上有白点状的囊泡,严重时全身皮肤和鳍条布满白点和盖白色黏液,鳍条破裂,多数漂浮水面不动或缓慢游动,鳃组织被破坏。此病是观赏鱼的常见病、多发病。从鱼苗到亲鱼都会患此病而大量死亡。最适宜繁殖和生长的水温为 18～25℃,繁殖季节为 4—5 月份。当水温在 10℃以下或上升至 28℃时,虫体繁殖即缓慢或停止。

防治方法:用 4％～5％的食盐水浸泡 15～20 分钟。也可用 3～4 mg/L 敌百虫溶液浸泡 15～20 分钟,或将患鱼转入室外水温较高的环境。另外,治疗此病不能用硫酸铜,因为该寄生虫是嗜酸性,遇酸会加快生长和繁殖速度。

4. 指环虫病

病原体是中型指环虫。病鱼瘦弱,初期呈现极度不安,时而狂游于水中,时而急剧侧游,在水草丛中或缸边撞擦,企图摆脱病原体的侵扰。指环虫寄生在鳃部,破坏鳃组织,刺激鳃分泌大量黏液,呼吸困难,造成鱼体贫血。对鱼苗、亲鱼危害大。最适宜生长的繁殖水温为 20～28℃,繁殖季节为 4—6 月份。

防治方法:同斜管虫病。

二、细菌性病

1. 烂鳃病

病原体是鱼害黏球菌,病鱼鳃丝腐烂,带有污泥,鳃丝边缘不齐。鳃盖骨的内表皮充血坏死,有时被腐蚀成一个呈圆形的透明区,俗称"开天窗";有时鳃丝尖端组织腐烂,造成鳃边缘残缺不全。由于鳃丝被破坏造成病鱼呼吸困难,常游近水表呈"浮头"状。此病危害观赏鱼苗和亲鱼。最适水温在 20℃ 以上,水温在 15℃ 以下病鱼逐渐减少。

防治方法:①用强氯精(有效氯含量 50％)0.3 mg/L 全池泼洒或 1.5～2.0 mg/L 浓度浸泡 15～20 分钟。②用聚维铜碘 0.4 mg/L 全池泼洒或 1.5～2.0 mg/L 浸泡 15～20 分钟。③用 3％～5％ 浓度的食盐水浸泡 20～30 分钟。④用中药大黄 2％～3％ 浓度浸泡 15 分钟。⑤将大黄 0.25 kg(干品)用 3％ 的氨水 5 kg 浸泡 12 小时后全池泼洒。

2. 赤皮病(腐败病)

病原体是荧光极毛杆菌,病鱼体表面部分充血,鳞片脱落,特别是鱼体两侧及腹部最明显。各鳍条基部充血,鳍条末端腐烂。通常鱼体受伤或被寄生虫咬伤时易患此病。防治方法同上。

3. 竖鳞病

病原体是水型点状极毛杆菌,病鱼体表粗糙,部分或全部鳞片竖起像松果状,鳞的基部水肿,其内部积存着半透明或含血的渗出液,以致鳞片竖起。在鳞片上稍加压力,就有液体从鳞基喷射出来。有时伴有鳞基充血,皮肤轻度充血,眼球外突,病鱼沉在水底或身体失去平衡,腹部向上,最后死亡。主要危害个体较大的观赏鱼,每年秋末至春季水温较低时是该病流行季节。

防治方法:在早春水温升高后投喂水蚤或水蚯蚓等活饲料,增强鱼体的抗病力,也能有效预防。用 3％～5％ 食盐水浸泡 20～30 分钟,或用氯制剂和碘制剂浸泡和泼洒。

4. 水霉病

病原体是丝水霉,病鱼体表或鳍条上有灰白色如棉絮状的菌丝,又称白毛病。严重时菌丝厚而密,鱼体负担过重,游动迟缓,食欲减退,终至死亡。有时菌丝着生在伤口充血或溃烂处。最适水温为 15℃ 左右,秋末早春是流行季节。治疗方法同烂鳃病。

治疗鱼病应注意两点:其一,预防为主,治疗为辅,防重于治。其二,改变环境,提高水温,彻底消毒切断病原体。一旦发病,首先杀灭鱼体寄生虫,而后杀灭细菌。上面介绍的烂鳃病、赤皮病,多数是由寄生虫侵袭受伤后,伴随着细菌侵入。在治疗过程中,首选药物是 5％ 的食盐水,既方便又经济,浓度好掌握。在治疗小瓜虫病时,禁用硫酸铜,因为小瓜虫嗜酸性,遇酸性水体,小瓜虫会大量繁殖和生长。

第五章　观赏龟

第一节　龟的种类

在动物界中,龟鳖类属于脊索动物门、脊椎动物亚门、爬行纲、龟鳖目。龟的种类很多,且均可供人们观赏。按其生活环境的不同可分为以下 3 种类型。

一、陆栖龟类

适应于在陆地上爬行,其特征为四肢呈圆柱形,背甲高隆,指与指间、趾与趾间无蹼,皮肤粗糙,四肢上的鳞片较大。生活在环境温暖干燥、多岩石的丘陵、灌木丛林和沙漠等地区(彩图 5-1～5-14)。

二、水栖龟类

该类龟喜欢生活在水域中,根据其生长特性和生理特征又可分为:淡水栖龟类和半水栖龟类。淡水栖龟类是一群嗜水的、完全或大部分时间在水中生活并觅食的龟类,该类龟生活在沼泽、池塘、湖泊等淡水域内。其特征为背甲多数扁平,边缘呈流线型,四肢扁平,指与指间、趾与趾间有像鹅、鸭爪间那样发达的蹼;半水栖龟类生活在水边,同时在水中或陆地都能觅食的龟类,该类龟仅生活在浅水域,水的深度不能超过龟自身背甲的高度。其特征为这类龟的背甲不如陆栖龟类高隆厚实,但比水栖龟类高拱,后肢脚掌略扁平,指与指间、趾与趾间仅有少量蹼或半蹼,皮肤较粗,四肢上的鳞片大小适中(彩图 5-15～5-26)。

三、海栖龟类

该类龟生活在海域中,适应在海洋中潜水和快速游泳。根据其生理特征和生活特性可分为海龟类和鳖类。海龟类为身体紧凑而短,背甲呈流线型,背甲骨板数目较其他龟类少;肢骨缩短而指、趾延长。鳖类:该类生活在江河、湖泊中,其特征为四肢扁平,小腿部具有皱褶,趾、指间具有丰富的趾(彩图 5-27~5-32)。

第二节 龟的生物学特性

一、龟的栖息特性

龟为水陆两栖动物,爬行速度缓慢,大多数野生龟喜欢栖息于江河、湖泊、池塘边、陆地上,也有在海水中生长的,喜欢背风朝阳的地方。

龟是变温动物,对环境温度变化反应灵敏,具有一定的生理调温能力,在环境温度为 10℃ 以下时,其体温会调节到稍高于环境温度,在环境温度为 25℃ 以上时,其体温就会调节得比环境温度低一点。

二、龟的繁殖习性

龟均为卵生,自然条件下 5 龄以上的乌龟性腺开始成熟,7 龄成熟良好。从体重看,一般雄龟 150 g、雌龟 250 g 时性开始成熟。无论是野生的龟或是人工饲养的龟,交配期一般都是每年春天的 4—6 月份(恒温养殖除外),且交配多在晚上。卵产于陆地上,不同种类的龟其产卵的数量不同,淡水龟类每次产卵 2~5 枚,卵呈白色,具有钙质的硬壳。龟没有看护卵的习性。

三、龟的寿命

龟常被称为是长寿动物。乌龟寿命究竟有多长,目前尚无定论,一般讲能活 100 年,据有关考证也有 300 年以上的,有的甚至过千年。龟的幼年期一般是五六年。龟的年龄一般可根据龟背甲上角质盾片上的同心环纹来做鉴别。乌龟的生长较为缓慢,在常规条件下,雌龟生长速度为:1 龄龟体重多在 15 g 左右,2 龄龟 50 g,3 龄龟 100 g,4 龄龟 200 g,5 龄龟 250~250 g,6 龄龟 400 g 左右。雄龟生长慢,性成熟最大个体一般不超过 250 g。

四、龟的感觉习性

龟的感觉器官较两栖类动物发达,嗅觉、味觉、触觉均较为敏感,摄食主要靠嗅觉,但龟的听觉发育不完善,只有内耳却没有外耳,所以听觉极其迟钝。龟的视野很广,但清晰度差一点。

五、龟的摄食特性

龟类的食性与其生活环境有关,大致可分为三种类型:动物性、植物性、杂食性。其中水栖龟类的食性一般为杂食性,如乌龟、黄喉拟水龟等;陆地生活的龟类以植物性的食物为主,如缅甸陆龟、四爪陆龟等;半水栖龟类多数以动物性的食物为主,如平胸龟、金头闭壳龟等。龟的捕食方式是张口捕食,通过视觉发现食物。

另外,龟的摄食量与季节温度有很大的关联,当气温降至 16℃ 以下时,即开始停食;当环境温度稳定在 29~30℃ 时,摄食量最大;温度超过 30℃ 时,其摄食量即随着温度升高而下降。

六、龟属于卵生爬行动物

龟的受精是在体内进行的,而其产卵无论是陆生龟或是水栖龟均是在陆上进行的,且亲龟没有孵卵和护幼的习性。受精卵是依靠自然环境温度来孵化的(人工孵化除外)。

七、龟具有休眠的特性

龟的休眠根据其生活环境的不同,可分为冬眠和夏眠。当干旱来临或在炎热的夏季时,有些陆龟即开始夏眠。分布在温带或寒冷地区的一些水栖龟,多有冬眠的习性。一般在 10—11 月份气温下降到 10℃ 以下,龟就不食不动,进入冬眠状态,到翌年 4 月中旬,气温回升到 16℃ 以上时,龟才开始出来活动。

第三节　龟的价值

一、龟的药用价值

龟的最大价值就是它的药用价值。龟作为药用的历史悠久。东汉时代,我国最早的药物专著《神农本草经》就对龟的药用作了详细记述。明代著名药物学家李时珍阐述更为详尽,指出不仅陆龟能治病,海龟也能治病。在《本草纲目》中写到:"介虫三百六十,而龟为之长。龟,介虫之灵长者也。""龟能通任脉,故取其甲以补心、补肾、补血,皆以养阴也。"现代中医学研究表明,龟的全身几乎都可入药。如龟肉味甘、咸平、性温,有强肾补心壮阳之功;龟甲气腥、味咸、性寒,其主要成分为胶质、蛋白质、脂肪、钙、磷、肽类和多种酶以及多种人体必需的微量元素,是我国传统的名贵中药材。龟甲具有滋阴降火、潜阳退蒸、补肾健骨、养血补心等多种功效。据研究,龟甲对肿瘤也有一定的作用;龟板是龟的腹甲,又名龟甲、武元板、拖泥板、败将、神屋。《神农本草经》称之为"上品"。龟板的主体成分为动物胶、角质、蛋白质、脂肪、磷和钙盐等,并含无机物(碳酸钙、磷酸钙)36.08%、蛋白质36.14%,其他成分17.78%。龟血可用于治疗脱肛、跌打损伤,与白糖冲酒服能治气管炎、干咳和哮喘;龟头可治脑震荡后遗症、头痛、头昏等病。如将龟头置于瓦上,文火焙干,研粉,开水冲服,每日早晚各服1次,3~4天头昏可愈。还可治疗脱肛,方法是将龟头用温纸包裹,外以胶泥封裹(约3 mm厚),文火焙存性,去泥和纸,研粉备用。用前先以温生理盐水将脱肛部位洗争,然后敷布上粉,托上即可。一般2~3次,严重者3~4次可愈。最多使用两个龟头。

科学研究表明,龟血还有抑制肿瘤细胞的功能;龟胆汁味苦、性寒。据《本草纲目》称:龟胆汁可治痘后目肿,月经不开。现代医学研究还表明,金钱龟胆汁对肿瘤和艾氏癌有一定的抑制作用;另外,龟骨、龟皮、龟尿、龟粪等都有一定的药用价值。

二、龟的食用价值

龟的全身都是宝,自古以来,我国民间就把龟当做营养滋补品和防治疾病的食疗佳品。现今以龟肉为主要原料制成的各类龟肉羹已成为宴席上的名贵佳肴。龟肉、龟卵营养丰富,味道鲜美。科学研究表明,龟肉和龟血不但含有丰富的蛋白质,还含有丰富的维生素、糖类、脂肪酸、钾、钠等人体所需要的多种营养成分。

三、龟的观赏价值

龟是长寿动物,人们一直都将其作为长寿的象征,具有一定的意义。龟类不仅长寿,而且还有灵性,品种繁多,颜色多样,形态各异,深受人们的喜爱。此外,用黄喉拟水龟、四眼斑龟为基础培育出来的绿毛龟,更具有观赏价值。其体碧绿晶莹、姿态动人,深受人们的喜爱。

四、龟的文化价值

龟与中国文化有着极为密切的关系。在新石器年代,古人就已经将龟视为"护身之宝"。汉武帝时,钱币上铸有龟的图案。到了唐代,五品以上的官员佩戴着"龟袋",

袋分为金、银、铜三种,以金龟袋为最高贵。龟文化还渗透到古代哲学中,战国时期的五行学说认为龟代表"水"。

第四节　龟的饲料

一、龟的营养需求

龟类和其他动物一样,需要营养来维持生命活动,这些营养物主要包括蛋白质、脂肪、维生素、糖、无机盐和微量元素等。如果缺乏其中的一种或多种必需的营养物质,就会导致龟生长减慢、龟病发生,长期缺乏还可能引起龟的死亡。

1. 蛋白质

蛋白质是生物体的主要组成成分,一切细胞和组织都由蛋白质组成。因此蛋白质对龟的生长发育最为重要。龟所需的蛋白质主要来源于日常食物,一般认为,饲料中蛋白质含量高,饲料的营养价值就好,动物生长就快。龟对饲料蛋白质含量的需要一般比畜禽、鱼类要高,其生长阶段不同,需要量也不一样,实用饲料中最适蛋白质含量一般在 $46\% \sim 50\%$。

2. 脂肪

脂肪是一种富含热能的营养素,每克脂肪在体内可供给 35 kJ 左右的热能。因此,脂肪作为提供必需脂肪酸和热能的物质来源,对龟的正常生命活动是十分重要的。脂肪在龟体内氧化放出的热能一般为糖类和蛋白质的 2 倍。实验证明,龟的配合饲料中脂肪含量为 $3.5\% \sim 5.0\%$ 较适宜,过高或过低,都将影响饲料的效率。

3. 碳水化合物

碳水化合物在饲料中是能量的来源,在饲料中加入一定量的碳水化合物,能起到节约蛋白质、提高蛋白质效率、促进龟生长的作用。龟饲料中淀粉的适应量为 $23\% \sim 26\%$。

4. 无机盐类

无机盐对龟的躯体有极重要的作用,除参与形成骨骼血液外,对调节机体生理也具有直接或间接的作用,特别是对亲龟的产卵繁殖有重要意义。其包括常量元素钙、磷、钠、氯、硫、钾、镁 7 种及微量元素铬、氟、硒等。龟饲料中钙的含量需在 3% 以上,磷的需求量在 1.5% 以上。

5. 维生素

维生素是一种活性物质,在动物体内作为辅酶的一个组成部分参与新陈代谢。

在天然水域中,龟很少发生维生素缺乏症,但在人工养殖情况下,因受年龄、规格、种类、饲料配方、养殖方式等多种因素的影响和制约,常常使龟不能摄取足够的维生素而产生各种缺乏症,导致龟生长发育减慢,代谢失常。多数维生素在体内不能合成,必须靠饲料供给,因此,在饲料中必须填加复合维生素。

二、龟的饲料

龟是以动物性食物为主的杂食性动物,目前其饲喂所用的饲料种类及其主要营养成分如下:

1. 动物性饲料

常见的有丝蚯蚓、昆虫、水蚤、鱼、虾、螺、蚌、蝇蛆、蚕蛹、动物屠宰下脚料等。据有关研究证明,该类型的饲料蛋白质含量高,除乳制品和骨肉粉的蛋白质含量为 $27.8\%\sim30.1\%$ 外,其他都在 $58.6\%\sim84.7\%$ 之间,而且品质特别好,富含 10 种必需的氨基酸,特别是植物性饲料所缺乏的氨基酸;维生素 B 族含量十分丰富,特别是维生素 B_2 和维生素 B_{12} 的含量相当高,可补充其他饲料中维生素的不足;鱼粉中含钙量可达 5.44%、磷 3.44%,而且比例良好,具有补充其他植物性饲料中钙、磷不足的优点,有特殊的营养作用。动物性饲料中含有一种未知的生长因子,它能提高动物的营养物质利用率,抵消矿物质的毒性,并不同程度地促进龟的生长和发育。总之,该类饲料是养龟的理想饲料。

2. 植物性饲料

常见的有玉米、小麦、大豆、小米、瓜类、青叶菜类、红薯、稻谷等。这类饲料的营养成分也较高,但由于所含的氨基酸不完全而且量少,尤其是蛋氨酸、赖氨酸含量偏低,单独使用饲料系数较高,所以,应以与含氨基酸全面的动物性饲料搭配使用,才能获得应有的饲养效果。

3. 饲料添加剂

常见的有骨粉、钙粉、食盐、高效速生素添加剂,维生素类的畜用多维素、鱼肝油、麦芽等,具有抗菌和促进生长的土霉素、磺胺类等,具有健胃作用的干酵母、食生母、种曲等。

由于不同种类的饲料,其所含的主要营养成分不同,因此在饲喂龟时,还应注意不同种类饲料的合理配制。如天然性饲料:其范围很广,有丝蚯蚓、昆虫、水蚤、鱼、虾、螺、蚌、蝇蛆、蚕蛹,动物屠宰下脚料和各种青料,如瓜类、青叶菜类、红薯、稻谷、小麦等。其加工和配制方法是,动、植物饲料按 6∶4 或 7∶3 分别捣碎,然后倒入绞拌机内加些适宜的防病药物,再绞拌均匀。这种饲料蛋白质含量不很高,一般在 30%

上下,但养龟的效果较好;人工配合饲料:是根据龟的生理特点,将多种原料按一定比例配制,并采用一定的工艺加工配合而成。各种营养成分在饲料中配制的比例合理,可使其发挥最大的经济效益,并获得最佳的饲养效果。龟在不同生长阶段,对各种营养成分的需求也各不相同。

第五节　龟的饲养与管理

一、稚龟的饲养与管理

稚龟是指刚孵化出壳至当年越冬期的龟。刚出壳的稚龟不会摄食,靠自身卵黄囊提供营养。2～3 天后,自身卵黄会有一定的消耗,可以开始先投喂少量的熟蛋黄训食,日喂多次,每次喂量以食后基本无剩料为度。5～6 天后,可投喂熟蛋黄、黄粉虫、水蚤、丝蚯蚓等。1～2 个月后,可喂食小颗粒的动植物饵料,如捣碎的蚯蚓、屠宰的废弃物(如猪肝、猪胰等)、米饭等。投喂时应做到定时、定量、定位、定质,使稚龟养成定时定点摄食的习惯。稚龟经 7～10 天的饲养,可转入稚龟池中继续饲养。稚龟池建在室内为宜,以水泥池为佳,面积为 5～8 m²,深约为 80 cm,池底沙要厚一些,大约 10 cm,常年水深为 60 cm。在池内向阳的地方设置休息台和食台。入池前,龟体用 2% 的食盐水或 15～20 ppm* 的高锰酸钾溶液浸浴 15 分钟,以消毒防病。放养密度为 50 只/m² 左右,最多不超过 100 只/m²,越冬时放养密度可放宽到 100～250 只/m²。稚龟池应 3～5 天换水 1 次,每次换水量为水体总量的 20%～30%。换水前应先排出池底污物,同时注意换水温差不要超过 3～5℃。在日常管理时,要注意及时分池饲养,注意水质的变化,防止蛇、鼠、鸟、兽等为害及水溢龟逃。冬季室温一般控制在0～8℃之间为宜。

二、幼龟的饲养与管理

幼龟是指自然越冬后至 3 龄以内的龟。幼龟的饲养与管理基本与成龟的饲养与管理一致,所不同的是饲养密度,幼龟饲养密度一般为 10～20 只/m²。幼龟的放养,一般需外界水温上升并稳定到 16℃以上时进行。放养前必须对龟池进行消毒,放养时要对龟体浸浴消毒。幼龟应按不同规格分池放养,以免大小龟同池放养发生以强欺弱的现象,影响成活率。幼龟池既可建在室内,也可建在室外,室内幼龟池为水泥砖石结构,内壁要光滑,面积大约为 20 m²,池深为 80～100 cm,水深为 70 cm,池底

---

*　ppm 为 10^{-6},下同。

铺细沙厚 10～20 cm。室外幼龟池一般为土池,也可以是水泥池,面积可以大一些,池深为 100～130 cm,水深为 60～100 cm,若池底是水泥结构,应铺上 20 cm 厚的细沙。在池的向阳位置留出部分陆地供龟活动。水陆交界处设置龟休息台和食台。饲养池要每 5～7 天换水 1 次,换水量为总水量的 30%～40%,每 15～20 天用生石灰水全池泼洒 1 次,浓度为 20 ppm。同时加强日常管理,包括:严格专人负责;必要的换水和消毒;保持恒定水温 30℃;坚持定时、定位、定质、定量进行饲养。若有异常现象,如发病、食量突然减少等,针对具体情况及时采取相应措施。其他时间尽可能不进温室,减少对龟生活环境的干扰。

三、成龟的饲养与管理

成龟是指 3 龄以上之性成熟的龟。幼龟培育结束后进入成龟养殖阶段,幼龟出池时间在 5—6 月。成龟池面积要大一些,土池的面积一般 500～1000 m²,池底铺 20～30 cm 厚的软泥,池深为 150～200 cm,水深为 100～150 cm。可在池子的两个长边上用水泥抹成饵料台,且饵料台的大半浸在水中。水泥池的面积一般为 50～120 m²,池深为 120～150 cm,水深为 80～100 cm,池底要铺上 20～30 cm 的软泥。放养前对养龟池、养殖工具和幼龟都要进行严格消毒。养龟池底一般用生石灰彻底消毒,池水用二氧化氯消毒,工具用高锰酸钾消毒,幼龟用食盐或呋喃唑酮消毒,使龟保持无菌入池。为避免出池时温差过大引起死亡,在幼龟移出温室前要逐渐降温,每天只能降低 2℃。在成龟期可适量投喂螺蛳、河蚌、新鲜鱼虾、蚯蚓等,但不能投喂变质的动物内脏等,以防带菌的动物饵料及变性的脂肪酸在龟体内积累,造成龟的代谢机能失调,逐渐导致疾病。每天投喂 2～3 次,定时、定位、定质、定量进行饲喂。要及时进行换水,一般 7～10 天加 1 次水,或部分换水。为防止换水过程中龟相互抓伤细菌感染,每次换水后,应立即泼洒 0.5～1.5 ppm 呋喃唑酮。尽量少换水,加强生态调控力度,及时排污,接种有益微生物,使溶氧量保持在 4～6 mg/L。龟进入冬眠期时,成龟的越冬密度控制在 3～5 只/m²。

四、亲龟的饲养与管理

亲龟是指繁殖用的龟。亲龟的饲养首先要选择好亲龟池,亲龟池应选择在太阳光充足、通风好的地方。放养亲龟前,对亲龟池进行消毒和整修,加固防逃设施,疏通进排水系统,整理产卵场等。亲龟池的面积可为 200 m²,池深为 180～200 cm,水深为 100～250 cm。池岸要设置产卵场,产卵场的性能要好,雨天不能积水,也可修建产卵房。消毒时用 100 kg/亩的生石灰全池泼洒,2 天后用锹镐翻动底层沙或泥,一星期后加注新水,再移入亲龟。亲龟池水质要清洁、卫生,池水能见风度应保持在

25～30 cm,水呈淡绿色。春秋季水深控制在 0.8 m 左右,夏季 100～120 cm,越冬时水位保持在 120 cm 以上。夏季高温时期每 15 天换水 1 次。每月用 20 kg/亩生石灰化浆后全池泼洒 1 次。

在进行人工饲养龟时,要对亲龟进行选择,亲龟的选择标准是:体质优良,外型正常,活泼健壮,体肤完整无伤。雌亲龟宜 500 g 以上,雄亲龟 150～250 g。亲龟放养按雌雄比例 2∶1 搭配放养。放养密度以 5～6 只/m² 为佳。亲龟性成熟的早晚,年产卵次数、卵数量的多少,卵质量的好坏,在很大程度上取决于饲料条件。亲龟的饲料以动物性饵料为主,辅以植物性饲料。亲龟爱吃的食物有小鱼虾、泥鳅、蚯蚓、螺蛳、河蚌、家畜家禽的内脏、蚕蛹、豆饼、麦麸、玉米粉等。在产卵前、产卵期间要多投放蛋白质含量高、维生素丰富、脂肪含量低的饲料。开春后,水温上升至 16～18℃时,开始投放饵诱食,每隔 3 天用新鲜的优质料,促使亲龟早吃食。水温达 20℃以上时,每天投喂 1 次,鲜饵料投喂亲龟体重的 5%～10%,商品配合饲料投喂亲龟体重的1%～3%。

加强日常管理,每天定时清理饵料台,清除多余残饵;早晚巡视亲龟池各 1 次,观察亲龟的吃食与活动状况;产卵前在产卵场所种植草堆(龟喜欢在草堆边产卵);产卵季节每天翻松产卵场沙,保持沙子的湿润;亲龟池的四周应尽量减少行人、车辆来往,给亲龟制造一个安静的产卵环境。

另外,不同季节对龟的管理方式也有所不同。

春季:外界气温开始逐渐上升,当外界气温上升至 20℃以上时,龟开始离窝觅食。这个时期应对龟及养龟设施彻底消毒,换上干净水,投喂新鲜的小鱼虾、肉碎等食物。同时要注意以下几点:①定时、定位、定质、定量进行投喂;②及时调节水质;③分规格分池饲养;④做好病虫害防治工作。

夏季:气温较高,龟的活动频繁,龟池内的水质极易恶化,对龟的生长影响较大,因此要加强管理。管理时要注意以下几方面:①水质要清新;②加强饲养管理,着重保证饲料的新鲜、适口;③抓好防病工作;④温度要适应龟的生长,龟在 28～31℃时生长迅速。

秋季:气温开始回落,但总体上对龟的影响不大,在饲养管理方面与夏季时相差不大。注意水质变化及病虫害的防治。

冬季:龟是变温动物,对环境温度要求较为严格,一般在 10—11 月份气温下降至 10℃以下时,龟就开始不食不动,进入冬眠状态。不同阶段的龟,越冬管理也有所不同。

稚龟越冬:刚出壳的小龟叫稚龟。稚龟从龟卵中孵出后,体质脆弱,对外界环境适应能力差,在较长的越冬期间体能消耗多,如管理不当,越冬死亡率很高。从霜降开始,稚龟停止摄食。霜降后(10 月底)一周内,应将稚龟从室外转入室内池越冬。

室内池预先要放入泥沙，并用清水或自来水将沙冲洗干净。稚龟潜入泥沙后，池上需加网罩，以防敌害侵袭。泥沙要保持一定湿度，要求捏能成团但又不积水。当泥沙过分干燥时要洒水湿润，水的温差不超过±2℃。室内越冬池温度，要保持在0℃以上，防止池水冰冻，稚龟有机体达到冰点会出现死亡。气温过低时，可在池上加盖稻草帘。稚龟越冬时不喂食，一般密度为100～150只/m²。稚龟个体小、娇嫩，小雪前（11月下旬），不管水温是否达到理论上的要求，稚龟越冬工作一定要结束。

幼龟越冬：稚龟越冬后，翌年即2龄以上，性腺尚未成熟的龟称幼龟。幼龟抗低温能力也不强。如留在室外自然池中越冬，密度不宜过大，20～30只/m²，水深1m以上。池底放10～20 cm厚的淤泥，池上搭防寒架，架上放塑料薄膜，留1～2个通气管，薄膜上盖草帘就可越冬。如在室内水泥池越冬，越冬方法和稚龟同。

亲龟越冬：为使产卵后的亲龟体质能均衡地恢复，越冬前应加大投喂一些蛋白质和脂肪含量高的饲料。鲜活动物性饲料和配合饲料等同步投放。在饲料中，适量添加赖氨酸、蛋氨酸、多种维生素等，可使越冬亲龟体内贮存一定量的营养物质。为达到预防目的，可在每50 kg饲料中加一些红蓝花、菊花、甘草、板兰根等中草药各20～30 g，煎汁拌饵投喂。越冬池应选择避风向阳安静的地方。池底要有20 cm厚的淤泥，让龟潜入淤泥中越冬。为使龟冬眠苏醒后有良好的水体环境，越冬前，要对饲养池水消毒，每平方米用生石灰100～200 g，8天后换清水备用。越冬前，对亲龟严格挑选、检查，要求亲龟体色正常，体质健壮，钩钓、叉捉、电捕、体表伤残、爬行迟缓的龟，应单放，不能入池越冬。霜降后小雪前，在饲养池中投放池面积1/3的水草，草不宜过多，过多影响光照。饲养池四角应用作物秸秆搭建临时性挡风墙，以防寒流突然袭击。

第六节　龟的繁殖

一、性成熟年龄

大多数龟至少需4年以上方能性成熟，一部分陆龟却需要10年以上。在人工饲养条件下，有一些龟类性成熟时间可提早1～2年。

二、求偶与交配

龟的发情与交配和季节性气温有很大的联系，一般是每年4—6月份气温升至20℃以上时，性成熟的龟即开始陆续发情与交配。有些龟是在水中进行交配，有些龟是在陆上进行交配，且交配多在晚上进行。不同生活习性的龟，其求偶、交配方式有所不同。如水栖龟类求偶和交配在水中进行,交配前,雄龟在雌龟前方游动,并抖动双肢或伸长头颈,上下抖动以挡住雌龟前进,向雌龟发出求爱的信号。若雌龟原地不动,则表明接受了雄龟,这时雄龟便绕到雌龟后部,爬到雌龟背甲上,用前肢爪勾住雌龟背甲,然后开始交配。

三、产卵

热带地区龟可全年产卵,我国长江流域一般 4 月底开始产卵,至 8 月底,5—7 月为产卵高峰期。一年中雌龟可产卵 3～4 次(窝),每次间隔 10～30 天,每次产卵 5～10 个,最少的 1 个,最多的 16 个。水温、气温 27～31℃ 最佳,超过 35℃,则停止产卵。

龟是卵生动物,繁衍后代均在陆地,它们产卵大多在夜晚进行。雌龟对产卵巢位的选择及巢的结构要求因品种而异。许多淡水龟类喜欢把巢建在渠道的堤边或筑在腐朽的木桩中。产卵前,用前肢后肢轮换挖土打洞。洞穴呈锅状,口大底小,深 8～20 cm(海龟洞穴达 40～50 cm)。雌龟产卵时,尾对准洞口,头颈伸长,嘴微张。当卵产出体外时,雌龟便用后肢掌把卵托着,轻轻地将卵放到洞底,然后用后肢再扒微量土掩盖,接着产第 2 枚卵。待卵全部产完后,雌龟用两只后肢扒土掩埋洞穴,然后用腹甲将土压平、压实后离去。龟没有守巢的习性。

四、孵化

龟的正常受精卵外表可见一个椭圆形的白色亮区(即胚点),产后 30 天,受精卵变成浅紫红色,70 天后,卵壳变黑。整个孵化需 80～90 天稚龟才能出壳。龟卵孵化的主要条件有三个方面:温度最好控制在 28～31℃,不得高于 34℃,低于 26℃;湿度最好控制在 80%～82%;沙子含水量最好控制在 7%～8%,不得低于 5.3%,高于52.0%,孵化期间,应每天检查沙子的湿度。一般 2～3 天洒水 1 次,通气。

龟卵孵化临近出壳时,用工具疏松表层沙土,以利稚龟出壳。出壳的稚龟有趋水习性,在孵化池的一端放置半盆水,便于稚龟爬入盆中。

五、稚龟出壳

一般自然出壳,当胚胎完成发育后,出壳时先用吻部顶破卵壳,伸出头部,接着用前肢支撑整个身体,脱壳而出。

第七节　龟的常见病防治

大自然的龟具有很强的抗病能力,很少生病,但在人工繁养过程中,由于水源、空气被污染,可导致龟生病,甚至造成龟死亡。在人工饲养过程中引起龟病的主要原因有以下几种:

1. 龟池水质恶化

饲养池水质的好坏,与龟的健康有着密切关系,如果在饲养池中投入过量的饵料,或龟的排泄物在池中存积量过多,腐败后水质发臭,便可引起各种有害病菌及有害藻类的大量繁殖,病菌大量滋生,从而导致龟传染病的发生。

2. 龟放养密度过大或大小混养

在高密度放养的情况下,由于缺少正常的活动范围,造成龟互相争夺饵料而咬死,或使弱龟找不到饵料而更加衰弱。如果同一池内放养大小不一的龟,造成弱肉弱食,小龟就易受疾病传染。

3. 水源被污染

人工饲养龟的水源一定要达到人畜可饮用的标准水,如果换进已受工业污染或其他化学物质污染的水,就会导致龟生病甚至死亡。

4. 外界气温的过度改变

龟大部分生长在热带和亚热带气候的地区。冬季气温在10℃时龟进入冬眠,低于5℃以下龟可能会被冻死。当水温过高(45℃以上),会导致龟的食欲减退,体质消瘦,抵抗力下降,甚至死亡。

5. 人为带菌入池

病菌是诱发龟疾病的主要原因。人们在社会活动中,手、脚、鞋等都是带菌的主要地方。养殖池内严禁外来人员随便进入,工作人员也要换鞋,所用物品要经常消毒,以断绝病原菌被带入池内。

一、霍乱

这是由多杀性巴氏杆菌引起的细菌性传染病。

[病因]病原是多杀性巴氏杆菌,病菌一般是通过污染的水和饲料经消化道而感染。

[症状]最急性病例病程短促,一般以死亡告终;急性病例病龟精神委顿,闭眼发

呆,食欲废绝,口鼻有黏液流出,呼吸困难,咳嗽,常有腹泻,排灰白色或黄绿色稀粪;慢性病例多见精神不振,食欲减退,消瘦,口鼻有较多的黏性分泌物,鼻窦肿胀,呼吸困难,慢性腹泻,常有关节炎。

[防治] 常用的药物有青霉素、链霉素、金霉素、四环素、氯霉素等抗生素。磺胺类药物如磺胺嘧啶和磺胺喹恶啉等对本病也有治疗作用。

二、绿脓假单胞菌败血症

[病因] 绿脓假单胞菌广泛存在于土壤、污水中。主要经消化道、创伤感染。饵料、水源中也有病菌。

[症状] 病龟食欲停止,呕吐、下痢,褐色或黄色脓样粪便。剖检可见肝、脾肿大,表面有针尖状出血点,胃壁高度水肿、肥厚,胃黏膜、肠黏膜溃疡化脓,肠黏膜广泛出血。胃肠内充满混血褐色的脓样稠物。

[防治] 肌注链霉素,每天1次。剂量按龟体重大小而不同。

三、大肠杆菌病

这是由多种血清型的大肠埃希氏杆菌所引起的一种细菌性传染病,包括败血症、关节炎和肉芽肿等多种不同的临床病型。

[病因] 主要是由于食用该菌污染的食物、饮用水而引起的。

[症状] 本病在临床上有多种病型,其中危害最大的是大肠杆菌败血症。最急性病例不见临床症状而突然死亡;病程较长的病龟,精神沉郁,食欲下降或废绝,眼结膜炎。鼻分泌物明显增加,流涕,呼吸困难,腹泻。慢性病例食欲不振,持续腹泻,粪中混有黏液,消瘦脱水,最后可因衰竭而死亡。

[防治] 呋喃类、磺胺类和抗生素类等药物对本病治疗预防均有效。

四、螺旋体病

本病是由鹅包柔氏螺旋体引起的一种急性败血型细菌性传染病。

[病因] 由于食用该菌污染的食物、水引起的。

[症状] 病龟废食,腹泻,排带绿色的稀粪,粪中常有过量的白色尿酸盐。该病后期,可见黏膜发绀、黄疸以及贫血等由于红细胞大量被破坏而引起的临床症状。

[防治] 青霉素、土霉素等是治疗本病的首选药物。平时注意环境卫生,消灭吸血昆虫对预防本病的发生具有重要作用。

五、葡萄菌病

这是由葡萄球菌引起的一种常见的细菌性传染性疾病,多呈散发性,临床上为急性或慢性经过。

[病因] 由于食物或水质被该菌污染引起的。

[症状] 临床多为慢性经过,病龟食欲减退,消瘦贫血。关节炎,尤多见于四肢关节、水疱性皮炎。急性败血型病龟废食,关节肿胀,间有下痢,最后可致死亡。

[防治] 本病多选用青霉素、链霉素、四环素、奇霉素等抗生素,磺胺类对本病也有一定的疗效。

六、结核病

该病是一种慢性接触性疾病,以进行性消瘦、衰竭死亡,内脏器官、骨骼等组织器官中出现结核性肉芽肿和干酪样坏死为特征。

[病因] 引入的龟为带菌者或环境中被该菌污染而引起的。

[症状] 本病的潜伏期较长,病情发展缓慢。临床表现为进行性消瘦、下痢等症状。剖检的特征性病变是肝脏、脾脏、消化道、皮肤等器官组织中出现大小不等的黄白色或灰白色结核结节。

[防治] 常用的药物有异烟肼、链霉素、对氨基水杨酸钠等。由于本病治疗起来时间较长,且对人体有危害,所以一般不予治疗。

七、李氏杆菌病

该病是一种败血性细菌性传染病,以神经症状、心肌变性坏死为特征,主要发生在温带地区。

[病因] 生活环境被污染所致。

[症状] 病龟常有圆圈运动、歪头斜颈和肌肉震颤等神经症状,间有腹泻。血样检查,单核白细胞计数明显增加。剖检病变主要是心肌变性、出血、坏死性炎症,心包积液和心包炎。

[防治] 只对有价值的病龟进行治疗。高浓度的四环素是首选药物,磺胺甲基嘧啶等也有较好的疗效,可酌情选用。

八、曲霉菌病

这是由曲霉菌引起的一种以侵害呼吸系统为主的真菌性疾病,主要特征为呼吸困难、肺部出现霉菌性小结节样病变等。

［病因］主要由于食用霉变的食物或水质被污染而引起的。

［症状］最急性者无临床症状，突然死亡；急性病例，食欲下降，呼吸困难，间有腹泻；病程较长者，食欲不振。呼吸困难，贫血，下痢。

［防治］药物治疗的效果往往不是很理想。临床上可选用的药物有制霉菌素、克霉唑、两性霉素等药物。另外，搞好环境卫生，保证饲料的新鲜洁净，对预防本病的发生和流行都具有一定的积极作用。

九、念珠菌病

［病因］主要是由于生活环境不洁造成的，另外龟类的正常消化道内也存在本菌，当龟机体衰竭或消化道的正常菌群发生改变时，病菌即能侵入黏膜并产生病变。

［症状］病龟厌食，下痢。时常有带强烈酸臭气味的气体和内容物从口中流出。剖检见口腔、咽喉、食道的黏膜出现灶性或弥漫性增厚，表面常有白色至灰白色或黄褐色白喉样伪膜或斑块。

［防治］此病主要是卫生环境不好所致，因此，要经常对龟池内外用氢氧化钠溶液或甲醛溶液进行消毒，并及时更换池水。对病龟隔离治疗，先除去口腔内白膜，涂上消炎药，喂给制霉素。

十、球虫病

［病因］直接接触具有侵袭性的球虫虫卵而感染。

［症状］临床症状差别较大，随龟种、龟龄及球虫的种类等不同而有差别，可表现为急性经过，温和性或慢性经过。病龟一般表现为厌食或废食，贫血，水样或血性下痢。剖检病变主要见于肠道、肠黏膜不同程度的炎症。

［防治］磺胺嘧啶、磺胺喹恶啉氯苯胍等药物对本病都有一定的防治效果。由于球虫产生耐药性，在治疗时应注意药量、疗程和交替使用药物。

十一、蛔虫病

［病因］龟吞食了含有侵袭性的蛔虫卵而感染。

［症状］病龟食欲不振，下痢或便秘，逐渐消瘦。大量虫体寄生时，可因阻塞肠道而引起龟突然死亡。剖检主要见于肠道不同程度的肠炎，肠壁上时有寄生虫性小结节。

［防治］哌嗪化合物、噻咪唑等驱虫药对本病都有治疗作用。

十二、绦虫病

[**病因**]龟吞食了体内存有囊虫的蚯蚓、鱼类等而被感染。

[**症状**]病龟食欲下降,生长发育受阻,逐渐消瘦,贫血,常有下痢,间有血性便,最后可因极度衰竭而死亡。剖检病变可见不同程度的肠炎和肠壁上的寄生虫性小结节。

[**防治**]用药物驱绦灵、硫双二氯酚等,效果较佳。

十三、眼线虫病

本病主要寄生在龟的眼瞬膜下,也可见于结膜囊和鼻泪管中,多发生于热带和亚热带地区。

[**症状**]病龟不安,不断用前爪搔眼部。重度眼炎,瞬膜肿胀,甚至突出眼睑之外。眨眼流泪,有时可见上下眼睑粘连。严重者还可导致失明。

[**防治**]药物疗法是用硼酸眼药水冲洗眼睛及鼻泪管以便将虫体清洗出去,手术疗法是用细针小心地挑出虫体,再滴加适当的消炎眼药水或眼药膏。

十四、原虫病

龟有多种原虫,多数共栖无害,最严重的致病原虫是阿咪巴。

[**病因**]通过直接接触孢囊感染。

[**症状**]临床表现为厌食,体重下降,呕吐,黏液性或出血性腹泻,最后死亡。慢性病例常见肝脓肿,内有大量的阿咪巴滋养体。剖检肉眼可见病理变化,从胃一直扩展到泄殖腔的肠道内出现溃疡灶,溃疡发展为干酪样坏死、水肿、出血。肝型阿咪巴肝脏肿大、多发性局灶脓肿、质脆,肿胀变大,诊断依据新鲜粪便涂片、组织压片或组织学切片见到滋养体或孢囊。

[**防治**]侵袭性内阿咪巴最好用灭滴灵治疗,剂量为 160 mg/kg,口服 3 天,每天总剂量最大 400 mg/kg。肌注盐酸依咪叮,剂量为 2.0～2.5 mg/kg,1 日 1 次,连用10 天。

十五、呼吸道线虫病

[**病因**]饲料或水质被呼吸道线虫污染所致。

[**症状**]消瘦衰弱、咳嗽、呼吸困难、伸颈张口等,最终可死于极度衰竭,或呼吸道因多量虫体和器官分泌物的堵塞而窒息死亡。剖检的主要病理变化是呼吸道炎症,气管和支气管内有多量炎性分泌物和虫体。

[防治]噻苯咪唑对本病有很好的疗效。此外,麻油和亚麻仁油按1:2的比例混合口服,或碘溶液做气管内注射,疗效也佳。

十六、体外寄生虫

[病因]水栖龟类、陆栖龟类因野外生活环境有寄生虫而感染。寄生虫的种类有蜱、螨、蚤、水蛭等。

[症状]龟的表面有虫体,龟消瘦。

[防治]发现龟的体表有虫体后立即清除。对新购进的龟用1%的敌百虫溶液浸洗,连续2天。人工饲养的龟发病率较低。对水栖龟类用 0.7 mg/L 硫酸铜溶液浸洗。

十七、肠胃炎

[病因]龟类动物喂食后,由于环境温度突然下降,投喂饵料不新鲜,水质败坏,均可引起此病。

[症状]轻度病龟的粪便中有少量黏液或粪便稀软,呈黄色、绿色或深绿色,龟少量进食。严重的龟粪便呈水样或黏液状,呈酱色、血红色,用棉签蘸少量,涂于白纸上,可见血,龟绝食。

[防治]胃肠炎的治疗,着重对胃、肠的消炎,胃肠黏膜的保护,止泻,补液,轻度病龟可服用痢特灵、黄连素、氯霉素等。对严重者采取肌肉注射治疗,同时补充维生素。

十八、肠炎

[病因]食用被污染的食物或水质被污染。

[症状]食欲减退,甚至停食。肠道充血、发炎,粪便不成形,并带黑色。

[防治]保持栖息环境的清洁与卫生。饵料要新鲜,切忌投喂霉烂的食物。可在饵料中拌入磺胺脒进行预防,药物的剂量为每千克体重 0.2 g,第 2~6 天,剂量减半,每天投喂饵料量要适当少于平时,以使药饵全部吃完。对病重无食欲的龟,进行肌肉注射抗生素,如氯霉素或庆大霉素。

十九、胰腺炎

[病因]该病多因细菌、病毒等微生物的侵染、胆道疾患、外伤以及胆道蛔虫等引起胰液不能正常排入十二指肠而外溢,并激活其中的消化酶,而导致本病的发生。

[症状]发病突然,病情较急。死前常有挣扎现象。

［防治］本病难以治疗,主要是搞好预防。

二十、腮腺炎

［病因］细菌、病毒等微生物的侵染而引起。

［症状］患病的龟,行动迟缓,常在水中、陆地上高抬头领,其颈部异常肿大,后肢窝鼓起。皮下有气,四肢浮肿,严重者口鼻流血。

［防治］注射硫酸链霉素,每千克体重 10 万～12 万单位。每年注射 1 次。日常每 2～3 个月用 30 mg/L 的呋喃唑酮溶液浸洗 40～50 分钟,可起到一定的防治作用。对轻症者可用土霉素溶液(每 10kg 水中放土霉素 3 片)浸泡 30 分钟。

二十一、肺炎

［病因］由于冬眠期,龟舍内湿度较大,温度低,且温度变化大;夏季,龟舍温度高,闷热,气温突然下降而引起。

［症状］患病龟的鼻部有鼻液流出,后期变脓稠,呼吸声大,龟的口边或水面有白色黏液,陆栖龟喜饮水,且量大。

［防治］冬季应保障龟舍内温度恒定,温差变化不大。夏季注意通风。环境温度突降时及时增温。对已患病的龟,先隔离饲养,肌肉注射庆大霉素、链霉素、青霉素等,严重者无效。

二十二、口腔炎

［病因］由于用钩钩捕或不慎摄入带刺的食物而引起。

［症状］口腔充血、红肿,口腔表皮破烂,龟常因口腔疼痛而不愿摄食。

［防治］平时不喂带刺的食物,对于发病者,可用西瓜霜或锡类药物喷散于口腔内进行治疗,每天数次即可治愈。

二十三、食道炎

［病因］捕获的水栖龟,有的口腔中有钩;日常饲养时,投喂小鱼、小虾等饵料时,未将硬刺剔除,导致龟的食道损伤。

［症状］龟停食,食道黏膜破损,口腔内有异臭味。

［防治］治疗时需 2 人配合,将龟竖立,用硬物扳开龟嘴,将木棍塞入龟口中,使上下颌分开,用镊子伸入食管,夹住钢钩,用力向下拉。使倒钩退出皮肉,然后顺着食管取出钢钩。用 0.3% 的高锰酸钾溶液清洗创面,将抗生素药粉敷于患面。龟不能放置在深水处,以免感染伤口。

二十四、水质恶化病

[病因] 由于长时间不换水,致使水中的饵料腐败或粪便堆积,使水体中氨、甲烷、二氧化碳等有害物质增加,同时又缺乏陆栖息条件,而使龟中毒或感染病菌。

[症状] 龟的颈部、四肢红肿或糜烂。眼睛发炎,眼睑闭合,最后眼不能睁而瞎。

[防治] 养殖水栖龟类的水环境要保持清洁卫生,勤换水,及时清除残饵及粪便,对已患病的龟进行隔离饲养与治疗,用抗生素药膏涂敷溃烂处。若眼睛发炎,应用眼药膏或眼药水滴眼。

二十五、营养不良症

[病因] 长期饲喂单一且营养价值不高的饲料引起。

[症状] 龟体消瘦,精神不振,对外界的反应较为迟钝;消化不良,若不及时调整饲料,会导致龟死亡。

[防治] 不要经常饲喂单一的饵料,增加饵料中的营养,如在饵料中添加动物性蛋白质(如猪肝、鱼肉、虾肉等)。另外,在饵料中增加适量的酵母片以及复合维生素类等,以提高龟的食欲,增强体质。

二十六、营养性骨骼症

[病因] 由于长期投喂单一饲料、熟食,使日粮中的维生素口含量不足,造成龟体内缺少维生素,且钙、磷比例倒置或缺钙,均可引起龟的骨质软化。此病例多见生长迅速的稚龟、幼龟。

[症状] 病龟运动较困难,龟的四肢骨关节粗大,背甲、腹甲软,严重者的指、趾爪脱落。

[防治] 在日粮中添加虾壳粉、贝壳粉、钙片、维生素及复合维生素适量。尽可能地让龟照射自然光,也可使用紫外线荧光灯。严重者肌肉注射 10% 的葡萄糖酸钙(1 ml/kg)。

二十七、越冬死亡症

[病因] 在冬眠前,龟的体质弱,加之冬眠期的气温、水温偏低,龟难以忍受长期的低温。也有部分龟在秋季产卵后,没能及时补充营养,体内储存的营养物质不能满足冬眠期的需要,导致龟的死亡。

[症状] 冬眠前,龟的四肢瘦弱、肌肉干瘪。用手拿龟,感觉龟较轻,水栖龟类的龟经常漂浮于水面。

[防治]冬眠前,增加投喂量,并添加营养物质和抗生素类药物,如多种维生素粉、维生素E粉等。对体弱的龟,进行单独饲养,并增加环境温度,让龟不冬眠,使龟正常进食。

二十八、龟甲脱落病

[病因]由于甲壳受磨损后,细菌侵入而导致甲壳溃烂。

[症状]龟甲的表面损伤、溃烂,使其盾片离层或破裂,严重者盾片脱落。病龟少食或绝食。

[防治]在饵料中添加动物性蛋白质,同时,加适量鱼肝油,将病龟的病灶剔除,用双氧水擦洗患处,然后涂敷抗生素药膏。

二十九、腐皮病

[病因]由单孢杆菌引起。因饲养密度较大,龟互相撕咬,病菌侵入后,引起受伤部位皮肤组织坏死。水质污染也易引起龟患此病。

[症状]肉眼可见病龟的患部溃烂,皮肤出现红色伤痕,逐渐发白、糜烂。

[防治]首先清除患处的病灶,用金霉素眼药膏涂抹,每日1次。若龟自己吃食,可在饵料中添加土霉素粉;若龟已停食,可按每千克体重1g的用量用土霉素填喂,然后将病龟隔离饲养。切忌放水饲养,以免加重病情。龟恢复后再入池饲养。在放养时,密度要合理,按规格大小分开置放或分开饲养,以免互相撕咬。

三十、眼睛红肿病

[病因]由于水质污染,眼部被细菌感染而发病。发病季节为春季、秋季,越冬后的春季为流行盛期。

[症状]眼睛充血、红肿,角质糜烂,眼球与鼻孔被白色分泌物覆盖,导致眼不能视物,呼吸受阻。病龟常用前肢擦眼部。行动迟缓,严重者停食,最后因体弱并发其他病症衰竭而死亡。

[防治]春秋季节,对水栖龟类应保持水清洁。发病的龟应隔离水,放置在阴暗处,让白色分泌物干脱。用抗生素眼药膏涂敷患处,每天涂敷1~2次。同时,在饵料中添加动物性肝脏,以增加抗病能力。还可用1%的呋喃西林水溶液清洗患处。

三十一、水霉病

[病因]龟长期生活在水中或阴暗潮湿处,对水质不适,真菌侵染龟体皮肤引起。

[症状]水霉病多发生于龟的头颈、四肢和尾部。初病时,病龟食欲减退、焦躁不

安,到严重时龟的体质消瘦无力,不动不食,可造成死亡。中华花龟、巴西彩龟、纳氏彩龟、锦龟易患此病。

[防治]在日常饲养管理中,应经常让龟晒太阳,以抑制水霉菌滋生,达到预防效果。对已生病的龟可配制低浓度的食盐水浸泡,并用高锰酸钾溶液对饲养容器浸泡消毒。同时,在投喂的饲料中,拌入适量的抗生素,提高龟的抵抗力,也可将龟饲养在1%的奇霉素溶液中一段时间,有很好的效果。

三十二、疖疮病

[病因]病原为嗜水气单胞菌点状亚种,常存在于水中、龟的皮肤、肠道等处。水环境良好时,龟为带菌者,一旦环境污染,龟体受外伤,病菌大量繁殖,极易引起龟患病。

[症状]颈、四肢有一或数个黄豆大小的白色疖疮,用手挤压四周,有黄色、白色的豆渣状内容物。病龟初期尚能进食,逐渐少食,严重者停食,反应迟钝。一般2～3周内死亡。

[防治]首先将龟隔离饲养。将病灶的内容物彻底挤出,用碘酒搽抹,敷上土霉素粉,再将棉球(棉球上有土霉素或金霉素眼药膏)塞入洞中。若龟是水栖龟类,可将其放入浅水中。对停食的龟应填喂食物,并在食物中埋入抗生素类药物。

三十三、龟溺水

[病因]半水栖龟类长时间在水位过深的池内,因不能上岸,只能漂浮于水面,伸长颈脖呼吸,长时间后,龟因体力不支而呛水。有时换水,突然增加水位,水面波动大也能导致龟溺水。

[症状]龟的颈部肥肿,四肢无力。解剖后肺部充水,腹腔内水较多。

[防治]发现病龟后,将龟头朝下,鼻孔内有水流出,并用指压迫龟的四肢窝,有规律地挤压。轻度溺水的龟,放在通风处,使其慢慢恢复。

三十四、创伤

[病因]在捕获、饲养过程中,龟的甲壳、皮肤、四肢、口等部位发生擦伤、损伤、压伤。

[症状]局部红肿,组织坏死,有脓汁。

[防治]对新鲜创伤应先止血,用纱布压迫,严重者敷云南白药,然后清洗创面,再用消毒药物(93%双氧水、0.5%高锰酸钾)搽洗,以防感染,大的创口应缝合、包扎。对陈旧、化脓的创伤,先将创口扩大,将创内的脓汁、坏死物质清除,使创伤形成新鲜

创面。再依新鲜创面的处理方法治疗。

三十五、龟流感

[**病因**]龟流感是由黏病毒科正黏病毒属中 A 型流感病毒引起的一种病毒性传染病,临床表现差异较大,有多种病型。

[**症状**]多表现为咳嗽等呼吸道症状,同时也可见结膜炎、鼻窦肿胀。

[**防治**]本病尚无理想的治疗方法。及时处理或隔离病龟,彻底消毒,对预防本病的发生和流行具有一定的作用。同时加强检疫,严防引入病原。

三十六、白血病

[**病因**]白血病是由致瘤病毒引起的以造血细胞为靶细胞的一种肿瘤性疾病,临床上有多种病型,且病程一般较长。本病的病原是白血病病毒。

[**症状**]有多种病型,其中以淋巴细胞性白血病最常见。该型病潜伏期较长,多为成龟发病。病龟进行性消瘦,衰弱下痢,黏膜苍白。剖检可见肝脏、脾脏和肾脏高度肿大。

[**防治**]目前尚无有效治疗方法。主要是采取综合性的防治措施,加强检疫。

三十七、霉菌毒素中毒

[**病因**]霉菌广泛存在,且种类繁多,其中有许多霉类在其增殖过程中能产生一种或多种毒素。在众多的毒素中,最常见的和危害最重的是由黄曲霉及其他一些霉菌所产生的黄曲霉素。用发霉变质的饲料喂龟,即可发生急性或慢性中毒。

[**症状**]中毒严重的龟,可不见任何临床症状而突然死亡。病情较缓者,生长发育受阻,间歇性下痢,食欲不振,消瘦贫血。

[**防治**]预防的关键是在于防止食物霉变,要经常注意饲料的贮运和加工,拒绝饲喂发霉变质的饲料。对于已发病的龟,要立即停喂发霉变质的饲料,改换新鲜的饲料,同时进行对症治疗。

三十八、食盐中毒

[**病因**]主要是由于日粮中的食盐含量超过其正常的摄入量。

[**症状**]当龟发生食盐中毒时,会出现食欲不振或完全废绝,喝水量明显增多。呼吸困难,伸颈呼吸。口鼻有黏性分泌物流出,水样腹泻,最后因衰竭和窒息而死亡。

[**防治**]发生食盐中毒时,要立即停喂含盐量较高的饲料,换上新鲜含盐量适量的饲料,同时经非胃肠的途径给予适当的利尿剂,加速过多盐分的排泄。

第六章　观赏兔

第一节　兔的种类

兔的种类很多,现饲养的家兔约有 50 种之多,其中有 45 个种类已被美国兔子繁殖者协会所承认。包括:美洲、美种费斯、美种狐狸、英式安哥拉、法式安哥拉、大型安哥拉、缎毛安哥拉、比利时野兔、比华伦、英种迷你、加州、忌廉、花明、美种金吉拉、大型金吉拉、标致金吉拉、玉桂、香槟、道奇、侏儒海棠、英国斑点、大型花明、花斑小兔、佛州大白、夏温拿、喜马拉雅、海棠、泽西长毛、拉拿、英种垂耳、法种垂耳、荷兰垂耳、迷你垂耳、荷兰侏儒、新西兰、柏鲁美路、波兰兔、力斯兔、小型力斯兔、维兰特、缎毛、磨光、银貂、美国黄褐色、狮子头、银狐(彩图 6-1～6-23)。

第二节　兔的生物学特性

兔是食草类单胃动物。喜欢独居,白天活动少,都处于假眠或休息状态,夜间活动大,吃食多。有啃木、扒土的习惯。喜欢安静、清洁、干燥、凉爽的环境。兔有食粪癖,喜欢直接从肛门吃粪,有时晚上也吃自己白天的粪便。因其下段肠管可吸收粪便中消化吸收的粗蛋白和维生素。

第三节　兔的价值

兔皮可以制衣;兔肉与其他畜禽肉相比,肉质细嫩,易于消化吸收。其营养成分具有"三高三低"的特点,即高蛋白、高赖氨酸、高磷脂;低脂肪、低胆固醇、低热量。适合大多数人食用,尤其对老年人、动脉粥样硬化及高血压患者更为适宜;儿童常食兔肉,有利于补钙、补血,促进脑组织发育;年轻妇女长期食用兔肉,可保持青春。

第四节　兔的饲料

兔是单胃草食动物,食谱广,饲料种类繁多。主要包括:青绿多汁饲料、粗饲料、能量饲料、蛋白质饲料、矿物质饲料、添加剂饲料六大类。

一、青绿多汁饲料

青绿饲料富含叶绿素,而多汁饲料富含汁水。此饲料包括各种新鲜野草、天然牧草、栽培牧草、青饲作物、菜叶、水生饲料、幼嫩树叶,非淀粉质的块根、块茎、瓜果类等。

青绿饲料的特点是:含水分大,体积大但单位重量含养分少,营养价值低,消化能较低因而单纯以青绿饲料为日粮不能满足能量需要;粗蛋白的含量较丰富。同时,青绿饲料的蛋白质品质较好,含必需氨基酸较全面,生物学价值高,尤其是叶片中的叶绿蛋白,对哺乳母兔特别有利。富含B族维生素钙,磷含量丰富,比例适当,还富含铁、锰、锌、铜、硒等必需的微量元素。青绿饲料幼嫩多汁,适口性好,消化率高,还具有轻泻、保健作用,是家兔的主要饲料。青绿饲料的种类繁多,资源丰富。常见的有以下几类:

1. 人工栽培牧草

常用的有苜蓿、三叶草、草木樨、苕子、黑麦草、紫云英(红花草)等。

2. 青饲作物

常用的有玉米、高粱、谷子、大麦、燕麦、荞麦等。

3. 叶菜类饲料

常用的有大白菜、小白菜等。

4. 根茎瓜果类饲料

常用的有胡萝卜、甜菜、木薯、甘薯、萝卜、胡萝卜、南瓜、佛手瓜等。

5. 树叶类饲料

多数树叶均可作为家兔的饲料,常用的有槐树叶、洋槐叶、榆树叶、茶树叶及药用植物如五味子和枸杞叶等。

二、粗饲料

粗饲料是指天然水分含量在 45％以下,干物质中粗纤维含量在 18％以上的一类饲料,主要包括:秸秆、干草、干树叶等。其特点是,体积大重量轻,养分浓度低,但蛋白质含量大,饲料总能含量高,消化能低,维生素 D 含量丰富,粗纤维含量高,难消化。

1. 秸秆

农作物子实收获以后所剩余的茎秆和残存的叶片,包括麦秸、稻草、高粱秸、玉米秸、谷草和豆秸等。这类饲料粗纤维含量高,可达 30％～45％,蛋白质含量低且品质差,钙、磷含量低且利用率低,适口性差,营养价值低,消化率低。

2. 青干草

由青绿饲料经日晒或人工干燥除去大量水分而制成。蛋白质品质较完善,胡萝卜素和维生素 D 含量丰富,是家兔最基本最主要的饲料。

三、能量饲料

能量饲料指干物质中粗纤维含量在 18％以下,粗蛋白质含量在 20％以下,消化能含量在 10.5 MJ/kg 以上的饲料。这类饲料适口性好,消化利用率高,其基本特点是无氮浸出物含量丰富,可以被家兔利用的能值高。含粗脂肪 7.5％左右,但主要为不饱和脂肪酸。蛋白质中赖氨酸和蛋氨酸含量少。缺乏胡萝卜素,但 B 族维生素比较丰富。

1. 玉米

因品种和干燥程度不同其养分含量有一定差异,养分以可溶性无氮浸出物含量较高,其消化率可达 90％以上,是禾本科子实中含量最高的饲料。其粗蛋白质含量为 7％～9％,在蛋白质的氨基酸组成中赖氨酸、蛋氨酸和色氨酸不足,蛋白质品质差。黄色玉米多含胡萝卜素,白色玉米则很少。玉米含硫胺素多,核黄素少,粉碎的玉米含水分高于 14％时易发霉酸败,产生真菌毒素,家兔很敏感,在饲喂时应特别注意。

2. 高粱

脱壳的高粱以含淀粉为主,粗纤维较少,可消化养分高。含磷多钙少。胡萝卜素和维生素 D 含量少,B 族维生素的含量与玉米相同,烟酸含量多。由于高粱中含有单宁,且高粱的颜色越深含单宁越多,而使其适口性降低,所以,饲喂时应限量,在饲料中深色高粱不超过 10％,浅色高粱不超过 20％。

3. 大麦

大麦的粗蛋白质含量高于玉米,且蛋白质的营养价值比玉米高。粗纤维含量为6.9%,无氮浸出物、脂肪含量比玉米少。钙和磷的含量比玉米稍多,含硫胺素多,核黄素少,烟酸含量非常多。

4. 麦麸

麦麸可分为小麦麸和大麦麸,麦麸是由种皮、糊粉层及胚组成,其营养价值因面粉加工精粗不同而异,通常面粉加工越精,麦麸营养价值越高。麦麸的粗纤维含量较多,脂肪含量较低,每千克的消化能较低,属低能饲料,粗蛋白质含量较高,质量也较好。含丰富的铁、锰、锌以及 B 族维生素、维生素 E、尼克酸和胆碱。钙少磷多,比例悬殊,且多为植酸磷。大麦麸能量和蛋白质含量略高于小麦麸。麦麸质地膨松,适口性好,具有轻泻性和调节性。

5. 米糠

稻子的加工副产品,一般分为细糠、统糠和米糠饼。细糠是去壳稻粒的加工副产品,由种皮、糊粉层及胚组成。统糠是由稻谷直接加工而成,包括稻壳、种皮、果皮及少量碎米。米糠饼为米糠经压榨提油后的副产品。细糠没有稻壳,营养价值高,与玉米相似,但由于含不饱和脂肪酸较多,易氧化酸败,不易保存。统糠粗纤维含量高,营养价值较差。米糠饼的脂肪和维生素减少了,其他营养成分基本保留,且适口性及消化率均有所改善。

四、蛋白质饲料

蛋白质饲料是指干物质中粗纤维含量在 18% 以下、粗蛋白质含量在 20% 以上的饲料。包括植物性蛋白质饲料、动物性蛋白质饲料、非蛋白氮饲料。常用的有:

1. 饼粕类

这是豆类子实及饲料作物子实制油后的副产品。压榨法制油后的副产品称为油饼,溶剂浸提法制油后的副产品为油粕。常用的饼粕有大豆饼粕、花生饼粕、棉子(仁)饼粕、菜子饼粕、胡麻饼、向日葵饼、芝麻饼等。

(1)大豆饼粕 是我国目前最常用的蛋白质饲料。与其他饼粕相比,异亮氨酸含量高,且与亮氨酸比例适当。色氨酸、苏氨酸含量也较高。这些均可添补玉米的不足,因而以大豆饼粕与玉米为主搭配组成的饲料效果较好。大豆饼粕中含有生大豆中的不良物质,在制油过程中,如加热适当,可使其受到不同程度的破坏。如加热不足,得到的饼粕为生的,则不能直接喂兔;如加热过度,不良物质受到破坏,营养物质特别是必需氨基酸的利用率也会降低。因此,在使用大豆饼粕时,要注意检测其生熟程度。一般可从颜色上判定,加热适当的应为黄褐色,有香味;加热不足或未加热的颜色较浅或呈灰白色,没有香味或有鱼腥味;加热过度的呈暗褐色。

(2)棉子饼粕　为棉子制油后的副产品。其营养价值因加工方法的不同差异较大。棉子脱壳后制油形成的饼粕为棉仁饼粕,粗纤维含量低,能值与豆饼相近似;不去壳的棉子饼粕粗纤维含量高。棉仁饼赖氨酸和蛋氨酸含量低,精氨酸含量较高,硒含量低。因此,在配合饲料中使用棉仁饼时应注意添加赖氨酸,棉子仁中含有大量色素、腺体及对家兔有害的棉酚。棉酚在制油过程中大部分与氨基酸结合为结合棉酚,对家兔无害,但家兔摄取游离棉酚过量或食用时间过长,可导致中毒。饲养中应引起高度重视。

(3)花生饼粕　适口性好,有甜香味,也是一种优质蛋白质饲料。去壳的花生饼粕能量含量较高,粗蛋白质含量为44%～49%,能值和蛋白质含量在饼粕中最高。花生饼的氨基酸组成不佳,赖氨酸和蛋氨酸含量较低,精氨酸含量特别高,在配合饲料中使用时应与含精氨酸少的菜子饼粕、血粉等混合使用。花生饼粕中含残油较多,在贮存过程中,特别是在潮湿不通风之处,容易酸败变苦,并产生黄曲霉毒素。家兔中毒后精神不振,粪便带血,运动失调,与球虫病症状相似,肝、肾肥大。该毒素在兔肉中残留可使人吃后患病。蒸煮或干热均不能破坏黄曲霉毒素,所以,杜绝使用发霉的花生饼粕。

(4)菜子饼粕　是油菜子制油后的副产品。有效价值较低,适口性较差。蛋氨酸含量较高,在饼粕中名列第二,精氨酸含量在饼粕中最低。磷的利用率较高,硒含量是植物性饲料最高的,锰含量也较丰富。菜子饼粕中含有较高的芥子苷,在体内水解产生有害物质,可造成中毒。因此,没有经过去毒处理的菜子饼粕一定要限制饲喂量。

(5)芝麻饼　含粗蛋白质40%左右,蛋氨酸含量高达0.8%以上,是所有植物性饲料中含量最高的。其赖氨酸含量不足,精氨酸含量过高,有很浓的香味。

(6)葵花子(仁)饼粕　营养价值决定于脱壳程度如何。脱壳的葵花子饼粕含粗纤维低,粗蛋白质含量为28%～32%,赖氨酸不足,蛋氨酸含量高,适口性好,铜、锰、铁含量及B族维生素含量丰富。

2. 豆类子实

有两类,一类是高脂肪、高蛋白质的油科子实,如大豆、花生等,一般不直接用作饲料;另一类是高碳水化合物、高蛋白的豆类,如豌豆、蚕豆等。豆类子实中粗蛋白质含量较谷实类丰富,且赖氨酸和蛋氨酸的含量较高,品质好,优于其他植物性饲料。除大豆外,脂肪约含2%左右,消化能偏高。矿物质与维生素含量与谷实类大致相似,维生素 B_1 和 B_2 的含量稍高于谷实类,钙含量稍高一些,钙磷比例不适宜。生的豆类子实含有一些不良物质,如大豆中含有抗胰蛋白酶、尿素酶、产生甲状腺肿的物质、皂素与血凝素等。这些物质降低了适口性并影响家兔对饲料中蛋白质的使用及正常的生产性能,使用时应经过适当的热处理。

3. 酒糟

就粮食酒而言,粮食中可溶性碳水化合物发酵成醇被提取,故留在酒糟中的其他营养物质,如粗蛋白质、粗脂肪、粗纤维与灰分等含量相应提高了,其消化率变化不大。各种酒糟干物质中,富含 B 族维生素,钙磷不平衡。喂酒糟易引起便秘,因此,在配合饲料中以不超过 40％为宜,并应搭配玉米、糠麸、饼类、骨粉、贝粉等,特别应多喂青饲料,以补充营养和防止便秘。

4. 鱼粉

由鱼类及渔业加工的副产品制成,是优质的动物性蛋白质饲料。含粗蛋白质较高,含有全部必需的氨基酸。还含有未知的动物蛋白因子,能促进养分的利用。鱼粉中的矿物质元素量多质优,富含钙、磷及锰、铁、碘等,还含有丰富的维生素 A、E 及 B 族维生素。

5. 肉粉

这是由废弃肉、动物内脏等经过高温、高压、灭菌、脱脂干燥制成。粗蛋白含量为 50％～60％;富含赖氨酸、B 族维生素、钙、磷等,蛋氨酸、色氨酸相对较少,消化率、生物学价值均高。

6. 饲料酵母

属单细胞蛋白质饲料,常用啤酒酵母制成。饲料酵母的粗蛋白质含量为 50％～55％,氨基酸组成全面,富含赖氨酸,蛋白质含量和质量都高于植物性蛋白质饲料,消化率和利用率也高。饲料酵母含有丰富的 B 族维生素,因此,在兔的配合饲料中使用饲料酵母可以补充蛋白质和维生素,并可提高整个日粮的营养水平。

五、矿物质饲料

矿物质饲料包括天然的单一矿物质饲料、工业合成的矿物质饲料、多种混合的矿物质饲料。常用的有:食盐、石粉、贝壳粉、蛋壳粉、石膏、硫酸钙、磷酸氢钠、磷酸氢钙、混合矿物质补充饲料等。

六、添加剂

添加剂是在配合饲料中加入各种微量成分,其作用是提高饲料的利用率,完善饲料的营养成分,促进兔的生长和疾病的预防。常用的有促进饲料的利用和保健作用的添加剂,如生长促进剂、驱虫剂等;防止饲料品质降低的添加剂,如抗氧化剂、防霉剂、黏结剂和增味剂等;补充饲料营养成分的添加剂,如氨基酸、矿物质和维生素等。

第五节　兔的饲养与管理

一、空怀母兔的饲养

空怀期就是指仔兔断奶到再次配种怀孕的一段时期,又称休闲期。

1. 空怀母兔的生理特点

休闲期一般为10~15天。如果采用频密繁殖法则没有休闲期,仔兔断奶前配种,断奶后就已进入怀孕期。空怀母兔由于在哺乳期消耗了大量养分,所以需要各种营养物质来补偿以提高其健康水平。

2. 空怀母兔的饲养

饲养空怀母兔营养要全面,在青草丰盛季节,只要有充足的优质青绿饲料和少量的精料就能满足营养需要。在青绿饲料枯老季节,应补喂胡萝卜等多汁饲料,也可适当补喂精料。空怀母兔应保持七八成膘的适当肥度,要调整日粮中蛋白质和碳水化合物含量的比例,对过瘦的母兔应增加精料喂量;过肥的母兔要减少精料喂量,增加运动。

二、怀孕母兔的饲养

母兔怀孕期就是指配种怀孕到分娩的一段时期。母兔在怀孕期间体内的代谢速度也随胚胎发育而增强,所需的营养物质,除维持本身需要外,还要满足胚胎、乳腺发育和子宫增长的需要。对怀孕母兔的饲养,主要是供给母兔全价营养物质。根据胎儿的生长发育规律,可以采取不同的饲养水平。

怀孕母兔所需要的营养物质以蛋白质、无机盐和维生素为最重要。蛋白质是组成胎儿的重要营养成分,无机盐中的钙和磷是胎儿骨骼生长所必需的物质。所以,保持母兔怀孕期,特别是怀孕后期的适当营养水平,对增进母体健康,提高泌乳量,促进胎儿和仔兔的生长发育具有重要作用。

三、哺乳母兔的饲养

母兔自分娩到仔兔断奶这段时期称为哺乳期。兔奶除乳糖含量较低外,蛋白质和脂肪含量比牛奶、羊奶高 3 倍多,无机盐高 2 倍左右。哺乳母兔为了维持生命活动和分泌乳汁,每天都要消耗大量的营养物质,而这些营养物质,又必须从饲料中获得。所以饲养哺乳母兔必须喂给容易消化和营养丰富的饲料,保证供给足够的蛋白质、无机盐和维生素。

饲喂哺乳母兔的饲料一定要清洁、新鲜,同时应适当补加一些精饲料和无机盐饲料,如豆饼、麸皮、豆渣以及食盐、骨粉等,每天要保证充足的饮水,以满足哺乳母兔对水分的要求。饲养哺乳母兔的好坏,一般可根据仔兔的粪便情况进行辨别。如产仔箱内保持清洁干燥,很少有仔兔粪尿,而且仔兔吃得很饱,说明饲养较好,哺乳正常;如尿液过多,说明母兔饲料中含水量过高;粪便过于干燥,则表明母兔饮水不足。如果喂了发霉变质饲料,还会引起下痢和消化不良。

四、种公兔的饲养

对种公兔的饲养要求是使其发育良好,体格健壮,性欲旺盛。种公兔的饲养水平会直接影响到配种和精液品质。因此,在饲养上要注意营养的全面性和长期性,特别是蛋白质、无机盐、维生素等营养物质,对保证精液数量和质量有着重要作用。

维生素与公兔的配种能力和精液品质有密切关系。青绿饲料中含有丰富的维生素,所以一般不会缺乏。但冬季青绿饲料少,或常年饲喂颗粒饲料而不喂青饲料时,容易出现维生素缺乏症。特别是缺乏维生素 A 时,会引起公兔睾丸精细管上皮变性,精子数减少,畸形精子数增加。如能及时补喂青草、菜叶、胡萝卜、大麦芽或多种维生素就可得到纠正。

无机盐对公兔的精液品质也有明显影响,特别是钙,亦为制造精液所必需。如果日粮中缺钙,则精子发育不全,活力降低。日粮中有精料供应时,一般不会缺磷,但要注意钙的补充,钙、磷比例应以维持 2:1 为好。对种公兔的饲养,除应注意营养的全面性之外,还应着眼于营养的长期性。

五、青年兔的饲养管理

青年兔是指生后 3 月龄到配种阶段的兔子,又称后备兔。

青年兔的特点是生长发育很快,体内代谢旺盛,对蛋白质、无机盐和维生素的需要多,对粗饲料的消化力和抗病力也逐渐增强。需要充分供给蛋白质、无机盐和维生素。饲料应以青粗料为主,适当补给精饲料,5 月龄以后需控制精料用量,以防过肥,影响种用。

第六节　兔的繁殖

一、繁殖生理特点

家兔的繁殖力强,每年可产 6～8 胎以上,每胎 6～10 只。母兔属双子宫类型,同时有两个子宫颈开口于阴道。4～5 月龄即开始性成熟,卵巢内即有能够与公兔精子结合受孕的卵子产生,此时便有发情表现。母兔的发情一般 15 天左右 1 次。家兔是刺激排卵动物,它的发情与排卵没有直接关系,如果母兔发情而不与公兔交配,就不排卵,成熟的卵泡就逐渐老化并被机体吸收再形成新的卵泡。母兔的发情表现是食欲减退,举止活跃,常用下颌摩擦食槽和笼门,外阴湿润红肿,而不发情的母兔外阴干涩苍白。母兔发情与公兔交配后,怀孕 30～31 天便可产仔,产仔后便可与公兔再次交配受孕,此特点被称为"血配"。

二、配种

1. 重复交配

即在第 1 次交配后 5～6 小时再用同 1 只公兔交配 1 次。重复交配的时间最好选在晚上 8:00—12:00 时,因晚上配种受胎率高。同时母兔配种后,用手轻拍臀部,引起子宫收缩,减少精子外流,以增加精卵结合的机会。

2. 双重交配

是由 1 只母兔连续与 2 只不同血缘关系的公兔交配,中间相隔时间不超过 20～30 分钟,这样能大大增加卵子的选择性,提高母兔的受胎率,同时因受精卵获得精子作为养料,使仔兔生活力强、成活率高。

3. 频密繁殖

频密繁殖又称"血配",即母兔在哺乳期内配种受孕,泌乳与妊娠同时进行。因血配容易受孕,每年可繁殖 8～10 胎,成活仔兔 50 只以上。采用频密繁殖后,种兔的利用年限缩短,一般不超过 1.5～2 年。

4. 人工催情

一是对乏情或无情的母兔,使用促使母兔发情排卵的激素催情,如肌注促卵泡生成素、静注促黄体生成素、肌注绒毛膜促性腺激素等。二是对长期不发情或拒绝交配的母兔,采用性诱催情法。将母兔放入公兔笼内,通过追逐、爬跨等刺激后,仍将母兔送回原笼,经过 2～3 次就能诱发母兔分泌性激素,促使发情、排卵。三是交配后给母兔肌注催产素,注射后 2～3 小时,母兔输卵管和子宫内的精子可分别增加 5～10 倍。对精子活力弱的公兔,注射此药可提高准胎率。

三、妊娠

家兔的妊娠期平均为 30 天。怀孕母兔的管理工作,主要是做好护理,防止流产。母兔流产多在怀孕后 15～25 天内发生。引起流产的原因很多,可分为机械性、营养性和疾病等。机械性流产多因捕捉、惊吓、不正确的摸胎、挤压等引起。营养性流产多数由于营养不全、饲喂发霉变质、冰冻饲料,或因突然改变饲料等引起。引起流产的疾病很多,如沙门氏杆菌病、巴氏杆菌病、生殖器官疾病等。管理怀孕母兔还需做好产前准备工作,一般在临产前 3～4 天就要准备好产仔箱,清洗消毒后在箱底铺上一层晒干敲软的稻草。临产前 1～2 天应将产仔箱放入笼内,供母兔拉毛筑巢。

四、分娩

母兔在临产前阴门红肿,并自动拉毛、衔草做窝。有些母兔不知拉毛,需人工帮助把乳头周围的毛撕下,铺在窝内。母兔在产仔时要特别注意安静,生产笼内光线不能过强。母兔分娩时边产仔边咬断脐带,边吃胎盘。同时舔干仔兔身上的血污和黏液。母兔产后急需饮水,因此,在母兔临产之前必须备好清洁饮水,避免母兔因口渴而发生吃仔兔的现象。

第七节 兔的常见病防治

一、结膜炎

结膜炎是家兔受病原微生物感染或外界刺激而引起的睑结膜、球结膜的急、慢性炎症。

[病因]

(1)机械性原因 草籽、被毛、尘沙、谷皮、草屑等异物落入眼内,眼睑内、外翻及倒睫,寄生虫的寄生,眼部外伤等均可引起。

(2)理化性原因 烟、沼气、石灰、氨等的刺激,化学消毒剂及分解变质眼药的刺激;紫外线的刺激,以及高温作用等。细菌感染,并发于某些传染病和内科病(如传染性鼻炎、维生素 A 缺乏症等),或继发于邻近器官或组织的炎症。

[症状]

根据炎症性质可分为黏液性结膜炎和化脓性结膜炎。

(1)黏液性眼结膜炎　也称普通结膜炎。初期,结膜轻度潮红、肿胀,分泌物为浆液性,且量较少。随着病程的发展,分泌物逐渐变为黏液性,量也开始增多,导致眼睑闭合。下眼睑及两颊皮肤由于泪水及分泌物的长期刺激而发炎,绒毛脱落。如不及时治疗,炎症将恶化,由表层向深层发展。病兔结膜高度肿胀,有时突出于眼球外,极度充血潮红,并附有黏液性的眼屎,进而发展为化脓性结膜炎。

(2)化脓性眼结膜炎　一般为细菌感染所致。眼睑黏膜剧烈充血和肿胀,眼睑增厚,特别是眼睑边缘,从眼睛里流出白色脓样液,导致眼睑常常粘在一起。病兔眼睛封闭,不能睁开,角膜浑浊,且常常发生溃烂,甚至穿孔而继发全眼球炎,使家兔变成瞎眼。此病在仔兔较为多发。

[诊断]根据临床症状,如眼睛的红肿、流眼泪、流脓等可以确诊。

[防治]

(1)预防　加强饲养管理,保持兔舍的清洁卫生、通风良好,防止污物、异物、尘埃对家兔眼睛的侵害以及发生眼部外伤;夏季避免强日光的直射;使用具有强烈刺激作用的消毒液消毒兔舍后,不要立即放入家兔;补充维生素 A。

(2)治疗　黏液性眼结膜炎:可对眼睛局部处理。用生理盐水洗涤后,在眼内涂上金霉素眼膏,每天 2～3 次;眼内滴入 0.5% 的金霉素眼药水、1% 的新霉素眼药水液,分泌物多时选用 1% 的明矾液 1～2 滴或 0.3%～0.5% 的硫酸锌滴液。疼痛剧烈者,可滴入 2%～5% 的普鲁卡因;避免光线刺激兔眼。化脓性眼结膜炎:病眼用上述方法洗涤处理后,在眼内滴入上述眼药水或涂上青霉素眼膏,眼角膜发生浑浊时,可用甘汞和注射葡萄糖粉等量混匀后吹入眼中。涂 1% 的黄氧化汞软膏,或鲜鸡蛋清 2 ml。同时进行全身治疗,肌肉注射青霉素,每千克体重 2 万～4 万单位,每天 2 次,连续 8 天。

二、中耳炎

中耳炎是指耳管及鼓室的炎症。

[病因]外耳道炎症、流感、化脓性结膜炎或传染性鼻炎等继发感染,均可引起中耳炎。感染的细菌一般为多杀性巴氏杆菌。多发生于青年兔及成年兔,仔兔较为少见。

[症状]患一侧性中耳炎时,病兔将头颈倾向患侧,使患耳朝下,出现回转、滚转运动,故又称“斜颈病”。两侧性中耳炎时,病兔低头伸颈。化脓时,体温升高,食欲不好,精神不振,听觉迟钝。鼓室内壁充血变红,积有奶油状的白色脓性渗出物,若鼓膜破裂,脓性渗出物可流出外耳道。

[诊断] 根据病兔表现的临床症状,如斜颈、听觉迟钝以及鼓室特有的病变可以确诊。

[防治]

(1)预防　兔发生结膜炎、鼻炎、外耳道炎等疾病时,要及时治疗,防止继发中耳炎。彻底清除巴氏杆菌的传染来源,建立无巴氏杆菌病的兔群。

(2)治疗　局部可用消毒剂洗涤,排液,用棉球吸干,滴入抗生素,也可全身应用抗生素。每只兔耳内注射 2 ml 食用醋精,每天 1 次,连用 3 天。

三、湿性皮炎

家兔的湿性皮炎是皮肤的慢性进行性疾病。本病又称为多涎病、垂涎病或湿肉垂病。

[病因] 引起家兔湿性皮炎的主要原因是颈下皮肤、下巴、颌下间隙和其他部分皮肤长期潮湿。饲养管理不良、垫草长期不换、自动饮水嘴漏水、不断浸湿皮肤或长期腹泻时,引起肛门及后肢发生湿性皮炎;或用瓦罐或盘盆饮水时不断将皮肤弄湿;慢性牙齿疾病,尤其是牙齿错位咬合而引起多涎。此外,各种原因引起的非传染性和传染性口炎也可引起流涎。

[症状] 颈下皮肤、颌下、颌下间隙,由于局部皮肤长期被浸湿,皮肤发炎,部分脱毛、糜烂、溃疡以及坏死,被细菌感染。多见于绿脓杆菌感染,使颌下被毛变绿,有人称其为"绿毛病""蓝毛病"。其次为坏死杆菌感染,感染可通过淋巴系统和血液向全身扩散。

[诊断] 根据颈下皮肤、颌下、颌下间隙等长期处于潮湿环境,病变部位脱毛、糜烂、溃疡以及坏死的临床症状可确诊。

[防治]

(1)预防　加强饲养管理,如经常更换垫草,用小口径水盆喂水,从而消除使皮肤长期潮湿的原因。

(2)治疗　剪去受害部位的被毛,用 0.1% 的新洁尔灭溶液或 3% 的双氧水洗净皮肤,涂擦碘酒,每天 1 次,连用 3 天。也可用广谱抗生素(如四环素)软膏涂擦。如感染严重,可全身应用抗生素。

四、脱毛症

本病是因营养不良而引起脱毛的一种疾病。

[病因] 因缺乏营养引起,一般成年兔较多,夏秋多发。

[症状] 皮肤表面无异常现象,断毛整齐(有如剪刀剪过一样)。

[防治] 增加饲料营养成分,最好给予全价饲料,以补充营养的不足。如若因补钙必须服用时应减量,因多吃鱼肝油脱毛,应立即停用。用 10％的樟脑酒精每天涂擦 1～2 次,有助于局部血液循环,促进毛的生长。

五、毛癣

本病是由小孢霉或菌毛癣霉所致的一种传染性皮肤病。

[病因] 自然感染,大多是由于在兔舍中、场地上以及吮乳和交配时的直接接触而传播。也可以通过刷拭用具、其他用具及饲养人员而间接传播。

[症状] 一种是以鼻、面或耳部的环形,突起带灰色或黄色痂为特征。可见于皮肤的任何区域。约在 3 周内痂皮脱落,随后呈现小的溃疡外观。可造成毛根和毛囊的破坏;另一种是在皮肤上出现环形,被覆闪光鳞屑的秃毛斑为主要特征。

[诊断] 根据临床症状可做出初步诊断,为了确诊,可取病变组织的新鲜标本做镜检,能发现真菌的分枝菌丝与特殊孢子。

[防治] 防止啮齿类动物接近兔笼或兔箱,注意日常的卫生措施。严格隔离或淘汰病兔,做好兔笼和刷拭用具的消毒。

在局部治疗前,应剪短患部的被毛,用一般防腐消毒药液清洗而除去痂皮污物。然后涂擦杀真菌药,如稀碘酊、10％的水杨酸软膏(或溶液)、10％的木溜油软膏、2％的福尔马林软膏。内服灰黄霉素进行全身治疗,每天每千克体重 25 mg,连用 14 天。

六、外伤

外伤是因外来的机械作用,引起皮肤或黏膜的损伤,而骨骼完整未有损伤的创伤。

[病因] 各种机械性的外力作用均可造成外伤。有恶癖的公兔会咬母兔。哺乳母兔产后缺水或环境剧烈刺激,也会咬伤仔兔。此外剪毛时的误伤等,均可造成兔皮肤和肌肉的损伤。

[症状] 外伤可分为新鲜创和化脓创。

(1)新鲜创 可见出血、疼痛和创口裂开。因致伤原因和程度而异。

(2)化脓创 患部疼痛、肿胀,局部增温,创口流脓或形成脓痂。有时会出现体温升高,精神沉郁,食欲减退。化脓性病症消退后,创内出现肉芽,变为肉芽创。

[诊断] 根据临床症状可以做出诊断。

[防治]

(1)预防 消除笼舍内的尖锐物;笼内养兔密度不宜太大,公兔、母兔应分笼饲养;根据哺乳母兔的泌乳能力,适当调整哺乳仔兔的数量,以防咬伤哺乳母兔的乳头。

（2）治疗　轻伤,局部剪毛涂碘酒即可痊愈;对新鲜创,首先是止血,可局部应用止血粉。必要时全身应用止血剂,如安络血、维生素 K、氯化钙等。清创,先用消毒纱布盖住伤口,剪除周围被毛,用生理盐水或用碘酒消毒创围。除去纱布仔细清除创内异物和脱落组织,反复用生理盐水洗涤创内,并用纱布吸干,撒布磺胺粉或青霉素粉,然后包扎或缝合。全身治疗可肌肉注射青霉素、链霉素各 20 万单位,每日 2 次。

七、脓肿

本病多系皮肤小伤口感染而引起的脓性肿胀。

[**病因**] 皮肤小伤口感染,或病菌经血流、淋巴转移至皮下,或注入药物刺激。

[**症状**] 头部、眼眶、躯干、四肢和腹部发生肿胀,个别体温升高,精神不振,食欲减退。

（1）急性浅在脓肿　局部增温、肿胀、疼痛,中央逐渐柔软,有波动感,皮肤变薄、脱毛,皮肤有自溃排脓的。

（2）急性深在脓肿　突然发现皮肤、皮下组织肿胀,触诊有疼痛感,有指压痕,脓肿成熟后波动感不太明显,但影响肢体活动,穿刺流脓。

[**诊断**] 皮肤某处有肿胀,初有热痛感,后有波动感或波动不明显,穿刺有脓汁（有的针腔有稠脓）。有的（慢性）纤维组织增生,穿刺有干酪样脓液。

[**防治**] 加强饲养管理,充分补给维生素 A、B、C。如发现本病,应及时治疗。初期红肿未化脓时,局部剪毛涂碘酒,以免进一步化脓,或涂碘酒后加涂鱼石脂软膏。如肿胀已柔软,针刺有脓液,即剪毛涂碘酒消毒,切开脓肿,排脓后再用消毒液冲洗,填入碘酒引流,隔日冲洗后撒入磺胺粉。症状严重的,需要全身输液治疗。

八、冻伤

冻伤是由于寒冷造成的机体组织的浅层和深层损伤。

[**病因**] 严寒季节兔笼舍保温差、湿度大,易造成冻伤,致使兔和哺乳仔兔皮肤损伤,甚至死亡。常发生于机体末梢、被毛少及皮肤薄嫩之处,如耳、足部等。

[**症状**] 多发生在兔耳部等的皮肤上,由于程度不同,可呈现下列症状:一度冻伤,局部发红、稍温热、肿胀、疼痛;二度冻伤,炎症部位更明显,局部出现充满透明液体的水疱,水疱破溃后,形成溃疡,愈后留有瘢痕;三度冻伤,冻伤部位组织坏死、皱缩、干枯,以后坏死组织分离脱落。哺乳仔兔在产箱外受冻后全身皮肤发红、发绀,很快死亡。

[**诊断**] 根据发生的季节,结合临床症状可以确诊。

[防治]

(1)预防　注意兔笼舍的保温,用草帘、草席遮盖兔笼,在兔笼内多加垫草等。在冬季,母兔产仔完毕后要清点仔兔,如有在窝箱外的立即放进窝箱内。

(2)治疗　将家兔转移到温暖处,对受冻部加温,从低温开始,如先用8～16℃的温水浸泡。局部干燥时,涂擦油脂。为缓和肿胀,促进消散,可涂碘甘油,擦1%的碘溶液、3%的樟脑软膏(冻疮软膏)等。出现水疱后,先排出其中液体,然后涂擦水杨酸氧化锌软膏(水杨酸4%,氧化锌软膏96%)、碘甘油、抗生素软膏等,以预防或消除感染,改善局部血液循环,促进炎性肿胀的消散,提高组织的修复能力。对三度冻伤,先清除坏死组织,然后用2%硼酸溶液冲洗,再撒布磺胺粉、碘仿磺胺粉(碘仿10%、磺胺90%)等,或涂擦碘仿软膏。如果冻伤仔兔较多,用250瓦红外线照射,使兔处于30～35℃的环境中,逐渐复苏。

九、烧伤

本病是因化学物质或高温引起的局部组织发生损伤,前者称化学性烧伤,后者为高温性烧伤。

[病因]火焰以及热的固体、液体、气体及剪毛时在烈日下暴晒;强酸、强碱、磷作用于兔体等。

[症状]

(1)酸性烧伤　局部蛋白质凝固,形成厚痂,伤面干燥(呈干性坏死),周缘分界清楚,肿胀较轻。

(2)碱性烧伤　对组织破坏力、渗透力强,可皂化脂肪。

(3)磷性烧伤　局部损伤较重,并被吸收损害肝脏、肾脏。

(4)一度烧伤　仅局部皮肤表层损伤,充血,有轻微热、疼、肿,1周左右可自愈。

(5)二度烧伤　损伤达皮肤浅层或皮肤深层,皮肤有残留,出现痛性水肿,皮肤有血浆渗出。

(6)三度烧伤　皮肤全层烧焦,有时可达肌肉或骨,形成焦痂。伤后可发生休克、血尿、中毒、肺脏水肿。

[诊断]通过了解兔是否有接近开水、热铁、火焰、热砖,或强酸、强碱、磷等使皮肤造成损伤。

[防治]加强饲养管理,勿使兔接近热源和强酸、强碱、磷等物质。如发现病兔应立刻移放于保温、安静处,并采取止痛、强心,给予1%的食盐水或碳酸氢钠水和注射青霉素。烧伤局部根据发病原因予以治疗。

(1)高温烧伤　眼部用2%～3%的硼酸水冲洗;皮肤烧伤用5%的鞣酸液冲洗,而后涂龙胆紫,或涂10%的大黄粉香油浸泡液。

（2）化学烧伤　强酸烧伤用5％的碳酸氢钠液冲洗；强碱烧伤用食醋或1％的醋酸冲洗；苛性钠烧伤用5％的氯化铵液冲洗；磷性烧伤用1％的硫酸铜涂于患部，然后用镊子夹去患部，再用大量冷开水冲洗，并以5％的碳酸氢钠棉花湿敷，以中和磷酸。

十、脱肛及直肠脱

直肠后段仅内层黏膜脱出肛门外则称为脱肛，直肠后段全层脱出于肛门外称为直肠脱。

[病因]　主要原因是直肠壁组织松弛，直肠黏膜下层组织和肛门括约肌松弛和机能不全。腹内压增高是促使直肠向外突出的原因，当兔慢性便秘、长期腹泻、直肠有炎症时，病理性分娩或用刺激性药物灌肠后引起强烈努责，营养不良、长期患慢性消耗性疾病、年老体弱，某些维生素缺乏等是本病发生的诱因。

[症状]　发病初期仅在排便后见少量直肠黏膜外翻，为粉红或鲜红色，但仍能恢复。如进一步发展，脱出部分不能自行恢复，引起水肿淤血，呈暗红色或青紫色，容易出血。最后黏膜坏死、结痂，并附有粪便、兔毛和草屑。如伴有直肠或小结肠套叠时，脱出的肠管较厚而硬，且可能向上弯曲。

[诊断]　根据直肠黏膜脱出肛门可以确诊。

[防治]　加强饲养管理，适当增加光照和运动，保持兔舍清洁干燥，及时治疗消化系统疾病。发病的要及早治疗，主要是及时施行整复术并防止其再脱出，方法如下：轻者用0.5％的高锰酸钾液、0.1％的新洁尔灭液或3％的明矾水等清洗消毒后，提起后肢，使脱出部分慢慢复位；重者脱出时间长，水肿严重，甚至部分黏膜已发生坏死时，用消毒液清洗消毒后，小心剪除坏死组织，轻轻整复，并伸入手指，判定是否套叠或绞扭。整复困难时，用注射针头刺水肿部，用浸有高渗液的温纱布包裹，并稍用力挤出水肿液，再行整复。整复后肛门做荷包缝合，但要松紧适度，以不影响排便为宜。为防止剧烈努责时复发，可在肛门上方注射1％的盐酸普鲁卡因液3～5 ml。脱出部分坏死糜烂严重，整复回纳体内亦不能恢复其组织机能时，或是无法整复时，则行截除手术。

十一、腹壁疝

腹壁疝主要是外伤性腹壁疝，是由于外伤或腹压加大，导致腹壁肌肉破裂所致。

[病因]　本病主要发生于长毛兔。因拔毛手法不当所致。拔毛时，每撮毛抓得太多，又用力过猛，撕裂了腹壁的肌肉，腹腔内容物从肌肉破裂处脱出形成腹壁疝。

[症状]　病兔常见的脱出物有肠管、膀胱、脂肪等。在病兔腹壁上形成圆形或椭圆形的肿块，病程短的病兔，肿块一般较柔软，无炎症反应，细心触摸疝的基部，可摸

到较硬的疝环,挤压时内容物还会缩回腹腔;如膀胱脱出,尿会随挤压而排出,肿胀很快减小;病程长的病兔,往往有红、热、痛等炎症反应,肿块坚硬,由于炎症渗出粘连,挤压时,脱出物很难缩回腹腔。疝内容物被嵌闭时出现疝痛症状。

[诊断] 根据触摸病兔的肿块,结合直肠检查可以确诊。

[防治] 主要通过手术修补病兔疝孔。手术前,先禁食 12 小时以上;手术时将兔后高前低固定在倾斜的木板上,仰卧保定。术部要先拔光被毛,消毒后用镊子提起皮肤再切开,细心分离疝囊,将内容物送回腹腔,用细丝线连续缝合疝孔和皮肤切口;术后切口处涂上青霉素油剂或其他抗菌药物软膏。如疝孔已发生炎症,术后要向腹腔注入 20~40 ml 生理盐水青霉素溶液。每天肌肉注射抗菌药物,连续 3 天。

十二、骨折

兔的骨折多见于长骨,特别是胫腓骨和肱骨折断、碎裂。骨折时伴有周围组织不同程度的损伤。骨折一般分为开放性和非开放性两种。

[病因] 多为跌撞、打击和压挤等外力所致。最易发生在四肢骨,大多为闭合性骨折。如兔笼底板的结构不合理,空隙之间的宽窄不一致,可能由于失足把一条肢陷入空隙,家兔挣扎骚动,易发生四肢长骨骨折。

[症状] 临床上骨折可分为开放性骨折和非开放性骨折。

(1)开放性骨折 可发现骨的断端暴露,易被感染。

(2)非开放性骨折 可见局部红肿,疼痛敏感,骨折部肿胀、变形,跛行。活动时骨折端出现骨摩擦音。完全骨折可见骨折点以下的骨头呈游离状。

[诊断] 根据患肢疼痛不敢下地、骨骼不是在关节的地方滑动、触诊时有骨骼摩擦音等临床症状,可以做出诊断。

[防治] 笼底板的空隙要宽窄一致,以防兔失足。在大多数情况下,病兔以淘汰为好。如果是良种兔,医疗价值大,则可采用下列方法治疗皮肤肌肉没有损伤的骨折:先将患肢骨折向纵轴方向牵引,使两断端相对,再进行接骨,用二根大小合适的竹片夹住固定,再用纱布捆扎。幼兔经 10 天,成年兔经 21 天,骨骼即可愈合,然后拆去固定的竹片;皮肤及肌肉损伤的骨折,先在骨折肢的上部剪毛,用碘酒消毒,局部麻醉。接着以环状切开皮肤;处理患部,彻底止血后,缝合皮肤,在创口处撒上磺胺结晶粉,最后如上法包扎固定好。同时全身应用抗生素,如肌肉注射青霉素,每次 20 万单位,每日 2 次,防止感染。

十三、创伤性脊柱骨折

家兔创伤性脊柱骨折又名背部损伤、截瘫或断背。这是由于椎骨的移位或脱臼,使脊髓受到机械性损伤而导致瘫痪的一种外科病。

[病因] 引起家兔脊椎骨折的主要病因,一是捕捉兔子不得法,二是保定方法不对,造成家兔剧烈挣扎所致。例如,抓兔的腰部,因剧烈挣扎,使沉重的后躯得不到支持,便因扭转作用到腰荐接合部,第 7 腰椎体或第 7 腰椎后侧关节突是最常见的骨折部位。此外,兔笼内设施制作是否合理,兔笼叠层的高低与脊柱骨折也密切相关。

[症状] 有时骨骼的断端固定在原位,脊髓性休克消失,脊髓机能得到某种程度的恢复(轻瘫),但终生得不到完全恢复。兔椎骨的移位或脱臼可以用于探测受伤部位,脊髓损伤断离可造成家兔后躯完全或部分运动麻痹,皮肤感觉丧失。如果延误几天,则臀部可形成褥疮,并出现溃疡,出现膀胱充盈、血液尿素氮升高、尿毒症病症和肛门周围沾有稀粪等常见的症状,最终死亡。

[诊断] 根据典型的症状一般不难做出诊断,必要时可通过 X 光摄影进一步确诊。

[防治] 本病目前无有效的治疗方法。严重病例作淘汰处理。脊髓影响轻微的病例有时能自然康复。为防止本病的发生,抓捉和保定兔时,一只手大把抓住兔的颈后松皮,轻轻提起,另一只手托住兔的臀部并握住后肢,这样可以防止背腿方向的运动。如要控制头部,可将两耳向后方捋,用抓住颈背皮肤的同一只手握住。抓兔时切忌抓腰部,以免发生脊椎骨折的意外事故。

第七章　观赏鹿

第一节　鹿的种类

鹿在动物分类上属于哺乳动物纲、偶蹄目、鹿科,是反刍的野生经济动物。根据古动物学的资料,鹿起源于亚洲,中国大陆是鹿类发展的中心。鹿科动物包括许多起源于同一祖先的种和亚种。鹿的亚种在角的构造、体型和毛色等方面各有特点,尽管它们的表现型相类似,但在遗传上却具有差异。

鹿在世界上分布很广,共有 50 多种,几乎世界各地均有鹿的分布。在我国境内分布的鹿有 19 种,主要有梅花鹿、马鹿、白唇鹿、黑鹿、驯鹿和坡鹿等。其中梅花鹿、马鹿、白唇鹿、黑鹿已开始大批驯养。

一、梅花鹿(彩图 7-1)

梅花鹿分为 5 个亚种:东北亚种、北方亚种、南方亚种、山西亚种和四川亚种。

梅花鹿在我国主要分布于东北、华北、华南、西南、四川等地区,是一种中型的鹿,头不大,略呈方形或长方形,耳稍大、直立,颈毛发达,四肢匀称,毛色鲜艳美丽。

东北梅花鹿毛稀短无绒,呈棕色或棕红色。体色较浅,较明显的白色斑点大而稀少,由颈部到尾基,沿脊柱有一条 2~4 cm 宽的棕色或黑色背线。公、母鹿眼下均有一对泪窝,公鹿出生后第 2 年生出锥形角,第 3 年生分杈角。发育完全的角为四杈角。东北梅花鹿成年公鹿体重为 110~150 kg,母鹿体型较小,体重为 70 kg。

北方亚种体色深,后足及耳较短,颈部鬣毛密,白斑清晰。体长 140 cm,肩高100 cm,尾长 15 cm。

南方亚种呈明亮的棕黄色,腹部淡棕色,肩高 100 cm,尾长 20.5 cm,耳长 21.4 cm。

山西亚种体型小,体色暗灰,颈部无毛,体侧白色斑点不清晰,体重 82.5 kg,体长 152.5 kg,肩高 107 kg,尾长 20.3 kg。

四川亚种体型较大,后足甚长,颈部无鬣毛,体侧白色斑点小而密,体毛、背侧均为深红色。

二、马鹿(彩图 7-2)

马鹿是大型鹿,身体之大仅次于驼鹿。北美洲产的马鹿是个体最大的亚种,有的体重能超过 400 kg。我国产的各亚种中,天山马鹿是仅次于北美马鹿的大型鹿。

我国有马鹿 3 个亚种:东北亚种、甘肃亚种、藏南亚种。

东北亚种产于长白山地区,夏毛为红棕色或栗色,冬毛为灰褐色或灰棕色。体型大,成年公鹿体重 230~300 kg,肩高 130~140 cm。母鹿体重 160~260 kg,肩高 120 cm 左右。

天山马鹿背部和体侧毛色为棕灰色,腹毛深褐色,颈毛发达,背中线不甚明显。肩高 140 cm,体重约 250~300 kg。

在我国,虽然马鹿已经被定为国家二类保护动物,但至今仍然是事实上的"狩猎兽"。由于野生的梅花鹿几乎被打光了,野生的马鹿就成了野生鹿茸最主要的供应者。就价格而论,马鹿的青茸仅次于梅花鹿的黄茸,居第二位,比白唇鹿的岩茸和黑鹿的春茸都高,比驼鹿茸和驯鹿茸就更高了。所谓"关东青茸"就是东北马鹿的茸。

除了经济价值之外,也不可忽视马鹿的稀有性。我国所产的各马鹿亚种中,除了东北亚种黄臀马鹿和阿尔泰亚种阿尔泰赤鹿在外国动物园能见到一些之外,其他如天山亚种天山马鹿、甘肃亚种白臀鹿、昌都亚种白鹿、西藏亚种寿鹿、叶尔羌亚种叶尔羌赤鹿等,在国外只保存有标本,活的基本上都是见不到的。

三、白唇鹿(彩图 7-3)

除 20 世纪 70 年代初,我国送给斯里兰卡一对(现存 1 只)和 80 年代初送给尼泊尔一对白唇鹿外,其他任何国家都没有见过这种中国特产的鹿。它的产地只限于青藏高原,包括西藏和青海的大部地区、甘肃中部和东南部、四川西部和北部。它是高山区的动物,一般生活在海拔 3000~4000 m 以上的山地,夏季甚至能上升到 5000 m,活动于高山灌丛或高山草甸区。身上有厚密的长毛,不畏风雪严寒,以山草和灌木嫩枝叶为食,是非常顽强耐苦的鹿种。

白唇鹿的主要特征,正如其名所示,就是有一个纯白色的下唇,白色且延续到喉上部和吻的两端,所以亦可称为白吻鹿。在甘肃、青海等地,俗名叫做黄鹿或草鹿,只产于我国,为单型种,是稀有特产珍贵动物。成年白唇鹿体长 210 cm,肩高 125～130 cm,头略呈等腰三角形,全身毛色成黄褐色或暗褐色。

四、黑鹿(彩图 7-4)

在湖南南部多水的山林里,还有一种"假四不像",就是黑鹿。越过湘粤边境,到了广东北部的山区,人们叫它水鹿;在四川产地,它的名字是黑鹿;到了云南,人们又叫它马鹿;听说海南岛上的人还叫它水牛鹿。

黑鹿是一种大型鹿,身体粗壮,比驯鹿更为高大,和麋鹿差不多。黑鹿有两个亚种,产于四川北部、云南、广西等地区。我国产的黑鹿,雄的肩高可达1.25～1.3 m,体重可达 200 kg。雌鹿较小,重约 130～140 kg。毛色一般黑褐,颈和尾的颜色更深。毛十分粗杂。尾巴虽比不上真正的四不像长,但比起其他各种鹿也算是长的。雄鹿有粗大的角,一般长达七八十厘米,粗达十七八厘米,最长纪录是 1.25 m。这种鹿的茸角,虽不如梅花鹿和马鹿的鹿茸价值高,但较优于驼鹿、驯鹿,过去为我国西南各省的主要土特产,每年收购数量相当大。现在它已被列入第二类保护动物名单。

五、海南坡鹿(彩图 7-5)

"坡鹿"是海南岛上的俗名,分类学上的名称叫艾氏鹿,也叫眉杈鹿。共有三四个亚种。在我国唯一的产地是海南岛。

坡鹿的大小和梅花鹿差不多,属于中型鹿。肩高在 105～110 cm 之间,体重在60～100 kg 之间,身上也有白斑,背部也有黑色中线。它的最主要特征是角形特殊,不同于梅花鹿乃至其他各种鹿。坡鹿的角有一个大而弯的眉杈,和后面的弯曲主枝接连起来,形成一个大角度的弧形。主枝下面不分杈,看来好像没有次杈、三杈,其实是分杈位置较高,长到主枝上端来了。由于眉杈特别发达,所以外国著作中大都叫它眉杈鹿。

六、驼鹿(彩图 7-6)

驼鹿是真正的野生动物。它的分布区不像驯鹿那样靠北,在我国可以分布到大小兴安岭的北纬四十七八度一带。《动物学大辞典》给它起了个名字叫"麋"。这就更容易使之同"麋鹿"相混淆。还是叫它"驼鹿"最为相宜,因为它身体高大如骆驼,四条长腿也有一点像骆驼,肩部特别高耸,略似驼峰。

驼鹿是世界上所有鹿中个体最大、角也最大的鹿。头很大,脸特别长,脖子非常短,鼻子肥大而下垂,喉下有肉柱,上有许多垂毛,躯体十分雄壮短粗,四条腿却又细长得不成比例。雄鹿的角与别的各种鹿的角形状都不同,不是枝杈形,而是扁平的铲状,中间宽阔似仙人掌,四周生出大量的尖杈,最多可达三四十个。每只角的长度可超过 1 m,最长的竟达 1.8 m,宽度能达 40 cm。两只角的重量就达三四十千克。那支撑着如此巨大的角的身体,不用说也是大得可观了。在阿拉斯加曾经发现过肩高超过 2 m、体长将近 3 m、体重达到 650 kg 的大驼鹿。在兴安岭猎获的驼鹿,没有超过 500 kg 重的,毛色也较淡。

七、驯鹿(彩图 7-7)

驯鹿和麋鹿在外形上的区别较大,即使外行人也不难一眼看清。麋鹿是尾巴最长的鹿,驯鹿的尾巴却极短。麋鹿的角好似没有眉杈,各杈皆向后发展,驯鹿却有非常复杂的向前生长的角杈,而且它是唯一雌雄皆长角的鹿种。在体形毛色上也有不少差别。二者唯一相同之处,就是蹄子扁平宽大,间距较宽,悬蹄发达。这是因为麋鹿原来生活在沼泽和湿地,而驯鹿则长期活动在冰天雪地,二者都需要这种类型的蹄子。

我国没有真正野生的驯鹿。鄂温克族人所豢养的驯鹿,估计现有 1000 多头,不知当初是从哪儿得来的。它们与西伯利亚及北欧各少数民族养的驯鹿,习性上基本相同,都是属于半饲养、半野生的状态。

第二节　鹿的生物学特性

一、鹿的生活习性

鹿多生活于森林边缘或山地草原、灌木林草山、离水源近、食物较多的地方。但栖息地也随着季节而变换,冬季多在阳坡、洼地和积雪较少的地方;春秋则在旷野或森林疏地觅食;夏季则在阴坡,密林内隐蔽的地方栖息。鹿生活有群集性和游牧性。如川鹿时常有几十只或几百只一小群,游泳过海,翻山越岭,做几十千米或几百千米远游迁涉。但梅花鹿活动范围相对比较固定,范围一般在 5~15 km² 。梅花鹿性情温顺,善奔跑跳跃,听觉、嗅觉发达,视觉稍差,胆小易惊,常白天栖息,晨昏采食、饮水和活动。活动时具有群居性。当鹿群遇敌害或受惊吓时,鹿常惊慌、恐惧、愤怒,两耳直立、臀毛逆立、咬牙、跺足、尖叫,翻起尾巴散发一种特殊的分泌物逃跑。奔跑时鹿能跳过 1 m 以上高的障碍物,跳远达数米以上,以摆脱敌害的威胁。梅花鹿对气候变化特别敏感,怕热不怕冷,怕风不怕雨雪,可在 25℃ 的气温下生存。当气温下降、雨雪降落之际,鹿群非常活跃,撒欢蹦跳,仰望天空等。鹿爱清洁,喜安静,听觉、视觉、嗅觉敏锐,善于奔跑等特性是在漫长的自然进化中形成的,并与环境条件有关。

二、繁殖的季节性变化

我国饲养的温带鹿,繁殖有明显的季节性,发情配种集中在 9—11 月份,并可以延续到翌年 3 月上旬。产仔集中在 5—7 月份。

三、食性

鹿为草食动物,能比较广泛地利用各种植物,尤其喜欢食各种树的树枝。放牧的鹿能采食 400 多种植物,甚至能采食一些有毒植物。

鹿的摄食行为包括有采食和进食两种行为,但二者又往往结合进行,即边采食边进食。鹿对食物有一定的选择性,主要选择鲜嫩的食物,这类食物蛋白质、维生素含量高而且容易消化。家养鹿对食物的选择性很小或无,但鹿仍先吃细嫩部分,后吃粗糙部分。所以家养鹿饲料要多样化,使鹿有选择的余地。

鹿是边游走、边采食、边吞咽。鹿无上门齿而有齿垫,下腭有切齿。采食时舌不外露,而是靠齿垫和切齿咬住枝叶。配合头的前伸和上抬动作将食物切断,纳入口内。采食时嘴张得不大,大约 3 cm,以选择植物和撕咬住相应部位。仔鹿生后几天就仿效采食,2 周龄后能采食细嫩的叶片。

鹿一般在采食 1.5～2 小时后开始反刍,一昼夜反刍 5～6 次,每次咀嚼 6～8 次。当然这与鹿种、饲料质量、环境条件有关。

鹿 1 天饮水 4～6 次,饮水 5～20 L,这与鹿种、食物、气候的关系很大。鹿站立饮水,上下唇伸进水面,屏气将水吸入口内,吸 5～10 口后呼吸 1 次再吸水。饮水一般无明显规律性。在采食期间、采食后和反刍前后都能饮水。鹿不饮有气味的水。

四、集群性

鹿的集群活动是在自然界生存竞争中形成的,有利于防御敌害、寻找食物和隐藏。鹿的群体大小,既取决于鹿的种类,也取决于环境条件。如驯鹿野生群可达数十只或数百只,马鹿为几只或几十只。鹿群组成一般以母鹿为主,带领仔鹿和亚成体鹿,在交配季节里,1～2 只公鹿带领几只或十几只母鹿和仔鹿,活动范围比较固定,当遇到敌害时哨鹿高声鸣叫,尾毛炸开飞奔而去。

五、嬉戏行为

鹿的嬉戏行为是互相间情感、行动的沟通。幼鹿的嬉戏行为比成鹿频繁,老龄鹿基本上无嬉戏行为。

放牧鹿的嬉戏行为比圈养鹿频发、突然,有时令人担心。因为在放牧过程中,鹿群会突然奔跑,跑出 400～500 m,然后返回。一般经 3～5 个回合,在领牧员的吆喝下停止奔跑。鹿奔跑时两后肢同时用力蹬地,身体腾空,前肢前伸,腰背平展呈飞鹿形。在腾空的后半程弓腰缩腹,后肢前曲,前肢后曲集于腹下,后肢先落地,前肢后落地,瞬间后肢再次蹬地腾空。腾空高度,梅花鹿达 1.0～1.6 m,马鹿并不比梅花鹿高;跳越障碍时并不需助跳,而是"旱地拔葱",梅花鹿、马鹿可跳 2.0～2.5 m。

六、可塑性和防卫性

鹿的生态可塑性是鹿在各种条件下所具有的一定适应能力。人们就是利用可塑性来改变动物某些不适于人类要求的特性,使其更好地为人类服务。

鹿在自然生存竞争中是弱者,是肉食动物捕食对象,也是人类猎取的目标。它本身无御敌武器,所以逃跑是唯一的办法。鹿的奔跑速度快、跳跃能力强、感觉敏锐、反应灵活、警觉性高也是其一种保护性反应。

七、换毛季节性

鹿的被毛每年更换两次,春夏之交脱去冬毛换夏毛,秋冬之交又换上冬毛。夏毛稀短,毛色鲜艳;冬毛密长,颜色灰暗无光。

第三节　鹿的价值

养鹿业是野生动物驯养业的一部分,在我国有很久的历史。人类开始驯化野生动物为家畜的时候,我们的祖先就已经开始接触到鹿。鹿的经济价值很高,可以说全身都是宝。

一、鹿茸

茸是鹿的主要产品,是传统名贵药材。我国明代的《本草纲目》记载:"鹿茸能生精补髓,养血益阳,强筋健骨,益气强志。"现代医学研究证明,鹿茸有调节机体代谢,促进各种生理活动的作用。

目前我国有鹿 50 余万只,年产茸 100 余吨。我国的马鹿茸和梅花鹿茸驰名中外,畅销日本、韩国、泰国、新加坡、印度尼西亚等国。这些国家已将鹿茸作为仪器的添加物,作为儿童发育和老人延年益寿的佳品。出口 1 kg 鹿茸可换取外汇 700～800美元。鹿茸还是社交活动时馈赠亲朋好友的珍品。

二、鹿角

鹿茸钙化(老化)成骨样叫鹿角。鹿角也可入药,有温肾阳、强筋骨、行血消肿的功能。主治阳痿遗精、腰膝酸冷、乳痈肿痛等症。

鹿角还可制胶,称为鹿角胶,也是一味中药。有温补肝肾、益精血的作用。主治阳痿遗精、崩漏带血、便血尿血诸症。鹿角尚能制成鹿角霜,它有温肾助阳、收敛止血的效果。主治脾虚阳虚、食欲减退,白带、遗尿、频尿等症。

三、鹿血

鹿血为鹿科动物梅花鹿和马鹿的血液,系名贵中药。自古以来就是宫廷皇族、达官显贵治病健身的珍品,以其为主的复方制品被称为"仙家服食丹方"。明代李时珍则对鹿血的医疗作用做了较为详细的研究,在《本草纲目》中记载为"大补虚损,益精血,解痘毒、药毒"等,并提出"有效而服之者,刺鹿头角间血,酒和饮之更佳"的服用方法。清皇室更行此道,据徐珂《清稗类钞》云:"文宗御守时,体多疾,面常黄,医谓鹿血可饮,于是养鹿百数十,日命取血以进"。英法联军入京时,咸丰"咯疾大作,令取鹿血以供,仓卒不可得,遂崩"。近代,通过动物实验和临床研究证明了鹿血确实具有养颜美容、治疗贫血、调节免疫、延缓衰老、改善记忆、抗疲劳、改善性功能等多项治疗保健作用。

鹿血含水量为80％～81％,有机物占16％～17％,其中主要是蛋白质。蛋白质中富含19种氨基酸及多种酶类,另外还含多种脂类、游离脂肪酸类、固醇类、磷脂类、激素类、维生素类和多糖类等。灰分占3％～4％,并含多种常量和有益微量元素。特别是鹿血中还含有Y-球蛋白、胱氨酸、赖氨酸、与心脏机能相关的磷酸肌酸激酶、覆酶等。

四、鹿肉

鹿肉是高蛋白、低脂肪、低胆固醇的动物食品。氨基酸丰富,除脯氨酸、甘氨酸和胆固醇的含量低于牛肉外,其他成分均高于牛肉,而且母鹿肉营养价值高于公鹿肉。瘦肉率高于牛和鸡。目前市场上每500 g鹿肉售价100～150元。老鹿淘汰之后也能卖个好价。

五、鹿尾

鹿尾,也是一味中药。有暖腰膝、益肾精的功效。主治肾亏遗精及头昏耳鸣、腰痛等。

六、鹿鞭

公鹿的睾丸及阴茎称"鹿鞭",亦是名贵中药,为男士专用品。其有补肾壮阳的奇效。主治阳痿、肾虚耳鸣、劳伤和宫冷不孕等。"三鞭酒"即有鹿鞭的成分。

七、鹿骨

鹿的骨骼也可入药。有补虚弱,壮筋骨之功效。主治四肢疼痛,筋骨冷痹。鹿骨还可熬制骨胶和制成骨粉(作为饲料中的矿物性添加剂)。

八、鹿胎

鹿胎为鹿的完整子宫、胎儿、胎盘、羊水的统称。鹿胎含人体不能合成的氨基酸和铜、锌、钼、钒、硒、钙、蛋白质、维生素。鹿胎可制成"鹿胎粉"。鹿胎有壮阳益肾、补血调经、补虚生精的作用,主治精血不足、宫冷不孕等。

九、鹿筋

鹿四肢上的肌腱称筋。鹿筋既是一道高档菜肴,也是一味药材。有壮筋骨的作用,主治风湿性关节痛和脚转筋等。鹿筋还可制成医疗上用的缝合线。

十、鹿心

鹿的心脏能治疗因惊吓、疲劳过度、长期神经衰弱而引起的心动过速和心血亏损等疾病。能养气实血,安神,治疗心悸气短、失眠健忘、气血两亏,增强血液循环,医治心忙心跳、风湿性心脏病、心绞痛等症。

十一、鹿肾

鹿肾能补肾气、安五脏,治疗肾炎、肾虚、耳鸣等效果明显。

十二、鹿肝

鹿肝具有益血补脾驻颜的功效;对维生素 A 缺乏症有明显疗效;对治疗女性贫血、小儿衰弱有明显疗效;对甲肝、乙肝及各类肝病、眼病的治疗也有其特效。

十三、鹿脂

鹿脂温中散寒通肌理,治痛肿、四肢不随、面疮等。

十四、鹿肚

鹿肚能补肝、滋血明目,治疗肝脏虚弱、血虚萎黄、夜盲、目赤等。

十五、鹿油

可治疗痛乳死肿,面皮干疮皮,柔皮肤,通腰理。

十六、鹿皮

鹿皮薄而柔软,除制作裘皮服饰、手套、钱包外,还是高级光学仪器的擦拭材料。

第四节　鹿的饲料

一、植物性饲料

1. 粗饲料

主要包括干草类、秸秆类(荚皮、藤、蔓、秸、秧)、树叶类(枝叶)、糟渣类等。其特点是体积大,难消化,可利用养分少,干物质中粗纤维含量在 18% 以上。但其来源广,种类多,产量大,价格低,是鹿冬春季节的主要饲料来源。

(1)干草　是青草或其他青饲料植物在未结籽实以前收割下来,经晾干制成的。由于干草仍保持部分青绿颜色,故又称青干草。干制青饲料的目的,主要是为保存青饲料中的有效养分,并便于随时取用。青饲料晒制后,除维生素 D 增加外,多数营养物质都比青贮饲料损失多。

(2)稿秕饲料　稿秕是稿秆和秕壳的简称。稿秆主要由茎秆和经过脱粒后剩下的叶子所组成;秕壳则是由从籽粒上脱落下来的屑片和数量有限的小的或破碎的颗粒构成。大多数农业区都有相当数量的稿秕可用作鹿的饲料。稿秕类饲料不仅营养价值低,消化率也低。

(3)枝叶饲料　大多数树木的叶子(包括青叶和秋后落叶)及其嫩枝和果实,都可用作鹿的饲料,且营养较高。树叶很容易消化,不仅能作鹿的维持饲料,而且可以用作鹿的生产饲料。

2. 青饲料

主要包括天然牧草、人工栽培牧草、叶菜类、根茎类、青绿枝叶、青割玉米、青割大豆等。

(1)紫花苜蓿 为多年生的豆科植物,具有耐寒、耐旱特性,每年可收割2~4次。它是多种动物都喜食的牧草,其总能量、可消化能、代谢能和可消化粗蛋白质均较高。一般每千克优质紫花苜精粉相当于0.5千克精饲料的营养价值,必需氨基酸含量比玉米高,其赖氨酸含量比玉米多5.7倍,并含有多种维生素和微量元素。

(2)青刈玉米 是青饲料中较好的饲料。玉米产量高,含丰富的碳水化合物,味甜,适口性好,质地柔软,营养丰富,鹿很喜欢吃。

(3)青刈大豆 茎叶柔嫩,合纤维较少,含蛋白质多,脂肪较少,氨基酸含量丰富,是鹿的优质青饲料。

(4)青绿枝叶 种类很多,但用作鹿饲料的主要有柞树枝叶、柳树枝叶、胡枝子(薯条)等。

3. 精饲料

精饲料包括禾本科籽实(能量饲料)、豆粉籽实(蛋白质饲料)及其加工副产品。

(1)玉米 玉米籽实是鹿的基础饲料之一。玉米产量高,其所含能量浓度很高,但玉米的蛋白质、无机盐、维生素含量较低,特别是缺乏赖氨酸和色氨酸,蛋白质品质较差。因此,饲喂玉米时应补充优质蛋白质、无机盐和维生素饲料。玉米含有丰富的维生素A原——β胡萝卜素。

(2)高粱 高粱籽实是一种重要的能量饲料。去壳高粱与玉米一样,主要成分为淀粉,粗纤维少,易消化,营养高。但胡萝卜素及维生素D的含量较少,B族维生素含量与玉米相当,烟酸含量少。高粱中含有鞣酸,有苦味,鹿不爱采食。

(3)大麦 大麦是一种重要的能量饲料,其粗蛋白质含量较高。鹿可大量饲喂大麦,饲喂时将大麦稍加粉碎即可,粉碎过细影响适口性,整粒饲喂不利于消化,因而易造成浪费。

(4)豆科籽实 是一种优质的蛋白质和能量饲料。由于豆科籽实有机物中蛋白质含量较谷实类高,故其消化能较高。特别是大豆,含有很多油脂,故它的能量价值甚至超过谷实中的玉米。无机盐与维生素含量与谷实类大致相似,不过维生素B_2与维生素B_1的含量有些种类稍高于谷实。含钙量虽然稍高一些,但钙磷比例不适宜,磷多钙少。

(5)豆饼和豆粕 是养鹿生产中最常用的主要植物性蛋白质饲料,营养价值很高,而价格又较豆类低廉。

(6)麦麸 包括小麦、大麦等麸皮,是来源广、数量大的一种能量饲料,其饲用价值一般和米糠相似,大麦在能量、蛋白质、粗纤维含量方面都优于小麦麸。

麦麸的适口性较好,质地膨松,具有轻泻性,是妊娠母鹿后期和哺乳母鹿的良好饲料,但饲喂幼鹿效果稍差。

4. 块根块茎类饲料

(1)胡萝卜　是养鹿场秋、冬和春季良好的维生素补充饲料。胡萝卜营养丰富,香甜适口,易于消化。

(2)饲用甜菜　甜菜作物按其块根中的干物质与糖分含量的多少,可大致分为糖用甜菜和饲用甜菜两种。

饲用甜菜是秋、冬、春三季很有价值的多汁饲料,它含有较高的糖分、无机盐类以及维生素等营养物质。其粗纤维含量低,易消化。

二、无机盐饲料

1. 食盐

钠和氯都是鹿所需要的,为了补充这两种物质,必须喂给食盐。补给食盐的多少还应考虑鹿的体重、年龄、生产力、季节和饮水中盐的含量等因素。

2. 含钙饲料

(1)石粉　主要是指石灰石粉,为天然的碳酸钙。石粉中含纯钙35%以上,是补充钙最廉价、最方便的矿质原料。此外,大理石、白云石、熟石灰、方解石、石膏、白里石等都可作为含钙饲料。

(2)蛋壳粉和贝壳粉　为新鲜蛋壳与贝壳烘干后制成的粉末,一般含碳酸钙96.4%,折合含钙量为38.6%。

3. 含磷饲料

(1)骨粉　系动物骨骼经粉碎加工制成的。钙、磷含量均高,且比例适宜,是鹿的优质钙、磷补充饲料。但有异味的骨粉,鹿拒食。

(2)磷酸氢钙　系富含磷的饲料,一般钙的含量为21%,磷的含量为16%。

三、特殊饲料

所谓特殊饲料,是指尿素、单细胞蛋白质饲料、抗菌素饲料、添加剂饲料等。其特点是来源于工业产品,营养成分单一或具有某种特殊作用,多用作饲料的补充剂。随着科学技术的发展,特殊饲料已在养鹿生产中得到利用和推广。

1. 非蛋白氮(尿素)

尿素是人工合成的有机化合物。尿素含氮46%左右,一般为白色晶体,易溶于水,味微咸苦。反刍动物利用尿素等非蛋白氮作为合成蛋白质氮的来源。非蛋白氮在反刍动物消化道内转变成菌体蛋白,在消化酶的作用下,和天然蛋白质一样被反刍动物消化利用。

2. 抗生素

抗生素(如金霉素、土霉素等)不仅能治疗和预防某些疾病,而且具有提高消化率、促进幼鹿生长的作用。

3. 单细胞蛋白质饲料

(1)酵母 可代替一部分蛋白质饲料,并能够提供丰富的 B 族维生素。

(2)微型藻 以小球藻的利用较为广泛。小球藻产量高、营养丰富、适口性好。

第五节 鹿的饲养与管理

鹿的饲养是否科学、合理,是关系到养鹿成功的大事。应符合其生物学特性和生理特点,使其发挥最大的遗传潜力,以达到预期的经济效果。

一、公鹿的饲养

1. 恢复期与生茸前期的饲养管理

这时期应喂给豆饼(粕)、鱼粉、麦麸,甚至喂给鸡蛋、奶粉,使公鹿产生优良的精子和有旺盛的配种力。要喂给优质的骨粉或磷酸氢钙,还要喂给催情饲料,如大麦芽、大葱、胡萝卜等。粗料以鲜嫩为主,如鲜树枝叶、籽粒成熟前的玉米、青割大豆、苜蓿、三叶草,但精料在喂后 30 分钟需将剩料清除。

在管理上,公鹿经过配种期后,食欲逐渐恢复,精料增加应由少到多,切不可骤然大量投喂。精料每天定时投喂两次,青、粗饲料充足时,可任其自然采食。对体质较差的老、弱鹿应分出小群或单圈精心饲养。

2. 生茸期公鹿饲养管理

茸公鹿食欲旺盛,体重增加,鹿茸快速生长,鲜茸日均增重:如花二杠茸 14 g左右,花三权茸 44 g 左右,马四权茸 60~70 g。生茸期公鹿没有大量的蛋白质、维生素、矿物质是长不好鹿茸的。粗饲料要尽量做到多样化。马鹿相应地增加 1 倍。添加剂饲料需视本场实际情况,缺什么添什么,一不要乱添,二不要添伪劣品。

在管理上,应均衡定时饲喂。精料每天喂 2~3 次,饮水要清洁充足,青饲料来源丰富的地区可任其自由采食。对圈舍、运动场及饲喂用具等要经常打扫清洗。夏季气候炎热,在运动场内应设遮荫棚,有条件的还可增设淋浴设施。

3. 配种期的饲养管理

种公鹿是鹿场财富的源泉。种公鹿在配种期性冲动激烈,争偶激烈,食欲下降,个别甚至废食,能量消耗大,参加配种的公鹿体力消耗更大。因此,要特别注意饲养。种公鹿在收茸后要单独组群或单圈饲养。因种公鹿食欲减退,精料要少而精,重质量。日粮应选用适口性好、维生素含量高的块根类多汁饲料及幼嫩的青绿饲料。

在管理上,精料每天定时饲喂两次,对个别体质差或特别好斗的公鹿最好实行单圈饲养,以防意外事故发生。运动场及栏舍要经常检查维修,清除场内一切障碍物。为防止公鹿间互相斗角造成伤亡,应实行单公单母或单公群母配种法。对大群非配种公鹿,亦应有专人轮流值班,防止顶架或穿肛。公鹿角斗后,不宜立即饮水,以防发生异物性肺炎。

二、母鹿的饲养管理

饲养母鹿的基本任务是为了繁殖优良的仔鹿。一般鹿的妊娠期为 220～240 天。根据母鹿在不同生产阶段对营养物质的要求特点,一般可分为三个阶段,妊娠期、配种期和哺乳期。

1. 妊娠母鹿

妊娠母鹿代谢旺盛,食量增加,比较好养,虽处在冬季,但不需特殊照顾,关键是粗料要质量好数量足,尽量做到二三种粗饲料混合饲喂。精料每天 1.0～1.2 kg。其中:玉米 50%～60%、豆饼 20%～30%、麸皮 10%～15%、盐 15 g、骨粉 15～20 g;马鹿增加 1 倍。3—5 月是母鹿妊娠后期,胎儿快速发育,胎儿体重 80% 以上是在分娩前 1 个月增长的。精料每天 2.0～3.0 kg,其中豆饼占 30%～35%,可每天喂鱼 10～15 g,以补充蛋白质的不足;马鹿喂量增加 1 倍。初产母鹿不仅要保证胎儿发育,还要维持自身的生长,蛋白饲料应比成年母鹿高些,可用鱼粉来调节,应喂胡萝卜,以解决维生素 A 的不足。

2. 种母鹿

配种母鹿最容易饲养,但在断乳后就应给予足够的营养物质,若过瘦则发情晚或不发情,当然也不能过胖。母鹿配种期以粗饲料为主。此期饲料好解决,要喂饱。还要喂给胡萝卜、大萝卜、大麦芽、大葱等催情饲料。

在管理技术上,对配种母鹿应分群管理,一般先将仔鹿断乳隔离,然后参加配种。但由于有部分母鹿产仔较迟,因此,有的鹿场采取的母鹿带仔参加配种的方法,受胎率也较高。在配种期间应有专人值班,观察和记录配种情况并防止发生意外伤亡事故。同时注意控制交配次数,在一个发情期中一般不超过 2～3 次为宜。配种结束后,应与公鹿分养,并应注意不要强行驱赶或惊吓,以防引起流产。

3. 哺乳母鹿

母鹿哺乳期(5—8月),饲养很重要,关系到仔鹿的生长发育和母鹿的再生产能力。母鹿哺乳时间大约70~90天。仔鹿营养来自母乳,所以母鹿的粗饲料,一是要多样化,二是要新鲜并营养丰富。母鹿哺乳期正逢夏季,应注意防暑。此时饲料条件好,但阴雨天多,饲料应添在饲槽内。母鹿在此期内,有的由于护仔关系,性情凶恶,甚至主动攻击饲养人员,要注意提防。

三、幼鹿的饲养

幼鹿是指生后到翌年年末时的鹿。此时生长快速,代谢旺盛,不但蛋白质饲料质量要高,还要保证足够的矿物质饲料和维生素饲料。

幼鹿的饲养管理分为三个阶段,分别是哺乳仔鹿阶段、离乳仔鹿阶段和育成鹿阶段。

1. 乳仔鹿

养好仔鹿的目的是提高其成活率和生产性能。实践证明,产后第1天仔鹿能否吃上初乳是成活的关键。仔鹿出生能站立起来时,母鹿便叉开后肢将乳房给仔鹿吸吮。一般产后2~3小时仔鹿就可以吃到初乳。

仔鹿哺乳时间大约70~90天,其主要饲料是母乳。此期饲养的关键是补饲,即可补充母乳营养之不足,又可刺激胃肠发育和锻炼消化机能。仔鹿出生后15天就能采食饲料,出现反刍,所以要设补饲槽,补给煮熟的大豆、玉米面、豆饼等混合料。因吃得少,要少给,不限量,及时将剩食撤走。还可补给嫩树叶、嫩草和菜蔬类。要注意饮水。

在管理上,仔鹿随母鹿进入大群后,须有固定的栖息和补饲场所。各地经验证明,在母鹿舍内设置仔鹿保护栏也是保护仔鹿安全、减少疾病发生、有效补饲和提高成活率的有效措施。此外要保持栏内清洁,经常打扫,并注意观察,发现异常及时处理。

2. 离乳仔鹿

仔鹿离乳的时间一般在8月下旬,可以采取一次性断乳或分批断乳。断乳仔鹿初期鸣叫不安,影响采食,经3~5天可恢复正常。离乳仔鹿粗饲料既要鲜嫩好消化有营养,又要多样化,少给勤添不限量。每天饲喂3~4次。饲养员对仔鹿的护理应耐心细致,进入鹿舍时应呼唤接近,动作切忌粗暴,这样有利于对幼龄期进行驯化培育。此外,要注意鹿舍及饮水的清洁卫生,特别注意防止仔鹿下痢,如有出现应及时处理。

3. 育成鹿

育成鹿是从幼鹿转向成鹿饲养的过渡时期。饲养的好坏决定着其后的生产能力和生育价值。日粮中的精料为混合精料、豆类籽实、禾谷类籽实、糠麸类。在管理上，最重要的是按公母分群饲养，以防因早配而影响生长发育。有条件的鹿场对育成鹿可实施放牧，以利于其生长发育及驯化。

第六节　鹿的繁殖

一、鹿的繁殖生理特点

1. 性成熟和初配年龄

鹿的生殖器官开始产生成熟的具有受精能力的生殖细胞即为性成熟。到了性成熟期，公鹿睾丸中季节性地产生出成熟的精子，母鹿卵巢中季节性、周期性地排出成熟的卵子。

一般梅花鹿和东北马鹿出生后 15～18 个月龄开始性成熟，即在生后的第 2 秋季，个别发育好的梅花鹿生后 7～8 个月龄即表现出性成熟。达到性成熟之后的幼龄公母鹿虽然具有繁殖能力，但有的体小或性成熟过早的则不适于参加配种，因为过早配种与妊娠不仅会影响幼鹿的身体发育和产生弱小的仔鹿，而且还会降低鹿的生产性能。

2. 鹿的性行为

鹿的性行为的表现形式为求偶、爬跨、射精、交配结束。发情公鹿追逐发情母鹿，闻嗅母鹿尿液和外阴之后卷唇，当发情母鹿未进入发情盛期而逃避时，昂头注目、长声吼叫；若发情母鹿已进入发情盛期，则驻立不动，接受爬跨。公鹿两前肢附在母鹿肩侧或肩上，当阴茎插入阴门后，在 1 秒钟内完成射精动作。公鹿的交配次数，在 45～60 天的实际交配期里，梅花鹿达 40～50 次，高峰日达 3～5 次，每小时最高达 5 次；马鹿达 30～40 次，高峰日达 3～5 次。一般来说，梅花鹿交配次数高于天山马鹿，而天山马鹿又高于东北马鹿。母鹿受配次数：马鹿为 1.3～1.6 次，其中，仅交配 1 次的占 80% 左右。

影响性行为的因素有：①遗传因素。进入成年后的母鹿较稳定。②外界环境和气候因素。如哄赶鹿群时，阴雨天气、早晚凉爽时，性行为都明显活跃。③性经验。配过种的种公鹿表现明显、充分、能力强；而性抑制，尤其对初配公母鹿受惊吓、鞭打以及生人或陌生景物的突然出现,轻者引起交配时机错后或错过,重者则使种公鹿失去配种能力。④配前性刺激。例如采取试情配种,迟放种公鹿,可引起种公鹿性行为表现充分,性冲动时间长。

3. 鹿的发情规律

(1)发情期 鹿是每年季节性多次发情的动物。在我国北纬 41°以北地区,茸鹿的发情交配期是每年秋季 9—11 月份,梅花鹿有时可延续到翌年 2—3 月份。梅花鹿的正常发情交配期为 9 月 15 日至 11 月 15 日两个月,旺期为 9 月 25 日至 10 月 25 日约 1 个月时间。

(2)发情高峰日的发情率 第 1 个发情期里,发情高峰日的发情率梅花鹿为 11%～15%,马鹿 15%～19%。

(3)发情周期 茸鹿在发情季节里,每经过一定的间隔时间出现 1 次发情现象,即相邻两次排卵的间隔时间视为发情周期,梅花鹿一般为 12～16 天,马鹿为 16～20 天。

(4)发情持续时间 母鹿在每次发情时持续一段时间。该段时间又分为初期、盛期和末期,其中,盛期指母鹿性欲亢进并接受交配的一段时间。梅花鹿的发情持续时间一般为 24～36 个小时,发情经 11～12 个小时进入盛期;马鹿为 24 个小时左右,发情经 6～7 个小时进入盛期。

(5)产后第 1 次发情 梅花鹿一般为 130～140 天,马鹿一般为 115～130 天。个别在 8—9 月份,甚至 10 月初产仔的健康壮脚鹿,如果仔鹿死亡或断乳,仍可在 11 月 15 日以前发情、受配、妊娠。

(6)母鹿的发情规律 鹿为季节性多次发情动物,在北方发情交配是每年秋季 9—10 月间,有时延迟到 11 月份。鹿的发情周期为 12 天左右,每次发情持续时间约为 12～36 个小时,中间为发情旺期。旺期多半在开始发情的 12 个小时,在发情旺期配种容易受孕。

(7)公鹿的发情规律 公鹿的性活动也有季节性,一般在 8 月中旬开始有发情表现。公鹿发情时特别不安,极度兴奋,为占有母鹿发生激烈斗争,食欲减退,性情粗暴,吼叫。公鹿以早、晚发情最为旺盛。

4. 鹿的发情表现

鹿的发情表现包括它们的精神状态和行为表现、生殖道变化、卵巢变化 3 个方面。公鹿表现为争斗,顶木质物、顶母鹿甚至顶人。磨角盘,扒地、扒坑、扒水,泥浴,长声吼叫、卷唇,边抽动阴茎边淋尿,摇头斜眼、泪窝开张。食欲减退或不食,颈围增粗皮增厚,缩腹呈倒锥形。母鹿发情初期兴奋不安,游走、叽嘴,有的鸣叫,对公鹿直视引逗,但拒配。发情盛期驻立不动,举尾、弓腰、接受爬跨,有的泪窝开张,阴门肿胀,带有蛋清样黏液,摆尾频尿,嗯嗯低呻。发情末期逃避公鹿追逐,变得安静、喜卧,阴门口黏液变少黏稠,颜色从橙黄色、茶色到褐红色,并多粘连在阴毛上。

二、鹿的配种

1. 配种准备工作

首先,应根据历年的产茸情况、种用能力及育种方向选择好种公鹿,产茸量高的作种公鹿。要求产茸量:梅花鹿锯标准三杈茸,鲜重单产在 3.5 kg 以上,马鹿为 5.5 kg(三杈)或 7.5 kg(四杈)以上。并从 7 月中旬后加强种公鹿的饲养。

对繁殖母鹿应于 8 月中旬断乳,并按年龄、体况及育种规划组成配种群。对母鹿也应加强饲养,进入配种期应达到中上等膘情,但不宜过肥。并应合理地安排好公、母鹿舍,准备好配种记录。

2. 配种方法

鹿的配种方法有群公群母配种法、单公群母配种法、试情配种法、定时放对配种法和人工受精法。但是常用的方法是单公群母一配到底法。具体方法是,梅花鹿应于 9 月 10 日,马鹿应于 9 月 5 日前后将 1 头种公鹿放入母鹿群内,如公鹿没有特殊情况,直至配种结束时拨出。

三、影响鹿发情的因素

1. 光照和气温

光照、气温和气候等条件对鹿发情的早晚起着重要作用。每年长日照时期正是鹿的乏情期,短日照时为发情期。9 月以后日照缩短,气温也下降,这种自然条件能引起鹿的发情。

2. 饲养条件

鹿发情早晚主要取决于鹿的营养和健康状况,由于各类营养不良而造成的瘦弱和患病的母鹿发情晚或不发情。因此改善鹿的饲养管理、采取有效措施对公母鹿发情均有促进作用。

3. 激素

公鹿的睾丸中产生大量雄激素则表现发情,母鹿发情是卵巢的生理活动产生大量雌性激素的作用。

四、鹿的妊娠与产仔

1. 妊娠

母鹿经过交配,以后不再发情,一般可以认为其受孕了。母鹿交配后精子与卵子结合在一起在子宫体内着床叫妊娠,也叫受胎。另外,从外观上可见受孕鹿食欲增加,膘情愈来愈好,毛色光亮,性情变得温顺,行动谨慎、安稳,到翌年 3—4 月份时,在没进食前见腹部明显增大者可有 90% 以上的为妊娠。茸鹿的妊娠期长短与茸鹿的种类、胎儿的性别和数量、饲养方式及营养水平等因素有关。梅花鹿的妊娠期约为235 天,马鹿约为 250 天,怀母羔比公羔的长 1~3 天。对妊娠期的长短起主要作用的因素是母鹿各季节的饲养管理和母鹿的个体特点。

2. 产仔

母鹿于产仔 1 个月左右,乳房开始膨胀,至临产前 1~2 天,膨胀的乳房发红,常流出乳汁。临产前常不采食,起卧不安,呻吟,急跑吼叫,外阴红肿,流出黏液,随即产出胎儿。胎儿产出时间一般为 30~40 分钟,最多为 2 小时左右,若超过正常产仔时间,应根据具体情况给予助产。个别的初产鹿或恶癖鹿看见水胞后,惊恐万状,急切地转圈或奔跑。大部分仔鹿出生时都是头和两前肢先露出,少部分鹿两后肢和臀先露出,也为正产。除上述两种胎位外都属于异常胎位,需要助产。

五、产仔注意事项

第一,产仔圈要求清洁,产仔期到来之前要彻底消毒,并垫好干净的褥草。在整个产仔期应每 10 天进行 1 次产仔圈消毒。

第二,产仔期要保持安静,谢绝参观。

第三,产仔期要设专人看护,发现难产应及时处理;发现恶癖鹿要及时采取措施,并应密切注视产后仔鹿的各种异常情况,有病的应及时治疗。

第四,产仔哺乳期圈内应设仔鹿保护栏。

第五,应填好产仔记录。

第七节　鹿的常见病防治

鹿的疾病有很多,下面简单介绍几种鹿的常见病。

一、结核病

结核分枝杆菌分三型,即牛型、人型和禽型。各型除对本型属动物易感外,对其他动物和人均可感染。鹿结核病原多为牛型。

由于损害部位不同,其症状也不一致。肺结核表现为咳嗽,先为干咳后为湿咳。肠结核表现为反复下痢。患结核病后普遍表现进行性消瘦、贫血,鹿生存年限明显缩短。

对于这种疾病,对体质较差或低产的鹿可以淘汰;对有利用价值的可用异烟肼和链霉素治疗。对健康鹿群和新生仔鹿进行卡介苗预防接种是防止此病发生的一种方法。

二、大肠杆菌病

本病多发于仔鹿和幼鹿,以胃肠道炎症为主要特征,常引起仔鹿白痢。

大肠杆菌为革兰氏阴性杆菌,种类繁多,在自然界广泛存在。患病的鹿下痢呈白色、恶臭,体温升高至 39～41.5℃,昏睡。随后,体温下降到 37℃以下,脱水中毒而死亡。育成鹿离群独处,粪便干燥与腹泻交替发生,有时带血。

用抑菌药磺胺脒、庆大霉素、氯霉素、痢特灵、氟哌酸等可治疗此病。当然,加强产房和圈舍的消毒也是预防此病的关键。

三、仔鹿下痢

仔鹿下痢是新生仔鹿较常见的一种疾病,尤其是卫生条件较差、体质瘦弱的鹿发病较多。如果不及时治疗,极易死亡。鹿产仔大多在 5—7 月份,如果这段时间里圈舍阴暗潮湿,污水蓄积,仔鹿长期躺卧在不洁净而又潮湿的地上,加上吮吸母鹿脏奶头,并且新生仔鹿胃腺尚未形成,对胃肠病抵抗能力弱,很容易发生本病。

病初,由于母鹿有舔食仔鹿肛门的习惯,所以不易发现病变。约经 2～3 天后,病仔鹿精神沉郁,被毛无光泽,耳下垂,不吃奶,弓背,低头,昏迷酣睡,四肢冷厥,腰部蜷缩,眼球凹陷,多数病仔鹿拉白色糊状病便,气味恶臭,病便污染肛门、尾及后肢的被毛,饮欲增加。

本病应着重于预防。产仔鹿季节要搞好圈舍卫生,经常打扫,定期消毒。雨季圈舍内不要有积水。一旦发生本病,可用乳酶生 1.5 g、木炭末 1.5 g、土霉素粉 0.5 g,1 次灌肠,并让病仔鹿自饮 0.25％高锰酸钾溶液。用等渗糖 250 ml、强示心 2 ml,1 次静脉注射。并结合用下列中药,如乌梅 15 g、干柿 15 g、诃子肉 15 g、先连 10 g、姜黄 10 g、猪苓 10 g、甘草 10 g,水煎,分 2 次内服,日服 2 次,可获较好效果。

第八章　观赏禽类

第一节　禽的种类

禽类有很多种,总体来分有家禽和特禽。就观赏角度来说,家禽一般分为鸡、鸭、鹅;特禽分为山鸡、鸽子、鹌鹑、火鸡、乌骨鸡、鹧鸪等。

一、鸡的品种

经 1979—1982 年全国性品种资源调查,编写出《中国家禽品种志》,共收入地方品种 52 个。鸡品种 27 个,分为蛋用型、兼用型、肉用型、玩赏用型、药用型和其他六型。

鸡的主要品种有白来航鸡、洛岛红鸡、新汉夏鸡、横斑洛鸡、白洛鸡、白科尼什鸡、澳洲黑鸡、狼山鸡、丝羽乌骨鸡等。

下面就我国鸡的品种来具体介绍三种鸡。

1. 仙居鸡

原产于浙江省中部靠东海的台州地区,重点产区是仙居县,分布很广。体型较小,结实紧凑,体态匀称秀丽,动作灵敏活泼,易受惊吓,属神经质型。头部较小,单冠,颈细长,背平直,两翼紧贴,尾部翘起,骨骼纤细;其外形和体态,颇似来航鸡。羽毛紧密,羽色有白羽、黄羽、黑羽、花羽及栗羽之分。跖多为黄色,也有肉色及青色等。成年公鸡体重 1.25～1.50 kg,母鸡 0.75～1.25 kg,产蛋量目前变异度较大。

2. 大骨鸡(彩图 8-1)

又名庄河鸡,属蛋肉兼用型。原产于辽宁省庄河县,分布在辽东半岛地处北纬

40°以南的地区。单冠直立,体格硕大,腿高粗壮,结实有力,故名大骨鸡。其身高颈粗,胸深背宽,腹部丰满,墩实有力。公鸡颈羽、鞍羽为浅红色或深红色,胸羽为黄色,肩羽为红色,主尾羽和镰羽为黑色有翠绿色光泽,喙、跖、趾多数为黄色。母鸡羽毛丰厚,胸腹部羽毛为浅黄色或深黄色,背部为黄褐色,尾羽为黑色。成年公鸡平均体重3.2 kg 以上,母鸡 2.3 kg 以上。平均年产蛋量 146 只,平均蛋重 63 g 以上。

3. 北京油鸡

原产于北京市郊区,历史悠久。具有冠羽、跖羽,有些个体有趾羽。不少个体颌下或颊部有胡须。因此人们常将这三羽(凤头、毛腿、胡子嘴)称为北京油鸡的外貌特征。体躯中等大小,羽色分赤褐色和黄色两类。初生雏绒羽为土黄色或淡黄色,冠羽、跖羽、胡须明显可以看出。成年鸡羽毛厚密蓬松,公鸡羽毛鲜艳光亮,头部高昂,尾羽多呈黑色。母鸡的头尾微翘,跖部略短,体态墩实。生长缓慢,性成熟期晚,母鸡7 月龄开产,年产蛋量 110 只。

二、鸭的品种

1. 肉用鸭

(1)北京鸭(彩图 8-2)　原产于我国北京近郊。北京鸭体型大,体态优美,全身羽毛洁白,头大,颈粗,中等长,体长背宽,胸丰满,腹几近地面,喙、脚橙黄色,皮肤黄色。成年公鸭体重 3.5~4.0 kg,母鸭 2.5~3.5 kg。

(2)番鸭(彩图 8-3)　又称瘤头鸭,原产于南美洲。外貌奇特,头大而长,喙短,颈粗,自眼至喙周围皮肤裸露无羽毛。头部两侧与脸部长有红色或黑色肉瘤。胸部饱满,体型呈橄榄状。成年公鸭 4.5~5.0 kg,母鸭 2.7~3.2 kg。

2. 蛋用型鸭

绍鸭,属小型麻鸭,原产于绍兴。按羽毛分为"红色绿翼梢"和"带圈白翼梢",前者母鸭全身白毛为棕红色麻雀毛。后者母鸭全身羽毛以棕黄色麻雀毛为主。

3. 兼用型鸭

高邮鸭为著名的兼用型麻鸭之一。具有体型大、肉多脂满、耐粗饲、觅食力强、善潜水、适应性广等特点。公鸭背阔肩宽,胸深体长,呈方形。绿带微黄,脚橘黄色。成年公鸭体重 3.5~4.0 kg,母鸭 3.5 kg。

三、鹅的品种

1. 朗德鹅(彩图 8-4)

朗德鹅原产于法国西部朗德地区,是由大型的托罗士鹅和体型较小的玛瑟布鹅经长期连续杂交后选育而成,是法国当前生产鹅肥肝的主要品种。体型中等偏大,羽毛呈灰褐色,在颈部接近黑色,而在胸腹部毛色较浅,呈银灰色,到腹下部则呈白色。背宽胸深,腹部下垂,头部无肉瘤,喙尖而无豆,颈上部有咽袋,颈粗短,颈羽稍有卷曲。朗德鹅羽绒产量很高,每年拔毛 2 次,可产绒 350～450 g。成年公鹅 7～8 kg,母鹅 6～7 kg。

2. 莱茵鹅

原产于德国莱茵河流域,现广泛分布于欧洲各国。是世界著名的优良鹅种。我国 1989 年首次少量从法国引进莱茵鹅。莱茵鹅体型中等,其雏鹅头、背部羽毛为灰褐色,从 2～6 周龄逐渐转变为白色,成年时全身羽毛洁白,啄、胫蹼均呈橘黄色;眼呈蓝色;额上无肉瘤,颈粗短且羽毛成束。成年公鹅体重 5～6 kg,母鹅 4.5～5.0 kg。

3. 豁眼鹅

豁眼鹅又称豁鹅,因两眼睑均有明显的豁口而得名。原产于我国山东省莱阳地区。该鹅产蛋最高,耐寒性强,产羽绒较多,含绒量高。豁眼鹅体型较小,全身羽毛洁白;喙、胫、蹼均橘黄色,成年鹅有橘黄色肉瘤,眼三角形,两上眼睑均有明显豁口。成年公鹅体重 3.72～4.44 kg,母鹅 3.12～3.82 kg。

4. 四季鹅

四季鹅是我国民间饲养的一个优良传统鹅品种,生长速度快,65 天就可长到 3.5～4.0 kg,最大体重可达 6 kg 以上。四季鹅一年四季都可产蛋,年产蛋 120 只左右。四季鹅的最大特点是可以自己孵抱,非常适合于农户养殖,可以省去每年购雏鹅的麻烦和费用,肉用仔鹅一年四季均可上市。

四、乌骨鸡的品种

1. 泰和乌骨鸡

主产于我国江西省泰和县,又名绒毛鸡、竹丝鸡、松毛鸡、纵冠鸡等,是目前国际上公认的标准品种。泰和乌骨鸡性情温驯,头小,颈短,身体结构细致紧凑,外貌艳丽。它具有乌骨鸡的十大典型特征:丛冠、缨头、绿耳、胡须、五爪、丝毛、毛脚、乌皮、乌骨、乌肉。成年鸡适应性强,幼雏抗逆性差,体质较弱。成年雄鸡体重 1.3～1.5 kg,成年雌鸡体重 1.0～1.25 kg,雄鸡性成熟平均日龄为 150～160 天,雌鸡开产日龄平均为 170～180 天。年产蛋 80～100 只,最高可达 130～150 只。雌鸡就巢性强,在自然条件下,每产 10～12 只蛋就巢 1 次,每次就巢持续 15～30 天,种蛋孵化期为 21 天。在饲料条件较好的情况下,生长发育良好的个体,年就巢次数减少,且持续期也缩短。

2. 余干乌黑鸡

生产于我国江西省余干县,属药肉兼用型。余干乌黑鸡以全身乌黑而得名,周身披有黑色片状羽毛,喙、舌、冠、皮、肉、骨、内脏、脂肪、脚趾均为黑色。雄、雌均为单冠,雌鸡头清秀,羽毛紧凑;雄鸡色彩鲜艳,雄壮健俏,尾羽高翘,腿部肌肉发达。成年雄鸡体重 1.3～1.6 kg,雌鸡成年体重 0.9～1.1 kg。雄鸡性成熟在 170 日龄,雌鸡开产日龄为 180 天,就巢性强,年产蛋量 150～160 只,蛋重约 43～52 g,孵化期为 21天。余干乌黑鸡除药用外,还是饮食中的美味佳肴。

3. 中国黑凤鸡(彩图 8-5)

黑凤鸡早在 400 多年前我国就有饲养,后来在我国濒于灭绝。从 20 世纪 80 年代起国外又相继开始培育此种鸡,但终因遗传不稳定,未能形成规模。90 年代,广东省从国外引入该鸡,经过几年的纯种繁育,目前合格率已达 90％以上。黑凤鸡完全具备了丝状绒毛、丛冠、缨头、绿耳、五爪、毛腿、胡须、乌皮、乌骨、乌肉 10 项典型特征。该鸡抗病力强,食性广杂,生长快。成年雄鸡体重 1.25～1.50 kg,雌鸡为 0.9～1.8 kg,开产日龄为 180 天,年产蛋量 140～160 只,就巢性强。此种鸡也具备药用功能。

4. 山地乌骨鸡

山地乌骨鸡生长在四川南部与滇北高原交界地区,主要分布在四川兴文、沐川及云南盐津等地,是靠自然选择形成的。属药、肉、蛋兼用的地方良种。该鸡的冠、喙、髯、舌、皮、骨、肉、内脏(含脂肪)均为乌黑。羽毛为紫蓝色黑羽居多,斑毛及白毛次之。成年雄鸡体重 2.3～3.7 kg,雌鸡 2.0～2.6 kg。雄鸡性成熟的日龄为 120～180天,雌鸡开产的日龄为 180～210 天,年平均产蛋量 100～140 只,就巢性强,年就巢 7次左右。由于此种鸡体大,人们尤为喜欢食用,而且它属高蛋白、低脂肪食品,一般人们用来滋补、保健、延年益寿之用。

五、鹌鹑的品种

1. 日本鹌鹑

日本鹌鹑以体型小、产蛋多、纯度高而著称于世。其体羽呈栗褐色,头部黑褐色,中央有淡色直纹,背心赤褐色,均匀散布着黄色直条纹和暗色横纹,腹羽色泽较浅。公鹌鹑脸部、下颌、喉部为赤褐色,胸羽呈红砖色;母鹌鹑脸部淡褐色,下颌灰白色,胸羽浅褐色并缀有分布范围似鸡心状的粗细不等的黑色斑点。

2. 朝鲜鹌鹑

体型大于日本鹌鹑,羽毛与日本鹌鹑相似,成年公鹌鹑体重 125～130 g,母鹌鹑重约 150 g(体形大的重达 160～180 g)。母鹌鹑 40 日龄开产,年产蛋量 270～280 只,平均蛋重 12 g,蛋壳有斑块或斑点。

3. 中国白羽鹌鹑(彩图 8-6)

白羽纯系(陷性)的体型似朝鲜鹌鹑,体羽洁白,偶有黄色条斑。眼粉红色,喙、胫、脚为肉色。皮肤呈白色或淡黄色,外表美观。具有伴性遗传的特性,为自别雌雄配套系的父本。

4. 爱沙尼亚鹌鹑

体羽为赭石色与暗褐色相间。公鹌鹑前胸部为赭石色,母鹌鹑胸部为带黑斑点的灰褐色。身体呈短颈短尾的圆形。背前部稍高,形成一个峰。母鹌鹑比公鹌鹑重 10%～12%,具有飞翔能力,无就巢性。

六、火鸡的品种

1. 美国尼古拉白羽宽胸火鸡(彩图 8-7)

成年公鸡体重 20.0～22.5 kg,母鸡 9～11 kg。初生重 65～70 g。商品火鸡 18 月龄上市。

2. 加拿大海布里德火鸡

由加拿大海布里德公司培育,白羽宽胸,有三个品系:大型近似美国尼古拉白羽宽胸火鸡;中型公火鸡重 14 kg,母火鸡重 8 kg;小型火鸡初生重 56 g。

3. 贝蒂布火鸡

白羽中型火鸡,由法国贝蒂火鸡公司培育。初生重 57 g,20 周龄公母平均重 6 kg。

七、山鸡的品种

1. 红腹锦鸡(见彩图 8-8)

中型陆禽。全长约 70(雌)～100(雄)cm。雌、雄异色。雄鸡长约 1 m,雌鸡长约 60 cm。体重约 650 g。雄鸡上体除上背为浓绿色外,主要是金黄色,下体通红。头上具金黄色丝状羽冠,且披散到后颈。后颈生有橙褐色并镶有黑色细边的扇状羽毛,形如一个美丽的披肩,闪烁着耀眼的光辉。尾羽长,超过体躯的 2 倍,为羽色黑而密杂以橘黄色点斑。走起路来,尾羽随着步伐有节奏地上下颤动,显得格外威武雄壮。雌鸡上体及尾羽大都为棕褐,而满杂以黑斑;腹纯淡无光。

红腹锦鸡是驰名中外的最漂亮的观赏鸟类。它体态纤巧,步履轻盈,雄鸡体长可达 1 m,身披红、绿、蓝、黄、紫各色羽毛,显得俊美华贵。近年来由于各地家庭装修热的兴起,因此对红腹锦鸡等生态标本需求巨大,同时各地公园、自然保护区、人工园林、别墅等都大量需求;同时它又是高档、珍稀的工艺品,在礼品店、工艺品店也极为畅销。用它制作的标本,在国际市场上久享盛名,每只出口价为 80～100 美元;在国内市场每只标本售价 700～800 元也供不应求。

八、鸽子的品种

1. 信鸽

信鸽是鸽子家族中的一种,善于飞翔,有强烈的归巢性能。驯养鸽子源于古代。两千年前,中外均有把信鸽作为通讯工具的记载。而现代,信鸽的概念已经改变,现在的信鸽主要用途是用于比赛竞翔。

2. 玩赏鸽

亦称观赏鸽,专供人们玩赏的鸽子。其历史非常久远,经数千年的变异和选择,目前,全世界多达 600 余种。玩赏鸽大致可分为以下几类:

(1)羽装类　以奇丽的羽装、羽色及奇特的体态,供人观赏。如扇尾鸽、毛领鸽、球胸鸽、毛脚鸽、装胸鸽、巫山积雪、十二玉栏杆、坤星、鹤秀、玉带围、平分春色等。

(2)体态类　以某一部位长相特殊取悦于人。如大鼻鸽,犹似一朵多瓣茉莉花贴在鼻子上。掌趾鸽,趾间长有相连的趾蹼,既能飞,又会泳;五红鸽,鲜红的眼睑、眼砂、嘴喙、双脚和脚趾,镶嵌在雪白的羽装边缘,令人叹为观止。

(3)表演类　以各式奇特的技巧表演而引人入胜。如翻跳鸽,亦称"筋斗鸽",能高翻、腰翻、檐翻、地翻以及自左到右的平翻。还有小青猫,表演时直冲云霄,盘旋飞翔,观赏者用铜盘盛水,从水中看它矫健的身影,连续转圈,从不越雷池半步。

(4)鸣叫类　是以各种有趣的鸣声供人聆听。有的粗似洪钟,有的细如碎语,虽不及画眉、百灵之婉转,却也别有一番情趣。在俄罗斯和德国有一种喇叭手鸽,它们的叫声胜似一个吹号手。在阿拉伯和埃及还有一种笑鸽,它们在求偶时发出的叫声,近乎哈哈大笑声。还有一种鸽,人们并不欣赏它本身的观赏价值,但给它带上鸽哨,可从空中传来央央琅琅之音,时宏时细,忽近忽远,亦低亦昂,恍若钧天妙乐,使人心旷神怡。

(5)点缀类　点缀风景、增添祥和气氛,供游客观赏。如广场鸽、街鸽和堂鸽之类。

3. 野鸽(彩图 8-9)

野鸽是指未经驯化的野生鸽子。主要分岩栖和树栖两类。分布于世界各地,有林鸽、岩鸽、北美旅行鸽、雪鸽、斑鸠等多种。我国也是世界上鸽子的原产地之一。

斑尾林鸽和欧鸽等野鸽,可与家鸽杂交,育出新品种。野鸽具有多方面的适应性,充分表现飞翔落居本领,并凭借太阳、月亮和星辰,运用视觉、听觉和嗅觉来辨识方向。

虽然叫做野鸽,但其容易驯养。实际上,现在也有很多人将各种野鸽作为宠物鸟在家庭饲养。

4. 家鸽(彩图 8-10)

由原鸽驯化而成。世界上不同地区的野鸽后代,经过不断地驯化、选种、育种而形成各种不同的家鸽品种。著名的食用鸽品种有:美国王鸽、丹麦王鸽、法国蒙丹鸽、卡妈鸽、鸾鸽和荷麦鸽等。我国则有石岐鸽、公斤鸽和桃安鸽等。最大的食用鸽体重约 1500 g。羽色多种多样,主要有红、黄、蓝、白、黑以及雨点和花色等。有善飞的快速鸽,也有飞不起来的地鸽。

九、鹧鸪的品种

法国和西班牙红腿鹧鸪分布于法国和西班牙。

岩鹧鸪分布于意大利、南斯拉夫、罗马尼亚、保加利亚、希腊、阿尔巴尼亚等地中海国家。

野鹧鸪分布于土耳其、叙利亚、伊拉克、黎巴嫩、塞浦路斯、伊朗、尼泊尔、印度、俄罗斯、蒙古和中国的内蒙古、西藏。

巴勃雷鹧鸪分布于阿尔及利亚。

大红腿鹧鸪分布于中国西南部。

十、珍珠鸡的品种

1. 嘉乐珠鸡

属盔顶珠鸡种,由法国嘉乐公司珍珠鸡场选育而成,故名之。该品种是目前国际上用高度集约选种方法最先育成的珍珠鸡种。86 天平均体重可达 1.48 kg,肉料比为 1∶2.7～3.2。

2. 盔顶珠鸡

盔顶珠鸡是常见的一种,因其青紫色的羽毛上有规律地密缀着珍珠般的白点,头顶上有 2.0～2.5 cm 高的角质化突起,形如古代勇士头戴的钢盔顶尖而得名。刚出壳的幼雏,像年幼的鹌鹑,羽毛棕褐色,背上有 3 条纵向深色条纹,腹部羽毛较浅,喙和脚为红色。成年鸡肤色似乌骨鸡(竹丝鸡),养至 6～8 周龄时,棕褐色羽毛渐被珍珠花纹所替代。8 周龄时,头上开始长出肉髯和头饰。一般成年公鸡体重 1.75～2.00 kg。母鸡 1.35～1.50 kg。

3. 白珠鸡

白珠鸡全身羽毛纯白色,皮肤颜色较盔顶珠鸡浅。

4. 浅灰珠鸡

由盔顶珠鸡与白珠鸡杂交而育成。其胸部羽翼呈白色,其他羽毛与盔顶珠鸡一样或浅灰色。

5. 珍贵珠鸡

又名秃顶珠鸡,头顶上无角质化突起物,形如兀鹰。

第二节　各种禽类的生物学特性

一、鸡的生物学特性

1. 新陈代谢旺盛

成年鸡的体温是 41.5℃,每分钟脉搏可达 200~350 次,因此鸡的基础代谢高于其他动物,生长发育迅速、成熟早、生产周期短。

2. 繁殖力强

鸡是卵生动物,繁殖后代须经受精蛋孵化。母鸡的卵巢在显微镜下可见到 12000 个卵泡。

3. 对饲料营养要求高

1 只高产母鸡一年所产的蛋重量达 15~17 kg,为其体重的 10 倍,由于鸡口腔无咀嚼作用且大肠较短,除了盲肠可以消化少量纤维素以外,其他部位的消化道不能消化纤维素,所以,鸡只采食含有丰富营养物质的饲料。

4. 对环境变化敏感

鸡的视觉很灵敏,一切进入视野的不正常因素如光照、异常的颜色等均可引起"惊群";鸡的听觉不如哺乳动物,但突如其来的噪声会引起鸡群惊恐不安;此外鸡体水分的蒸发与热能的调节主要靠呼吸作用来实现,因此对环境变化较敏感,所以养鸡业要注意尽量控制环境变化,减少鸡群应激。

5. 抗病能力差

由于鸡解剖学上的特点,决定了鸡的抗病力差。尤其是鸡的肺脏与很多的胸腹气囊相连,这些气囊充斥于鸡体内各个部位,甚至进入骨腔中,所以鸡的传染病由呼吸道传播的多，且传播速度快，发病严重，死亡率高。不死也严重影响产蛋。

二、鸭的生物学特性

1. 鸭采食的昼夜变化规律

自然光照下，鸭群在一昼夜内有 3 个采食高潮，分别在早晨、中午和晚上。饲养管理：鸭群在黎明食欲特别旺盛，此时喂饱、喂好可使鸭子增膘，长肉特别快；放牧应在鸭子早、中、晚 3 次采食高峰时进行，其他时间让鸭群休息或将其赶入水中，劳逸结合。

2. 鸭产蛋的昼夜变化规律

蛋鸭产蛋主要集中在午夜以后到黎明以前这段时间，通常不在白天产蛋。饲养管理：在晚上 10:00 准时关灯，停止照明，以保证蛋鸭在次日 1:00～4:00 的安静环境中产蛋。如发现鸭子产蛋普遍晚于 5:00，并且蛋个较小，说明其日粮中精料不足，要及时按标准增加精料；若鸭子在白天产蛋，则多是因饲料单一、营养不足，早上出牧过早或鸭舍内温度高、湿度大等恶劣环境所致。

3. 种鸭交配的昼夜变化规律

种鸭交配一般是早晨或傍晚，在广阔的水面进行。

4. 酉时病的昼夜变化规律

酉时病是运输应激所致，因鸭子于每天下午酉时即 17:00～19:00 发病而得名。该病发作时鸭子剧烈骚动、快速聚堆，导致部分弱鸭被践踏致死，死亡率为 17%～24%。

5. 免疫应答的昼夜变化规律

家禽对免疫制剂（疫苗、菌苗等）敏感性的强弱呈昼夜周期性变化，白天敏感性差，免疫应答迟钝；夜间接近凌晨时，肾上腺素分泌最多，免疫应答最敏感。

三、鹅的生物学特性

1. 肌胃发达，耐粗饲

鹅能大量利用青、粗饲料，这是因为鹅的肌胃发达，收缩力强，耐压力大，盲肠也很发达，并含有较多的微生物，胃肠道比鸡鸭长，因此能很好地破碎植物的细胞壁，能很好地利用青、粗饲料，对粗纤维的消化能力较强。还有，鹅的喙、口腔、食道结构也适于牧饲，故鹅有"草食家禽"之称，以草换肉，是其他家禽所无法相比的。

2. 抗病适应性强,成活率高

鹅是由雁驯化而来的,而时间比鸡、鸭晚,如新疆鹅是由灰雁驯化而成,距今大约才 200 多年,所以鹅对自然气候、环境条件有较强的适应能力。

3. 生长快,饲养期短

养鹅有两种饲养方法:一是以放牧为主,适当补饲精料,一般只需 60～70 天左右,就能达到 2.5～3.0 kg 的上市体重;二是以饲养于舍内为主,放牧运动并采食青料为辅,因舍饲消耗减少,喂以配合粗料,此种形式生长快、易育肥,则大大缩短鹅的上市时间,满足市场日益增长的需要。

4. 群性好,饲养管理方便

合群性是水禽的重要生活习性,尤其鹅性情温顺而合群,则有利于生产的特性,为放牧提供了先决条件,无论在水中或放牧均容易管理。养鹅不需要像鸡那样设备要求高,只要简单的棚舍就能饲养。只要有箩筐等保温设备就能自温育雏,放牧时还可就地露宿,使饲养者在不具备集约化生产的条件下,就得以进行专业化生产。

5. 就巢性、向亲性

我国各种鹅均有不同程度的就巢性,有的鹅种就巢性较强。所以,要了解饲养鹅的就巢性,加强饲养管理,减少出现"就巢性"的机会,发挥母鹅"就巢"行为,及时采取醒窝措施,以提高产蛋量。

四、鹌鹑的生物学特性

育雏期:红眼睛,视力差,采食能力差,采食动作异常,采食时饲料容易迷眼而瞎眼后饿死。由育雏室转到成鹑笼时因环境不适应会造成大批死亡。成鹑性情温顺,蛋料比高,不挑食,高产稳产,抗病力强。

五、火鸡的生物学特性

火鸡繁殖力强。人工孵化每只火鸡可年产 180 只蛋,自然孵化可年产 80～100只蛋。受精率、孵化率均在 90％以上。

六、鸽子的生物学特性

1. 一夫一妻制的配偶性

成鸽对配偶是有选择的,一旦配偶后,公母鸽总是亲密地生活在一起,共同承担筑巢、孵卵、哺育乳鸽、守卫巢窝等职责。配对后,若飞失或死亡 1 只,另 1 只需很长时间才重新寻找新的配偶。

2. 鸽是晚成鸟

刚孵出的乳鸽（又称雏鸽），身体软弱，眼睛不能睁开，身上只有一些初生绒毛，不能行走和觅食。亲鸽以嗉囊里的鸽乳哺育乳鸽，需哺育 1 个月乳鸽才能独立生活。

3. 以植物种子为主食

肉鸽以玉米、稻谷、小麦、豌豆、绿豆、高粱等为主食，一般没有吃熟食的习惯。在人工饲养条件下，可以将饲料按其营养需要配成全价配合饲料，以"保健砂"（又称营养泥）为添加剂，再加些维生素，制成直径为 3～5 mm 的颗粒饲料，鸽子能适应并较好地利用这种饲料。

4. 鸽子有嗜盐的习性

鸽子的祖先长期生活在海边，常饮海水，故形成了嗜盐的习性。如果鸽子的食料中长期缺盐，会导致鸽的产蛋等生理机能紊乱。

5. 爱清洁和高栖习性

鸽子不喜欢接触粪便和污土，喜欢栖息于栖架、窗台和具有一定高度的巢窝。并且十分喜欢洗浴，炎热天气更是如此。

6. 有较强的适应性和警觉性

鸽子在热带、亚热带、温带和寒带均有分布，能在±50℃气温中生活，抗逆性特别强，对周围环境和生活条件有较强的适应性。鸽子还具有较高的警觉性，若受天敌（鹰、猫、黄鼠狼、老鼠、蛇等）侵扰，就会发生惊群，极力企图逃离笼舍，逃出后便不愿再回笼舍栖息。在夜间，鸽舍内的任何异常响声，都会导致鸽群的惊慌和骚乱。

7. 有很强的记忆力和归巢性

鸽子记忆力极强，对方位、巢箱以及仔鸽的识别能力尤其强，甚至经过数年的离别，也能辨别方向，飞回原地，在鸽群中识别出自己的伴侣。对经常接触的饲养人员，鸽子也能建立一定的条件反射，特别是对饲养人员在每次饲喂中的声音和使用的工具有较强的识别能力，持续一段时间后，鸽子听到这种声音，看到饲喂工具后，就能聚于食器一侧，等待进食。

8. 有驭妻习性

鸽子筑巢后，公鸽就开始迫使母鸽在巢内产蛋，如母鸽离巢，公鸽会不顾一切地追逐，啄母鸽让其归巢，不达目标绝不罢休。这种驭妻行为的强弱与其多产性能有很大的相关性。

七、鹧鸪的生物学特性

1. 喜温暖，怕寒冷，怕炎热，喜光照，喜干燥，怕潮湿，厌阴暗

鹧鸪的适宜气温在 20～24℃，相对湿度为 60%。昼夜光照时间在 14～18 个小时的条件下，鹧鸪生产性能发挥得最好。气温低于 10℃ 或高于 30℃，对鹧鸪的生长发育和生产均为不利。

2. 喜欢群居，胆小，易受惊

鹧鸪遇到响声或异物的出现，会立即出现不安，跳跃飞动，反应灵敏。有较强的飞翔能力，飞翔快，但持续时间短。

3. 生长快

尤其是 12 周龄前生长较快，刚出壳的雏鹧鸪，体重为 14～16 g，10 周龄时，公鸪体重达 500 g，相当于初生重的 33～38 倍。

4. 食性广，是杂食性鸟类

鹧鸪不论杂草、籽实、水果、树叶、昆虫或人工配合的混合饲料，均能采食，且觅食能力强，活动范围较广。

5. 好斗

由于鹧鸪驯化时间短，仍有野性。雌鹧鸪性稍温顺，雄鹧鸪性好斗。性成熟后的雄鹧鸪，在繁殖季节，常因争夺母鹧鸪而发生激烈的啄斗，直到头破血流。

6. 有趋光性

鹧鸪在黑暗的环境中如发现有光，就会向光亮处飞窜。

第三节　　各种禽类的价值

一、鸡的价值

1. 鸡肉

具有益气养血、滋养补虚的功能。母鸡偏于补养阴血，用于老人、妇女产后虚弱、体弱多病者；公鸡偏于温补阳气，青壮年食之较为适宜。

2. 鸡蛋

用于养阴润燥、益血安胎、和胃补脾、病后体虚、乳汁减少、心烦不眠等。

3. 鸡蛋壳

能制酸止血,治疗胃病、胃酸、反胃、呕吐、咳血、便血、溃肠病、胃炎有泛酸者等病症。研末内服,成人每次 3 g,每日 3 次,小儿酌减。

4. 鸡蛋清

具有清火消炎的功能。可润肝利咽,清热解毒。主要用于治疗腮腺炎:用蛋清调少许白矾,涂于腮腺肿胀周围。亦可用蛋清治疗烧伤、烫伤,涂于患处即可。

5. 鸡蛋黄

可滋阴养血。

6. 鸡油

能够消炎润肤。对治疗烧伤、烫伤有较好的疗效。将适量的鸡油置于瓶内,塞紧瓶盖,数日后变成液体,用消毒棉球蘸涂患处。

7. 鸡血

具有祛风、活血、通络的功效。对月经不调、子宫出血、哮喘溃疡、慢性肝炎有一定疗效。对小儿惊风、口面歪斜、目赤流泪等病症也有较好的治疗效果。

8. 鸡肫（胃内膜）

黄色,多皱纹,是临床上常用的中药,具有消食积、健脾胃的功效。主要用来治疗食积胀满、呕吐反胃、遗尿遗精等。研末吞服,每次 3 g。

9. 鸡皮

可用于烧疮面的植皮。

10. 鸡脑

补脑填髓、养心镇惊。能够治疗心虚胆怯、多梦易惊、小儿惊悸。

11. 鸡肝

能补肝明目,益肾安胎。常用于肝虚目昏、视物不清、阳痿不举等症。

12. 胆汁

具有消炎止咳、解毒去痰、明目的功效。主要用于治疗百日咳、慢性气管炎、小儿菌痢等症。

二、鸭的价值

鸭的营养价值很高,可食部分鸭肉中的蛋白质含量约 16%～25%,比畜肉含量高得多。鸭肉中的脂肪含量适中,比猪肉低,易于消化,并较均匀地分布于全身组织中。鸭肉是含 B 族维生素和维生素 E 比较多的肉类,对心肌梗塞等心脏病有保护作用,可抗脚气病、神经炎和多种炎症。与畜肉不同的是,鸭肉中钾含量最高,还含有较高量的铁、铜、锌等微量元素。鸭蛋矿物质、维生素 A 等也高于鸡蛋。鸭全身都是宝。

1. 鸭肉

具有滋阴补虚、利尿消肿之功效。可治阴虚水肿、虚劳食少、虚赢乏力、大便秘结、贫血、浮肿、肺结核、营养性不良水肿、慢性肾炎等疾病(健脾、补虚、清暑养阴)。

2. 鸭血

具有补血、清热解毒之功效。可治中风、小儿白痢似鱼冻者,经来潮热、胃气不开、不思饮食、营养性巨幼红细胞性贫血等疾病。

3. 鸭蛋

具有滋阴补虚、清热之功效。可清肺火、止热咳、治喉痛。可治妇女产后赤、白痢,鞘膜积液和阴囊橡皮肿,烫伤,湿疹和静脉曲张性溃疡,幼儿消化不良,鼻衄头胀痛,风寒,风火各种牙痛,高血压,肺阴虚所致的干咳,咽干,咽痛,心烦,失眠等疾病。

三、鹅的价值

1. 鹅毛

鹅毛经济价值很高,活拔羽绒技术是在不影响产肉、产蛋性能的前提下,拔取鹅、鸭活体的羽绒,来提高经济效益的一种生产技术。

2. 肥肝

肥肝是采用人工强制填饲,使鹅的肝脏在短期内大量积贮脂肪等营养物质,体积迅速增大,形成比普通肝重 5～6 倍,甚至十几倍的肥肝。肥肝的水分和蛋白质相对减少,脂肪含量高,其中 65%～68% 的脂肪酸为对人体有益的不饱和脂肪酸。鹅肥肝是目前最珍贵的三大美味之一,也是欧洲传统的豪华食品。

3. 鹅肉

鹅胴体中肌肉所占比例高,达 48%～50%。鹅肉中的赖氨酸、组氨酸和丙氨酸含量高,而脂肪含量少。

四、鹌鹑的价值

鹌肉和鹌蛋几乎所有的营养物质都比鸡肉、鸡蛋高。据资料分析,在鹌蛋中,蛋白比例占 60.4%～60.8%,蛋黄占 31%～31.4%,蛋壳占 7.2%～7.4%,内壳膜占 1%。蛋白指数为 0.107～0.108,蛋黄指数为 0.503～0.515,蛋密度为 1.069～1.079。鹌蛋蛋壳虽薄,但组织严密,内壳膜比鸡蛋坚韧,壳面有一层黄色油脂,在炎热夏季贮藏 50～60 天不坏,比鸡蛋耐贮藏。鹌蛋蛋白特别黏稠,蛋白质颗粒小,消化吸收的生物学价值明显高于鸡蛋。鹌肉多汁、鲜嫩,并带有芳香野味。鹌肉与鹌蛋均富含谷氨酸,使其肉蛋鲜美芳香,据国内外多次评味鉴定,鹌蛋仅次于珍珠鸡蛋,远比鸡蛋为佳。同时,鹌肉和鹌蛋的微量元素、氨基酸含量也极为丰富,普遍高于鸡肉、鸡蛋。

五、鸽子的价值

现代医学、生命科学、营养学研究表明:乳鸽的营养指数在生物类中占首位,每千克鸽体含 5.02×10^6 J能量,消化吸收率可达 91%以上。鸽具有超常的神经定位和控制系统,脑中分泌丰富的松果体素。鸽是禽类唯一的无胆动物,肝脏中储存着丰富的胆素,血液中含有丰富的血红蛋白,骨骼中有大量的软骨素。这些特殊的营养成分,对调节人体大脑神经系统,改善睡眠,增进食欲,帮助消化,激活性腺分泌和脑垂体分泌,以至全面平衡人体机能,调理并强壮身体,有着特殊的食疗作用。有益于人体能量的储存和利用,维持肌肉和神经系统的正常功能,改善心肌收缩和凝血功能。

鸽蛋也含有优质的蛋白质、磷脂、铁、钙、维生素 A、维生素 B_1、维生素 D 等营养成分,亦有改善皮肤细胞活性、增强皮肤弹性、增加颜面部红润(改善血液循环、增加血色素)等功能。

乳鸽既可制成滋补佳品,又可做成名贵佳肴,比普通肉食更胜一筹,素有"一鸽胜九鸡,无鸽不成宴"之美称,甚至在东南沿海传出了以鸽代鸡的说法。

六、鹧鸪的价值

鹧鸪是集肉用观赏和药用于一身的名贵野味珍禽,是历代帝王的营养药膳食品,素有"山珍"之美誉,"赛飞龙"之美称。鹧鸪小巧,骨细肉厚,肌肉丰满,蛋白质含量高,肉嫩味美,营养丰富,食用价值高。它不但是野味肉食,还是人体的滋补品,含有人体所需的多种氨基酸及锌等多种微量元素,尤其是被誉为脑黄金的牛黄酸,每100 g含量为 27.38 mg。经常食用有壮阳补肾、延缓衰老、强体归元等功效,是当代理想的食疗佳品。随着人民生活水平的提高,鹧鸪食品逐渐成为大众餐桌上的佳肴。

鹧鸪适应能力强,全国各地都适合养殖。具有生长快、饲养周期短、饲料转化率高等特点。一般 7 月龄产蛋,雏鸪从出壳至 90 天可长 450～500 g,料肉比为 4:1,每只成本不足 5 元,商品销售价为 8～10 元。饲养成本低,投资少,占地小,效益高。

第四节　各种禽类的饲料

一、家禽的饲料

优质的日粮配合又称日粮搭配,是按照饲养标准的规定,选用适当的饲料配合成为日粮,使这种由多种饲料搭配成的日粮所含营养物质的数量,符合饲养标准的规定量,其目的是以最少的饲料消耗、最低的饲料成本,获得量多质好、经济效益最高的肉产品。

育雏阶段,由于雏禽生长强度很大,需要较高水平的蛋白质日粮。因而在日粮中适当增加一部分蛋白质饲料,如豆饼、鱼粉等,并搭配一部分谷类饲料,提高日粮中蛋白质水平,即可使饲料配合多样化,使单一饲料可能缺乏的某些营养物质得到弥补。此外,还要补充矿物质饲料。青绿饲料缺乏时,还应增补多种维生素。在日粮营养全面的饲养条件下,雏鸡生长速度就加快,使体重能及时达到上市标准。这样既缩短了饲养时间,又节省了饲料,降低了饲养成本。因此,科学配合日粮是提高养禽生产效益的有效方法和根本保证。

二、特禽的饲料

1. 能量饲料

此种饲料可供给禽体热量。一般为谷类籽实及其加工副产品。包括玉米、小麦、大麦、小米等。

2. 蛋白质饲料

干物质中粗蛋白质含量超过 20% 的饲料属蛋白质饲料。分为植物性和动物性的饲料。植物性饲料有大豆饼、花生饼、棉籽饼等;动物性饲料有鱼粉、血粉、肉骨粉、蚯蚓、蚕蛹等。

3. 矿物质饲料

矿物质在动植物饲料中虽有一些含量,但含量却不高,所以必须向日粮中添加。矿物质饲料包括:骨粉、贝粉、石粉、食盐等。

4. 维生素

可在市场上买到多种维生素。

5. 添加剂

添加剂不是营养所必须的组成成分。因此可根据需要添加所需的添加剂。如提高着色、抗氧化、防霉等。

第五节　禽类的饲养与管理

一、雏禽的饲养管理

1. 饲养密度

禽类育雏方式有网上和地面垫料平养两种方式。饲养管理要求基本一致,饲养密度略有不同。

2. 温度

10 日龄以前的雏禽,体温较低,绒毛稀短。因此,育雏舍温度要保持在 20℃ 以上,育雏器内或热源附近的温度应达到 35～38℃。以后随着日龄的增加,逐渐下调温度。在实际生产中,要记录育雏舍内不同部位的温度,观察雏禽群的精神状态和活动表现,并根据气候、昼夜及雏禽群情况及时调整。温度适宜时,雏禽精神和食欲良好,活泼好动,分布均匀,睡眠安静。雏禽扎堆,紧靠热源,行动迟缓,睡眠不安以及阴雨天、夜间应调高温度。雏禽远离热源,张口喘气,食欲减少,饮水增加,以及天气晴朗,光照充足时适当调低温度。

3. 湿度

为便于雏禽的生长,应把舍内相对湿度保持在以下范围:2 周龄内 60%～65%,2 周龄以上 55%～60%。舍内过于潮湿,就要采取更换垫料、加强通风换气等措施,以防感冒、球虫病及霉菌病的发生;舍内过于干燥可能引起雏禽的呼吸道疾病,也会因饮水增加而下痢,此时应采用舍内洒水或利用炉子蒸发水来增加湿度。

4. 通风换气

育雏开始几天,只需在中午天气晴朗时稍稍打开一下门窗即可。以后随着雏禽呼吸量加大,排粪量增加,舍内有害气体含量大大提高,此时,应开启通风设备,保持空气新鲜。通风时应注意防止出现贼风,避免冷风直吹造成的雏禽感冒。

5. 饮水和饲喂

根据所饲养的雏禽品种及其饲养管理要求配备足够的饮水和饲喂器具。如育雏期,每只火鸡需要 5 cm 左右的采食宽度和 2 cm 左右的饮水宽度。水、饲具应放在热源或光源附近并适时调整保持水、饲具的高度与鸡背平齐或稍高些。过 2 小时左右，差不多所有雏禽都喝过水后，再开始加料。

6. 光照

雏禽视力弱，为提高雏禽生活能力，促进生长发育，应在育雏开始的几天使用强光照和长光照。以后随着日龄的增加逐渐减少。

二、生长阶段育成禽的饲养管理

1. 饲养密度

舍内地面垫料平养一般每平方米可养大型育成禽 3 只，中型育成禽 3.5 只，小型育成禽 4 只。

2. 温、湿度及通风换气

其管理与雏禽基本一致，特别注意加强通风换气的管理。

3. 饮水和饲喂

采用机械喂料时，可一次给足饲料。采用料槽人工加料时，应少喂勤添。随着育成禽的生长，调整饲、水槽的高度也很重要，调整的原则是使育成禽背与饲、水槽相齐或稍低。

4. 光照

商品肉用育成禽应采用低光照，以使其减少活动，利于育肥。也可采用间断性光照，即 1 小时光照，3 小时黑暗的控光方法。种用育成禽在生长阶段，采用 14 小时的连续光照。

育成期禽类有啄羽习性，此时应检查是否饲养密度过大或饲具、水槽能否满足需要。也可采取一些机械的办法，如在料槽内，距槽底 4 cm 处拉一根铁丝，让育成禽随时能在铁丝上擦啄。

5. 选择

育成禽的生长阶段就要完成挑选留种的工作。不适合种用的作为肉用禽饲养，促使生长，早日上市。留作种用的进入下一饲养阶段。

三、种禽的饲养管理

种禽的饲养方式主要有舍内笼养和舍内平养两种。两种方式各有优缺点，饲养管理要求差别不大。

1. 种禽的挑选

种禽在转入产蛋舍前要再选择一次。除了在外形上严格挑选外，重点应检查种禽的性功能。采精进行精液品质鉴定。

2. 温度、湿度及通风换气

种禽舍的适宜温度为 10～24℃，当气温超过 29℃ 或低于 6℃ 时，均要采取措施降温或保暖。种禽适宜饲养在较干燥的环境中，相对湿度 55%～60% 为宜，高温高湿或低温高湿都会影响种禽的生产性能，甚至引发疾病。另外，通风良好，既可排出污浊空气，又能缓解高温高湿的影响。

3. 光照

种公禽一般采用 12 小时光照。弱光照可以使种公禽保持安静，提高精液品质和受精率，还能减少种公禽之间的争斗，减少伤亡。对于种母禽，应特别注意防止缩短光照时间或减弱光照强度。

第六节　禽类的繁殖

一、种禽的选择

种用公禽应选择健壮无病、体型高大、雄性较强、活泼、羽毛发亮、腿粗而直的；种用母禽应选择健康无病、性情温顺、背平尾直、胸宽体大、羽毛和肉髯颜色鲜艳的。种用禽类用一段时间要更换，提纯复壮，及时淘汰劣种。

二、配种与产蛋

1. 采精

禽类一般用按摩法采精。先要经过一段时间训练，使之形成反射，而后即可采精。采精时助手坐在板凳上，两手分别捉住种公禽的一条腿，采精者沿种公禽两翅背部至尾根及向泄殖腔下两侧部位多次有节奏地按摩，并将左手拇指与其他四指分撑住泄殖腔两侧，并以掌紧贴尾羽；同时用右手拇指与其他四指分撑住泄殖腔两侧腹部位置有节奏地按摩，待种公禽性兴奋，见到退化的交器勃起自泄殖腔翻出时，再用左手拇指和食指稍用力挤压种公禽的泄殖腔周围使精液捧出，流装到事先备好的储精器内。采精后，不论稀释与否，都应放到 35～40℃ 温水中暂存。

2. 输精

为保证受精率,输精应选择在种母禽产蛋后,且在安静、清洁的场地进行。输精方法有输精器直接插入阴道法。输精前要对生殖器进行擦拭消毒。输精时,输精员应面向种禽尾部,右手将器尾羽拨向一侧,大拇指紧贴泄殖腔下缘向下方轻压使泄殖腔张开,左手将盛有精液的输精器自然插入阴道内。输精结束后,将种母禽放回饲养笼内精心喂养。

三、开产前做好各种疫苗的预防注射

按免疫程序完成各种免疫注射,这对预防各种疫病的发生是非常必要的。只有在开产前完成各种免疫注射,特别是禽流感疫苗的注射,才能避免在产蛋高峰期由于注射疫苗造成影响。

四、精心做好管理工作

1. 注意保持栏舍及周围环境的清洁卫生

栏舍地面的粪便要定期清理,并撒上干爽的泥土作垫料。产蛋盆应垫上草料或稻草。周围的粪便也要定期清理。栏舍及周边环境要定期消毒。保持栏舍通风,但要避免"过堂风"。

2. 保持环境的清静

嘈杂的环境会影响产蛋,一般陌生人应尽量少到禽场,人工受精时,操作要熟练,要有人配合,以免时间延长影响禽的活动和采食。

3. 定时放禽,定时定量饲喂

禽类的归巢性很强,到晚上会自动回栏,这时要关好栏门,以防夜间有其他动物进入栏舍惊扰禽群。次日天亮时就放禽出栏,放禽时要注意观察母禽精神状态。母禽出栏后就要采食,要准备好饲料,中午 11:00 和下午 5:00 再各喂 1 次,要观察采食情况。

4. 做好种蛋的收集和保管

母禽大多数在凌晨 4:00 前后产蛋,放禽出栏即可收蛋。但还有一部分母禽放出之后才产蛋,所以应及时把产在栏外的蛋收回来。对已污染的种蛋要清理干净。种蛋收回来后要消毒,然后放在干爽的房间保管,还要防鼠害。一般在 4~7 天内送到孵化厂孵化。这些都是影响孵化率的重要因素,是提高种禽繁殖效益不可缺少的措施。

第七节 禽类的常见病防治

一、新城疫

新城疫俗称鸡瘟,是由一种副黏病毒引起的烈性传染病。本病给养鸡业带来极大危害,是我国目前重点防治的家禽主要疫病之一。

本病一年四季都能发生,发病急、来势猛、传播快、死亡率高。最急性的病鸡常无明显症状就突然死亡。急性型的病禽先出现呼吸困难、高热、精神委顿和昏睡等症状,病禽冠和肉髯呈紫黑色,口内有大量黏液,常作吞咽和摇头动作,发出"咕噜"声响,排出黄色、绿色或灰白色恶臭稀粪,有的混有血液。雏禽发病后较快发生死亡,其他禽病程3~5天后死亡。

此病的防治以疫苗免疫为主要方法。肉鸡10~15天用Ⅱ系苗滴鼻接种,35日用Ⅱ苗饮水免疫;也可3日龄用新支二联苗滴鼻,10日龄用单g隆苗饮水,30日龄重复1次。土鸡3日龄用新支二联苗滴鼻,10日龄用单g隆苗饮水免疫,30日龄重复1次,60日龄用Ⅰ系苗注射免疫。在搞好免疫的同时,还要加强消毒工作,如发现病鸡应迅速进行无害化处理,并及时消毒,以确保防治效果。其他禽类也可注射疫苗以进行预防。

二、霍乱

霍乱又称鸡巴氏杆菌病,是由巴氏杆菌引起的急性败血症病。该菌在自然界中广泛分布,在饲养管理不良、气温突变和鸡抵抗力降低时即可引起发病。该病鸡、鸭、鹅等能够互相感染,且一年四季都能发病,以春秋季节为多见。

本病分急性和慢性型两种。急性型不出现任何病状即可突然死亡,年轻、肥壮和高产的禽容易发生急性霍乱。另一类型病禽出现精神不佳、头颈缩起、羽毛松乱、肉垂水肿、呼吸急促,有的病禽拉黄色、绿色或灰白色稀粪,病程2~3天后发生死亡。

对此病的防治是,60天用鸡霍乱疫苗注射免疫,多种抗菌素有较好的预防和治疗效果。

三、减蛋综合征

本病是由禽的一种腺病毒引起的传染病。病毒主要侵害生殖系统,经繁殖、喉头和排粪时排毒。

本病主要发生于产蛋鸭群,其传染途径既可经蛋垂直传播,也可通过呼吸道、消化道水平传播。

病鸭一般无特殊症状,主要表现为突然发生产蛋明显下降,比发病前正常产蛋量下降 50% 左右。病鸭产软壳蛋、畸形蛋、小个蛋,有的蛋蛋清稀薄如水样。很少死亡,多数鸭吃食正常。

本病应与禽流感、蛋子瘟等传染病或其他原因如饲养管理、饲料等引起的产蛋下降相区别。

四、小鹅瘟

小鹅瘟是雏鹅的一种急性败血性传染病。临床特征是病鹅精神沉郁,食欲废绝,严重下痢和有时出现神经症状。

本病主要侵害 4～20 日龄的雏鹅,日龄愈小,损失愈大。主要传染源是病雏鹅和带毒成年鹅。病雏鹅可随分泌物、排泄物排出病毒污染饲料、饮水、用具及环境;然后经消化道传染给健康的雏鹅。

本病潜伏期为 3～5 天,分为最急性、急性和亚急性三型。最急性型多发生在 1 周龄内的雏鹅,往往不显现任何症状而突然死亡;急性型常发生于 15 日龄内的雏鹅。病雏初期食欲减少,精神委顿,缩颈蹲伏,羽毛蓬松,离群独处,步行艰难。继而食欲废绝,严重下痢,排出混有气泡的黄白色或黄绿色水样稀粪。鼻分泌液增多,病鹅摇头,口角有液体甩出,喙和噗色上绀。临死前出现神经症状,全身抽搐或发生瘫痪。

各种抗生素和磺胺类药物对此病无治疗作用,因此主要做好预防工作。消毒熏蒸、小鹅瘟疫苗注射、免疫血清注射。

第九章　观赏狐

第一节　狐的种类

狐的品种有很多,常见的有北极狐(彩图 9-1)、红狐(彩图 9-2)、银黑狐(彩图 9-3)、沙狐(彩图 9-4)、黑尾沙狐、美洲小狐、银毛狐等。狐可分为七个属,分别为:大耳狐属(彩图 9-5、彩图 9-6)、灰狐属(彩图 9-7、彩图 9-8)、倭狐属、北极狐属、狐属和食蟹狐属。

我国目前养殖的狐主要有银狐和蓝狐,蓝狐又称北极狐。另外还有一些毛色变异的狐,称为彩狐。一般所说的狐,又叫红狐、赤狐或草狐。狐长身短腿,尖嘴大耳,有一条长长的大尾巴,毛呈棕红色,尾尖白色。

第二节　狐的生物学特性

狐的体长为 62~75 cm,体重为 5~8 kg。面部狭长,嘴尖,耳长。嘴角及眼睛周围毛发呈银色,四肢毛色为黑褐色,背部及体侧呈黑白相间的银黑色。针毛为三个色段,基部为黑色,尖部为黑色,中间段为白色,绒毛为灰褐色,针毛的银白色区域衬托在灰褐色绒和黑色的毛尖之间,形成了银雾状。尾巴粗而长,尾部绒毛灰褐色,针毛和背部一样,尾尖纯白色。狐的体温在 38.8~39.6℃之间,呼吸频率为每分钟 21~30 次。成年狐每年换毛 1 次,每年的 3—4 月份开始,7—8 月份全部脱完,新的针绒毛开始同时生长,11 月份形成长而厚的被毛。狐平时单独生活,只有在生殖时才结成小群。每年的 2—5 月份产仔,每胎 3~6 只。狐的警惕性非常高,如果察觉到小狐被发现,它会在当天晚上"搬家",以防不测。

狐生活在森林、草原、半沙漠、丘陵区域,居住于树洞或土穴中,傍晚外出觅食,天亮才回窝。狐的主要食物有老鼠、野兔、小鸟、鱼、蛙、蜥蜴、昆虫和蠕虫等,也食用一些野果。

第三节　狐的价值

狐的价值直接为狐皮所表现出来。狐皮是裘皮中的精品,色泽艳丽,质地柔韧,可以做成大衣、皮领、帽子等。根据狐皮毛被的长短和色泽的不同可区分为"全狐"(整片狐皮除去头及四肢)"狐背""狐嗉"(颚部)"狐肷"(腹部)"狐额"(头部)"狐腿"(四肢)等商品。狐皮是制裘工业的高档原料,被誉为世界三大裘皮支柱之一,是我国出口创汇佳品。同时狐肉营养价值丰富,肉质细嫩,是宴请宾朋的高档佳肴。

第四节　狐的饲料

狐的食物以动物性食物为主,植物性饲料为辅。野生狐主要以啮齿类的鼠类、野兔、鸟类、鸟卵、爬行类、两栖类的蛙等为食;除此之外,狐也吃植物的浆果。

一、动物性饲料

包括肉类饲料、畜禽副产品饲料、鱼类饲料、乳品和蛋类饲料及干动物性饲料。

1. 肉类饲料

牛、羊和鸡等畜禽的肉是非常好的动物性饲料,它们含有全部必需的氨基酸。因此常把它作为狐关键生理时期日粮中的主要成分。公雏鸡营养价值全面,价格较便宜,是很好的狐饲料,如配合海杂鱼饲喂狐效果良好,可占日粮的 25%~30%。用肉作为饲料时,为了防止狐发生疾病,喂时要煮熟后再用。羔羊肉也是很好全价饲料,可占日粮的 30%~40%。

2. 畜禽副产品饲料

畜禽副产品饲料包括肝脏、心脏、肾脏、隔膜、食道、乳房、胃、肺脏以及鸡架、气管、脚、鸡肠等。

肝脏是最好的副产品饲料,所以肝脏要在狐的交配、妊娠和哺乳期使用。一般多用鸡肝,不过海兽肝脏含维生素 A 最高。

鸡架的相对营养价值比软下水好,特别适合以鱼为主要饲料的养殖户,配合部分鸡架饲喂,饲料的营养价值会更全面。但要注意,鸡肠含脂肪较高,且内有寄生虫,一定要洗净煮熟来喂狐。

血是营养价值很高的饲料。新鲜的血在狐整个生产期日粮中可占蛋白质总量的10%,但喂多了易引起下痢。牛羊血及马血新鲜时可生喂。凝固的血只能煮熟喂。

3. 鱼类饲料

鱼是维生素 A、维生素 D、维生素 B_{12} 和钙、磷饲料的重要来源,钴、碘含量也相当丰富,但铁、铜、锰、锌含量较少。规模化饲养,鱼是狐的主要饲料。同时氨基酸含量较高,且价格比较便宜。但鱼头、鱼排中的必需氨基酸含量很少,只能占动物性饲料蛋白质的 10%～15%,而且必须保证其他全价饲料的供给,否则将产生严重后果。

4. 蛋类和乳品饲料

养殖中常用的有牛奶、羊奶及奶粉。牛奶、羊奶或奶粉中的蛋白质、脂肪、碳水化合物、无机盐、维生素比任何饲料营养价值都丰富,而且均为可消化成分,是狐妊娠期、哺乳期不可缺少的饲料。乳品饲料的蛋白质很高,在狐饲料中少量给予,能够提高饲料的营养价值,改善饲料的可消化性和适口性。妊娠和哺乳母狐每头日可供给20～30 ml 全乳,如果是奶粉,可 1 份奶粉加 7 份水。

各种禽蛋都是营养价值非常高的全价饲料。主要用于配种的公狐,妊娠和哺乳期的母狐,一般可占动物性饲料的 5%～10%。喂蛋时要煮熟,既能杀灭病原微生物以防止疾病的发生,又可避免蛋中的抗生素物质破坏饲料中维生素 B 族元素。

5. 鱼粉

在我国毛皮兽饲养业中,常用的干动物性饲料主要是鱼粉,鱼粉是全价的营养饲料。养殖中常采用秘鲁鱼粉,其粗蛋白量达 60%。必须注意鱼粉中盐的含量不应超过 5%。鱼粉必须松散,没有团块,颜色要浅灰色或淡黄色,具有特殊的鱼香味,没有发霉和酸败。

二、植物性饲料

包括谷粉及谷物膨化饲料、饼粕类饲料、果蔬类饲料等。

1. 谷粉及谷物膨化饲料

谷粉饲料包括小麦、玉米、大麦等谷物的谷物粉。它们含有大量易消化吸收的碳水化合物。日粮中加入谷物粉的量,取决于狐所处的生物时期和混合日粮中脂肪的含量,加入的量一般占日粮热量的 25% 左右。

膨化是一种有前途的加工方法,谷物经膨化后,使碳水化合物分解出的糊精、淀粉变成糖,利于消化和吸收。

2. 饼粕类饲料

常用的饼粕类饲料主要有豆饼、豆粕、去皮花生饼和葵花籽饼。在应用饼粕类饲料时，一定要增加游离脂肪、脂溶性维生素和酵母的用量。饼粕饲料喂量一般不宜超过谷物饲料量的 1/3，否则易引起胃肠道症状。我国出产花生的山东、河北以及其以南地区，可充分利用花生饼。而出产葵花仔饼的地方，也要充分利用这一饲料来源。

3. 菜茎饲料

菜茎饲料维生素 A、维生素 E 和维生素 C 的含量较高。另外，蔬菜也可起到疏松饲料和提高适口性的作用。常用的有白菜、甘蓝、油菜、胡萝卜、萝卜、球茎甘蓝等。菜茎要求干净新鲜。

第五节　狐的饲养与管理

一、场区防疫措施

有效的防疫措施可减少或避免狐疾病的发生，日常的饲养管理中，必须坚持防重于治的原则。要做好工作就应注意以下几个方面：

第一，绝对禁止从疫区采购饲料。有不少传染病是家畜和狐狸共患的疫病，如果狐狸吃了患病家畜制成的肉类饲料，则会引起疫病发生。

第二，不能饲喂不新鲜、变质的饲料。鱼、肉类饲料在加工前要清除杂质，如泥沙、变质的脂肪等，然后用清水充分冲洗，方可进一步加工使用。

第三，饮水器具要经常冲洗、消毒，防止霉菌滋生。

第四，每天要及时清除粪便，并对地面进行冲洗。狐狸产仔期，要经常更换木箱里的垫草，垫草用于防寒保温，必须柔软干燥，无污染，无霉烂。

第五，饲喂用具应经常消毒，用 0.1% 的高锰酸钾溶液洗刷料桶、水盆及加工用具等，也可蒸煮消毒。

第六，为防止带入传染病源，对新引进的种狐，到场后必须单独隔离饲养半个月左右，进行观察，确认无病后再进场饲养。

第七，定期接种疫苗，是防止疫病的有效措施。每年要定期进行 2 次疫苗接种（12 月份留种时，7 月份仔兽分窝离奶 2 周后）。

第八，饲料中加入药物添加剂，可以有效地预防疫病的发生。如在饲料中，按每周每只喂给土霉素 1 粒，不但能防止饲料酸败，还可预防肠道疾病的发生。

第九，消毒是预防传染病的重要措施之一。因此，饲养场每月都要进行全场喷洒消毒,以控制疫病的发生。

二、各繁殖时期的饲养

饲养品种繁殖力的高低和日常饲养管理的好坏是养殖效益大小的关键。在选择优良狐品种的前提下,尽可能地提高其繁殖力。

1. 配种前的饲养管理

目前养殖户大多以饲养银狐和蓝狐为主。银狐在 12 月至来年 1 月进入配种准备期,蓝狐的配种准备期可延至 2 月份。配种前期要增加日粮中的蛋白质含量,以使种狐配种前达到较好的体况,使其配种前达到 5～6 kg。同时要逐步增加光照,以刺激其性腺发育。

2. 配种期的饲养管理

注意正确识别种狐的发情特点,并注意观察,以防漏配。一般雌狐进入发情期后,阴门肿胀,阴蒂增大;以后阴门由长形变为圆形;再以后,阴门外翻,富有弹性,流出少量分泌物,此为盛情期,可持续 3～5 天。雄狐的外生殖器随雌狐的发情节律而发生相应的变化。银狐的配种期在 2—3 月份,蓝狐的配种期在 3—4 月份。此期要供给种狐营养丰富、适口性好、易消化的饲料,适当增加饲料中微量元素和多维素的比例。每千克饲料中可添加维生素 E 20～30 mg,葱或蒜 4～5 g,微量元素 1～1.5 g。雌狐盛情期是配种受胎的黄金时期,应适时进行配种。交配活动应选择在双方性欲最旺盛的早晨或傍晚进行。把雌狐放入雄狐笼内,严防外界干扰。配种员应在暗处监视,一般半小时至 45 分钟即可达成交配,当发现 1 小时仍未完成交配时,要立即更换雄狐。若使用人工受精,要注意狐狸是子宫内射精的动物,精液要准确地输入子宫内,并且每次输入的有效精子数不少于 1 亿。为确保受胎,提高准胎率,不管是自然交配还是人工受精,都要在第 2 天再配 1 次。

3. 怀孕期的饲养管理

母狐在怀孕期要注意供给营养全面、品质优良的饲料,切忌饲喂霉烂变质和冰冻饲料,以防造成流产。同时还要搞好狐舍的卫生和消毒,保持狐舍的安静,尽量减少惊吓等强应激因素的发生。

4. 哺乳期的饲养管理

母狐产仔初期食欲较差,最好是少喂勤添,3 天后日喂 3 次,定时定量。仔狐长到 25 日龄就应进行补饲,一般每日补饲 2 次,这样一是可以减轻母狐的哺乳负担,二是可以满足仔狐生长发育的需要。

5. 仔狐的饲养管理

根据仔狐的生长发育情况,一般在 45～50 日龄就可断奶分窝,身体强壮的、有独立生活能力的应早分窝;身体较弱的应推迟分窝。仔狐分窝后进入育成期,由于该阶段仔狐生长发育较快,后期毛绒生长迅速,需要大量的营养物质,因此生产中应尽量让仔狐吃好吃饱。

第六节　狐的繁殖

一、繁殖生理特点

狐是季节性单次发情动物,多胎,1 年仅繁殖 1 次,单胎可产仔 6～12 只。狐只有在繁殖季节才能发情、交配、排卵、受精等,在非繁殖季节狐的睾丸和卵巢机能都处于静止状态。8 月末至 10 月中旬,母狐的卵巢逐渐发育,到 11 月份黄体消失,同时滤泡迅速增长,性器官也发育。一般银黑狐在 1 月中旬开始发情;蓝狐要到 2 月中旬开始发情。公狐睾丸在夏季非常小,只有 1.2～2.0 g,不产生精子,到 8 月末至 9 月初睾丸开始发育,重量和体积都有所增加,接近 1 月份时,睾丸重量可达到 3.5～4.5 g,并能产生成熟精子。母狐是自发性排卵动物,在 1 次发情中所产生的滤泡不是同时成熟和排卵,先成熟的卵泡先排卵。一般只交配 1 次的母狐,妊娠率只有70％左右,而且每胎的产仔数也少;如果第 2 天复配,妊娠率可达 85％左右,复配 3次的母狐,几乎全部妊娠,每胎产仔数也多。在我国北方,母狐一般配种期为:银黑狐在每年的 1 月下旬至 3 月下旬;蓝狐在每年的 2 月下旬至 4 月下旬。

二、引种与配种

种狐应从外贸部门和正规良种繁育场家引进。选择性情温顺、产仔量高、确保有生育能力的品种饲养。在引进种狐时,首先应考虑地理环境、气候、温度、饲养场地通风、光照度等条件。一般农户 1 次引进要在 3 组以上,以利择偶配种,切忌引进数量太少。

1. 做好配种前的准备工作

(1)免疫预防　凡参加配种的种狐,一定要按防疫程序注射犬瘟热、病毒性肠炎、狐脑炎等疫苗。按说明使用并选择可靠疫苗。

(2)体况调整　秋分之后即开始进行种狐体况调整。要种狐、皮狐分别喂养。公狐在配种前调整到中等偏上膘情体况,母狐调整到中等膘情体况。要防止饥饿降肥的办法,饥饿降肥有损种狐健康。种狐不能过肥或过瘦,过肥发情迟缓,不利交配;过瘦则不利于发情。并且体况过肥或过瘦都会影响母狐卵巢卵胞发育,从而影响排卵数,降低受胎率和产仔率。

(3)加德纳氏菌病的防治　加德纳氏菌病在我国养狐场中广泛流行,危害极大。加德纳氏菌能使妊娠 20～45 天的母狐流产或妊娠中断,胎儿被吸收。狐感染加德纳氏菌后,主要引起泌尿生殖系统病状,母狐出现阴道炎、子宫炎、子宫颈炎、卵巢囊肿、肾周围脓肿等症;公狐出现包皮炎和前列腺炎等症状,性欲减退或丧失交配能力,如交配母狐即可传染给母狐加德纳氏菌病;病情严重者,表现食欲减退,精神沉郁,卧在笼内一角,典型特征是尿血,后期体温升高,肝脏变性,肾肿大,最后败血而死亡,给养狐业造成很大危害。治疗本病用红霉素、氨苄青霉素、拜有利等,对阴性狐注射加德纳氏菌疫苗等均可治疗,简便方法利用拜有利予以防治,在配种前每只狐按每 10 kg 体重注射 0.3 ml,每日 1 次,连续 3 天会收到显著效果,可杜绝流产和空怀。

(4)寄生虫防治　体内外寄生虫对狐危害很大。如蛔虫,孕狐带有蛔虫卵所产仔狐均会传染上蛔虫病,严重患狐因蛔虫过多造成肠梗阻而死亡,剖检可见肠内蛔虫堵塞成团;再如体外螨虫病,孕狐有螨虫卵,所产仔狐均会受到传染。仔狐口、鼻、眼、耳、头部及胸部有的全身皮肤发红,有疹状小结节、皮肤秃毛、皮下组织增厚、奇痒等症状。还有线虫、绦虫、弓形虫病等,如在配种前不能治愈,孕狐产仔后,均会传染给幼狐,所以在配种前要给予彻底治愈。治疗体内外寄生虫病,效果最好的是进口的害获灭。

(5)饲养管理　配种前两个月要人为增加狐的运动,给予充足光照。狐生殖器官的发育,受自然光周期和光照的调节。当秋分后日照时数逐渐短于黑夜时间时,其生殖系统开始缓慢发育,随着白天日照时间进一步延长,银黑狐和蓝狐先后进入繁殖季节。在饲料中,要断续地增加大蒜(每只狐 2～3 g 即可),通过气味刺激促进全群性兴奋,达到及早发情、适时配种的目的。

2. 发情鉴定与配种方法

(1)发情征状　狐的发情期,银黑狐一般在 1 月中旬到 3 月中旬;北极狐在 2 月中旬至 4 月下旬。母狐的发情鉴定较为繁杂,常用的鉴定方法有外阴部观察法、放对试情法、阴道涂片法、测情器法。发情征状:母狐表现食欲减退,攀爬笼门。发情旺期阴门呈椭圆形,阴唇外翻,颜色变深,阴门可见微微皱折,个别阴门流出凝乳状分泌物。如果此时将母狐放入公狐笼内,母狐即会自动提尾,接受公狐的爬跨。

(2)配种方法　狐的配种方法,可以为自然交配和人工受精两种。

①自然交配法。又分为合笼饲养交配和人工放对交配。合笼饲养交配,节省人力,但使用公狐较多,造成饲料浪费,不易掌握预产期,无法掌握公狐交配能力的好

坏,现很少采用。但在配种后期,对那些发情晚、不发情或放对不接受交配的母狐可采用此法。人工放对配种,是国内养狐业采用的主要方法。平时公、母狐单笼饲养,配种期将发情母狐放入公狐笼内交配。

②人工受精法。是用人工方法采集公狐精液,再把经过处理的精液输入到发情母狐子宫内,使母狐受孕。人工受精法是我国迅速推广应用的一项先进技术。它的优点是:可利用优良种狐基因的扩散和品种改良,提高优良种狐的配种能力,减少疾病传播机会,解决自然交配中拒配、生殖道畸形、阴道狭窄等困难问题。

3. 配种期的管理

(1)交配与放对时间 经产狐交配期比初产狐早大约 20 天,集中在 2 月下旬至 3 月中旬。初产狐发情较晚,交配时间集中在 3 月中旬至 4 月下旬。交配晚的母狐,幼仔成活率低。所以发情过晚的母狐,在选育种狐时应淘汰。蓝狐发情比银狐晚 20 天左右。一般在早上 5:30—7:30 放对。阴雨天下午 3:00—5:00 也可以放对。晚上放对不便于观察。公狐每天放对交配可使用 2 次,时间要间隔 4 小时以上。放对时应根据母狐阴门"粉红色早、紫黑色迟、深红湿润正适宜"的放对配种经验,将母狐放入公狐笼内,母狐安静站立等候公狐爬跨。这样的放对配种,绝大多数都能受孕,同时要注意观察母狐动向,"母狐站立稳,尾巴甩一边,公狐爬跨母不咬,这时配种恰正好,初配复配三、四次,空怀低来产量高。""阴门湿润排卵期,公母放对最适宜,交配次数别太多,3~4 次即可以,配准一次也可孕,再配几次多产仔,一年只发一次情,千万别错过此时。""阴门要湿润,干巴不放对,放对配上也不孕。"

(2)配对方法 初产母狐要选成年公狐配对,经产母狐要选青年公狐配对。要遵循"老配早,小配晚,不老不小配中间"的原则。这种配种方式可提高繁殖力。

(3)减少应激 狐生性机警、极易受惊。在繁殖期特别是在妊娠期和哺乳期对"应激"反应尤为敏感。"应激"带来的生理紧张,直接影响繁殖成活率的高低,因此,在整个配种繁殖期内要保持狐场安静,固定饲养人员,谢绝参观,禁止一切车辆马达声进入狐场。

(4)建立档案 认真做好每只狐的建档工作。将其出生年月、编号、配种时间、历次产仔数、原产地、本年配种时间、产仔数、配偶编号等记载下来,备查。

(5)产前的准备 狐的妊娠期一般为 51~52 天。在配种后 10 天左右注射黄体酮 0.5 ml,促进其安胎和保胎。打完黄体酮后即可放入产箱笼内,产箱门要关闭,待临产前 5~7 天将产箱门打开让母狐进入产箱产仔。产箱要认真消毒,产箱要保暖,对所有缝隙要堵住,防止冷风侵入。

三、妊娠

妊娠期的狐应保证供给全价、易消化、清洁新鲜的饲料,饲料要多样化,以保证必需氨基酸的摄入。妊娠狐的食欲强,但初期饲喂量不能马上增加,以保持狐中上等体况为宜。临产前后狐的食欲减退,采食量为原来的五分之四,并将之调稀。

　　饮水要充足,饮水器、食具要每天刷洗,每周消毒 1～2 次,产箱内要铺垫草,以防寒流侵袭引起感冒。饲养人员每天都要注意观察狐群动态,发现问题及时解决,使其尽早恢复食欲,避免影响胎儿发育。如果发现有流产征候的,应每天给妊娠狐狸肌肉注射黄体酮 20～30 mg 保胎。

　　做好产前的准备工作。对已到预产期的狐狸要注意观察,看其有无临产征候、乳房周围的毛是否较好、有无难产表现等,如有,应采取相应措施。

四、分娩

1. 产前准备

　　母狐的妊娠期一般为 55 天左右。产前 10 天应将产箱清扫干净并消毒,小室用喷灯火焰灭菌,然后垫上柔软的垫草,小室内的缝隙用纸糊严,以利保温。同时,准备好接产用的各种用具和药品。

2. 分娩

　　母狐一般都能够顺利分娩,但个别的也有难产。如出现临产症状,羊水已流出但长时间不见胎儿产出时可进行药物催产。经 2～3 小时后仍不见胎儿娩出,可施行人工助产。具体方法是,先用消毒药液做外阴部处理,再用石蜡油做润滑剂,将胎儿拉出。催产和助产失败时,应进行剖腹产手术。

第七节　狐的常见病防治

一、疾病防治的基本原则

　　"防重于治,以防为主",这是兽医工作者的基本原则。与家畜相比毛皮动物对一般的疾病有较大的抵抗力,早期症状不明显,如经验不足或不注意观察难以发现,当症状明显时,病程均已较长,不利于疾病的治疗。狐对药物比较敏感,在用药上要慎重,剂量一定要准确。

　　药物应掌握少而精的原则。毛皮兽投药不太方便,所以药物体积不宜过大,无特别大的异味,投药次数不应过多,药物剂型使用方便,药效持久和作用迅速可靠。狐被毛很厚,治疗时破坏被毛,失去经济价值,所以病危时不宜急救。

二、常见疾病的防治

1. 加德那氏杆菌症、布氏杆菌病及钩端螺旋体病等

这些都是直接影响狐繁殖力的重要疾病。因此,要通过检疫和免疫接种,淘汰病狐,净化狐群,以减少疾病对提高繁殖力的影响。

2. 犬瘟热病和附红细胞体病混合感染

采取紧急接种,注射高免血清,加强饲养管理,每年接种犬瘟热疫苗等措施。

3. 白肌病

可在日粮中添加适量维生素 E 或大麦芽,添加适量棉籽油。也可肌注维生素 E 针剂,待病情得到控制后,继续添加维生素 E 粉剂,同时配合一定量的多种维生素效果更好。

4. 出血性肺炎

依据临床症状,初步判断为因细菌感染或因中暑而导致的急性出血性肺炎。用灭菌棉签采集患狐呼吸道分泌物革兰氏染色镜检细菌呈阴性,血液涂片染色镜检亦呈阴性,故可诊断为因中暑而导致的急性出血性肺炎。

治疗:10%葡萄糖 250 ml×1,VC 2 ml×2,氨苄青霉素 0.5 g×2,磷酸地塞米松 2 mg×4,磷酸阿托品 5 mg×1,ATP 2 ml×1。以每分钟 35～40 滴的速度静脉滴注。用药 40 分钟后,患狐呼吸渐平稳,输液结束后精神即明显好转,意识清楚,能站立,大多数第 2 天可痊愈。

5. 尿湿症

可视黏膜苍白,尿频而淋漓,尿道口周围毛绒被尿液浸湿;病程长者尿液浸坏皮肤,出现皮肤红肿、糜烂和溃疡,被毛脱落,皮肤坏死。

治疗方法:减少日粮中脂肪含量,绝对不喂含酸败脂肪的饲料,增加糖类饲料量,供给充足饮水。大群发病时,一定要更换饲料,增加乳、蛋、酵母和鱼肝油的给量;重者可投给乌洛托品以解毒利尿,同时用青霉素 10 万单位和维生素 E 注射液 1 ml,维生素 B_1 注射液 0.5 ml,分别 1 次肌注,连用 2～3 天。

6. 难产

当发现难产母兽并确认子宫颈口已开张时,可肌注催产素 0.3 ml,间隔 20 分钟重复注射 1 次;24 小时仍不能产出者,也可进行人工助产。如确诊胎儿已死,可用产科钳将死胎拉出;如发现胎儿夹在产道内不能娩出,也可人工助产,随母兽阵缩拉出。如遇有个别病例,此法不能使胎儿产出时,为获得仔兽,挽救母兽,最后可行剖腹产手术。

7. 胃肠臌胀

首先，必须排除引起臌胀的原因，减少胃肠道的发酵产气过程。口服 5％的乳酸溶液（或食用醋）3～5 ml，往往能缓解本病。口服萨罗 0.2 g、乳酶生 1.2 g、人工盐 0.2 g 的合剂也能奏效。当然病情危急者，应采用穿刺放气法治疗，同时注入乳酸等防腐剂。

8. 乳房炎

可每日按摩乳房，挤出乳汁。如感染化脓，可用 0.25％的奴夫卡因 5 ml、青霉素 40 万单位，在患狐炎症位置周围的健康部位进行封闭治疗。化脓部位用 0.3％利凡诺溶液洗涤创面，然后涂以青霉素油剂或消炎软膏。对拒食的母狐，要皮下注射 5％的葡萄糖溶液 20～30 ml，肌肉注射复合维生素 B 1～2 ml。母狐患乳房炎时，其仔狐要由其他健康母狐代养，以保其成活。

9. 脑炎

初次发热期可用血清进行特异性治疗，以抑制病毒的繁殖扩散，但在中后期效果不佳。此外，球蛋白也能提供短期的治疗效果。有人提倡注射维生素 B_{12} 和叶酸治疗本病。维生素 B_{12} 成狐每只量为 350～500 μg，幼狐每只量为 250～300 μg，同时饲料中给予叶酸，每只量为 0.5～0.6 mg，持续 10～15 天。预防接种是预防本病的根本措施。

10. 大肠杆菌

高免血清 200 ml，新霉素 50 万单位，维生素 B_{12} 30～60 mg，青霉素 50 万单位，上述合剂对 1～5 日龄病崽兽皮下注射 0.5 ml，日龄较大的可以注射 1 ml 以上。

11. 脱肛（直肠脱出）

首先用 0.1％的高锰酸钾水溶液洗净直肠上粘着的污物，如已水肿，可用手轻轻按摩或用针刺，待水肿消失、变软后，再用 0.5％～1％的普鲁卡因溶液洗脱出的直肠，予以麻醉。用玻璃棒与手合作把脱出部分轻轻送回。最后进行烟包式缝合，在缝合时松紧要适度，免得重新脱出或造成排粪困难，5～7 天可拆线。

12. 食毛症

防治措施是向日粮中补充含硫氨基酸饲料，如羽毛粉、鸡蛋、豆浆等。日常要注意供给营养全价的饲料，搞好笼舍和产仔箱的卫生。

13. 银狐疥癣病

从患部皮肤的病变交界处刮取痂皮放入器皿中，加 10％的苛性钾溶液，浸泡 5 分钟镜检，可发现有大量椭圆形成虫和 3 对腿的幼虫以及灰白色半透明的椭圆形虫卵。根据发病情况及临床症状,镜检确诊为疥癣病。

治疗:建议养兽户主及时把银狐从潮湿的舍内迁出,放入专用铁笼内,置于干燥朝阳的兽棚中;采用阿维菌素注射液,按每千克体重 0.2 mg 注射;地面及时用生石灰消毒,狐身及用具定期用百毒杀喷雾消毒。5 天后痒觉可消失,皮屑及痂皮逐渐脱落,露出鲜红色皮肤。遂又按前面方法注射 1 次。7 天后可痊愈,患处长出新毛。

14. 肉毒梭菌毒素中毒

本病因来势急,死亡快,群发等特点,一般来不及治疗,可用强心、利尿剂,皮下注射葡萄糖溶液等。从根本上预防本病,应注意饲料的卫生检查,用自然死亡的动物的肉类时,要经过高温处理后再喂。最有效的方法是注射肉毒梭菌疫苗,而且最好用 C 型肉毒梭菌苗,每次每只注射 1 ml,免疫期 3 年。

15. 痘病

目前尚未解决免疫问题。本病可肌注抗坏血酸(1 ml,5％的溶液)和维生素 B_{12}(100～300 ml),药品分别注入两侧后肢脚掌。重症病例,按疗程隔 2～3 天重复注射。

16. 狐膀胱麻痹

根据特有临床症状建立诊断。如果病兽无窒息症状,可将母兽从小室内驱赶出来,让其在笼子内运动 20～40 分钟,使尿液从膀胱中排空。如还不能达到目的时,可将母兽放到兽场院内 10～20 分钟,使其把尿充分排出。如上述方法无效,可实行剖腹术,经膀胱壁把针头刺入膀胱内使其尿液排空。预防:哺乳期要合理饲养,保持兽场安静。饲养人员在喂饲时如母兽不从小室内出来,可把母兽赶出小室,插上挡板,让母兽把尿在外面排出后,再打开挡板放回小室内。应用这种简单方法,即可有效预防膀胱麻痹病。

17. 沙门氏菌病

为保持心脏机能,可皮下注射 20％的樟脑油,幼狐为 0.5～1.0 ml。用氯霉素、新霉素和左旋霉素治疗,幼狐为 5～10 mg,成年狐为 20～30 mg,混于饲料中分别喂,连续 7～10 天。加强妊娠期和哺乳期的饲养管理,对提高仔狐对沙门氏菌病的抵抗力有重要作用,特别是断乳期仔狐的日粮要求新鲜、全价。管理上要求保持小室清洁卫生。加强兽医卫生临督,不允许用沙门菌污染的饲料喂狐。对可疑饲料要进行无害化处理后再喂。发现有本病,马上隔离治疗,对笼舍用具要严格消毒。治愈的狐仍需坚持隔离饲养到取皮。

18. 传染性肝炎

防治措施:首先应隔离或扑杀病兽,笼舍彻底清理并用喷灯消毒,地面可用生石灰水消毒；疑似病兽亦应隔离，并用维生素 B_{12} 和叶酸治疗，同时用磺胺、抗菌素控制并发症。免疫预防可用感染动物脏器组织和细胞培养的甲醛灭活菌皮下接种1 ml，半年 1 次；或用细菌培养弱毒苗或多价联苗（犬瘟热苗、副流感苗、细小病毒苗、犬钩端螺旋体菌苗等二联、三联或多联苗）合用。对有此病传染的养兽场，淘汰病兽、同窝幼兽以及与病兽密切接触的毛皮兽是至关重要的。要定期严密地搞好检疫，更不要到疫区引进种兽，以防止疫情传入。

19. **维生素缺乏症**

为了预防狐出现维生素缺乏症，除了保证配制日粮的原料多样性外，还应适当加入一些牛乳、鲜肝等，同时注意多种维生素的添加量。一旦发病，应采取具体措施进行治疗。

第十章　观赏熊

　　熊是哺乳纲,食肉目,熊科,是属于熊科的杂食性大型哺乳类,以肉食为主。从寒带到热带都有分布。躯体粗壮,四肢强健有力,头圆颈短,眼小吻长。前后肢均具有五指、趾,弯爪强硬,不能伸缩。跖行性。短尾隐于体毛内。毛色一致,厚而密。齿大,但不尖锐,裂齿不如其他食肉目动物发达。杂食性。行动缓慢,营地栖生活,善于爬树,也能游泳。嗅觉、听觉较为灵敏。毛皮、肉、脂、胆、掌均有较大的经济价值,有时对养蜂业、农业、牧业、果树等造成危害。

　　全世界的熊共有 7 种,分布在欧洲有 2 种、北美洲有 3 种、亚洲有 6 种、南美洲有1 种。在我国分布的有大熊猫、马来熊、棕熊和黑熊 4 种。目前,所有熊类均不同程度地受到人类及其活动的威胁,曾经分布很广的熊类的栖息地变成了孤立的小区,导致了种群的分离。栖息地消失最严重的是亚洲黑熊、懒熊、大熊猫、太阳熊和眼镜熊。此外,人们还猎取熊骨、熊胆和熊掌用作亚洲传统药材和奢侈的食品,导致熊类数量不断减少。此外还有北极熊、阿特拉斯棕熊(北非棕熊)、懒熊和眼镜熊。

第一节　熊的种类

一、棕熊(彩图 10-1)

　　所有熊类物种中棕熊分布最广,从北美洲、俄罗斯,到整个亚洲以及日本北海道的北部都有它的足迹。另外,棕熊还出现在欧洲,在希腊、意大利和西班牙也有少量分布。我国主要分布于新疆、青藏高原和东北山林地区。近年来,分布区已缩小。棕熊在4～7 年达到性成熟。野外寿命为 20～25 年。棕熊是杂食性动物,但它们的食物组成以蔬菜为主。在一些地区,它们成为大中型有蹄动物的主要捕食者,如驼鹿、北美驯鹿等。

二、大熊猫(彩图 10-2)

我国重点保护的野生濒危动物。大熊猫在我高海拔山脉的竹林中栖息(120~3500 m)。巢域面积为 3.9~6.4 km² 不定。分布在我国西南六个偏远地区,总分布区面积仅为 1400 万 km²。大熊猫 5 年达到性成熟,一窝 1~2 个幼仔(很少 3 个)。刚出生的幼体仅 100 g。大熊猫极度濒危,目前认为世界上仅有 1000 只左右。野生大熊猫的寿命为 25~30 年。圈养大熊猫数量约 100 只。

三、马来熊(彩图 10-3)

我国重点保护的野生动物名录一级。马来熊生活在浓密的热带森林中,利用长爪可以轻松爬到树上取食水果。分布于南亚和东南亚,包括缅甸、老挝、柬埔寨、越南、马来西亚、婆罗洲和苏门答腊岛的印度尼西亚等。我国只见于台湾、云南绿春和西藏芒康,在广西中越交界的靖西曾捕获 1 只。雌性 3 年达到性成熟,一窝 1~2 个幼仔,偶有 3~5 仔。新生幼仔重不足 300 g。马来熊吃多种植物和水果,喜爱蜂蜜,还取食多种昆虫、晰蝎、啮齿类、鸟卵,甚至包括在觅食过程中遇到的小型哺乳动物。

四、懒熊(彩图 10-4)

懒熊生活在不同的生境中,从热带旱生林到印度北部的草地以及南部潮湿的热带森林都有分布。大多数懒熊现在斯里兰卡,此外在孟加拉国、尼泊尔和不丹也有过懒熊的报道。懒熊主要取食白蚁,还取食鸟卵、昆虫、蜂房、死的动物以及各种蔬菜。

五、黑熊(彩图 10-5)

黑熊主要生活在森林地带。在它们分布生境的北部,如我国和日本的北部,冬季有冬眠的习性,而在南部温暖的地区不冬眠。黑熊在南亚有广泛的分布,它们沿着阿富汗山脉、巴基斯坦、北印度、尼泊尔,到越南、泰国直到我国的东北部。在俄罗斯东南部、台湾和日本都有黑熊分布。雌性 3~4 年达到性成熟。野外生存个体寿命为25~30 年。黑熊取食多样,包括多种植物、水果、昆虫、无脊椎动物、小型脊椎动物及腐肉等,偶尔也偷袭家畜。我国黑熊的野生种群估计为 12000~18000 只,最高估计也超不过 2 万只。

六、眼镜熊(彩图 10-6)

眼镜熊是所有熊类中唯一生活在南美洲的物种。雌性个体 4 年左右达到性成熟。野外寿命大约 25 年。与其他熊类相比,眼镜熊更趋向于植物性食物。

七、北极熊(彩图 10-7)

北极地区的海和冰是北极熊的栖息地。它们的皮下厚脂肪层可以抵御冰冷的海水。冬季北极的温度会降到－40℃,但北极熊的体温可以稳定地维持在哺乳动物所需的 37℃。在加拿大、格陵兰、挪威和俄罗斯环绕北极圈的地区都有北极熊分布。世界上 60％的北极熊分布在加拿大。北极熊是所有熊中肉食性最强的一种。它们的主要食物为海豹,尤其是环斑海豹、海象幼体、鱼类及海鸟。

八、美洲黑熊

美洲黑熊在北美海平面到海拔 2000 m 高度的干燥和潮湿的森林地区都有分布。它们是爬树和游泳的好手。在北部寒冷地区有冬眠的习性。雌性个体 3～4 年达到性成熟,野外寿命为 20～25 年。美洲黑熊是杂食性动物,取食范围较广。在大多数地区昆虫、坚果、草苟、草、树根以及其他植物是它们食物的主要部分。美洲黑熊是所有熊类中数量最多的一种。

第二节　　熊的生物学特性

一、大熊猫

食肉目,熊科,大熊猫亚科,又叫猫熊、大猫熊。大熊猫的分类地位一直有较大争议,大熊猫的祖先是拟熊类演变而来的始熊猫。现在国际上普遍接受将它列为熊科、大熊猫亚科的分类方法,目前也逐步得到国内的认可。国内传统分类将大熊猫单列为大熊猫科。

1. 外形特征

大熊猫体型肥硕似熊,但头圆尾短,头部和身体毛色黑白相间分明。其体长 120～180 cm,尾长 10～20 cm,白色,体重 60～110 kg。头圆而大,前掌除了五个带爪的趾外,还有一个第六趾。躯干和尾白色,两耳、眼周、四肢和肩胛部全是黑色,腹部淡棕色或灰黑色。

2. 分布范围

大熊猫生活在我国长江上游向青藏高原过渡的这一高山深谷地带,包括秦岭、岷山、邛崃山、大小相岭和大小凉山等山系。竹子是这里主要的林下植物。

3. 生活环境

大熊猫栖在长江上游各山系的高山深谷,为东南季风的迎风面,气候温凉潮湿,其湿度常在 80% 以上,故它们是一种喜湿性动物。它们活动的区域多在坳沟、山腹洼地、河谷阶地等,一般在温度 20℃ 以下的缓坡地形。这些地方土质肥厚,森林茂盛,箭竹生长良好,构成为一个气温相对较为稳定,隐蔽条件良好,食物资源和水源都很丰富的优良食物基地。

4. 生活习性

除发情期外,常过着独栖的生活,昼夜兼行。巢域面积为 $3.9 \sim 6.4 \ km^2$ 不定,个体之间巢域有重叠现象,雄体的巢域略大于雌体。雌体大多数时间仅活动于 $30 \sim 40 \ hm^2$ 的核域内,雌体间的核域不重叠。食物主要是高山、亚高山的约 50 种竹类,偶食其他植物,甚至动物尸体。日食量很大,每天还到泉水或溪流饮水。

野外生活的大熊猫,平均寿命约为 15 年,性成熟期是 $6.5 \sim 7.5$ 年,大多于 4 月发情。一般于当年 9 月初在古树洞巢内产仔,每胎大多产 1 仔,偶尔也产 2 仔。1 个月左右的熊猫幼仔长出黑白相间的毛,体重约有 1 kg,但仍不能行走,眼不能感光。3 个月的幼仔开始学走步,视力达到正常。半岁后的幼仔体重已达 13 kg 左右,这时可以跟着母亲学吃竹子,还要吃些奶补充营养,同时开始学习野外谋生的本领。满 1 岁时幼仔已长到 40 kg 左右,到 1 岁半时体重可达 50 kg 以上,此时熊猫幼仔才开始独自生活。野外大熊猫雌雄性比约为 1:1。

5. 食物特性

大熊猫的食谱非常特殊,几乎包括了在高山地区可以找到的各种竹子,大熊猫也偶尔食肉(通常是动物的尸体)。独特的食物特性使它们被当地人称做"竹熊"。竹子缺乏营养,只能提供生存所需的基本营养,大熊猫逐步进化出了适应这一食谱的特性。在野外,除了睡眠或短距离活动,它们每天取食的时间长达 14 个小时。1 只大熊猫每天进食 $12 \sim 38$ kg 食物,接近其体重的 40%。大熊猫喜欢吃竹子最有营养、含纤维素最少的部分,即嫩茎、嫩芽和竹笋。大熊猫栖息地通常有至少两种竹子。当一种竹子开花死亡时(竹子每 $30 \sim 120$ 年会周期性地开花死亡),大熊猫可以转而取食其他的竹子。但是,栖息地破碎化的持续状态增加了栖息地内只有一种竹子的可能,当这种竹子死亡时,这一地区的大熊猫便面临饥饿的威胁。

二、棕熊

1. 外形特征

棕熊是世界上第二大的熊科动物。它们的体形健硕，肩背隆起，粗密的被毛有着不同的颜色，例如金色、棕色、黑色和棕黑等。到了冬天被毛会进一步长长，最长能到10 cm；到了夏季则重新变短，颜色较冬季深。有些棕熊被毛的毛尖颜色偏浅，甚至近乎银白，这让它们的身上看上去披了一层银灰，"灰熊"的名字也由此而来。棕熊体型较大，公熊体重大约135~390 kg；母熊则有95~205 kg左右。棕熊肩背上隆起的肌肉使它们的前臂十分有力，前爪的爪尖最长能到15 cm。由于爪尖不能像猫科动物那样收回到爪鞘里，因此相对比较粗钝。尽管如此，和那颗硕大的头颅比起来，它们的耳朵显得颇小，当它们换上厚厚的长毛冬装时，那对小耳朵更是若隐若现。棕熊的吻部比较宽，有42颗牙齿，其中包括两颗大犬齿。和其他熊科动物一样，它们也是跖型动物，并长有一条短尾巴。

2. 分布范围

棕熊是分布最为广泛的熊科动物，它们可在欧亚大陆和北美的很多地方被人们见到。目前来说数量最为稳定的棕熊群体位于俄罗斯和北美洲。在欧洲，它们的群体如今被分割成互不相通的几小块，居于欧洲的中部和西部。而在我国的棕熊主要分布在新疆、青藏高原和东北山林地区，这里除了有知名亚种外，还有珍稀的藏马熊和喜马拉雅棕熊。

3. 生活习性

棕熊也是杂食性动物。它们的食谱也一样会随着季节的不同发生变化。一般来说，植物性食物占了60%~90%，这其中包括各种植物的根茎、块茎、草料、谷物及各种果实等。其余则为动物性食物，例如昆虫、啮齿类动物、有蹄类动物（例如麋鹿、驯鹿、驼鹿等）、鱼和腐肉等。有时机会适当它们甚至会杀死个头比它们小的黑熊充饥。居住在海岸线周围的棕熊每年在鲑鱼产卵的季节还有机会扑进水里享受一阵子营养丰富的鲑鱼大餐。

4. 生活环境

棕熊是一种适应力比较强的动物，从荒漠边缘至高山森林，甚至冰原地带都能顽强生活。生活在北美洲的棕熊似乎更喜欢开阔地带，例如苔原区域和高山草甸，在海岸线附近也常能见到它们的足迹。欧亚大陆上的棕熊则更喜欢居于茂密的森林之中，这样白天就方便隐藏了。

5. 生长繁殖

棕熊的婚配季节一般是在每年的 5—7 月。母熊的孕期约有 180～266 天,届时它们会产下 1～3 个宝宝,通常是两个。小宝宝们刚出生的时候非常小,只有 300 g 重,它们会和妈妈一起待到两岁半至四岁半后才会独闯天下。孩子们通常要长到 4～6 岁才会性成熟,但要到生理成熟还要等到 10～11 岁的时候。在野外讨生活的棕熊们寿命大约有 20～30 年,当然很多棕熊在它们生命的最初几年就宣告结束。在圈养条件下,寿命最长的棕熊活到了 50 岁。

三、马来熊

马来熊是世界上最小的熊类,又叫狗熊、太阳熊。

1. 外形特征

身长 120～150 cm ;尾长 3～7 cm ;体重 27～65 kg。马来熊是熊科动物中身形最小的成员。公熊的个头只比母熊大 10%～20%。马来熊全身黑色,体胖颈短,头部短圆,眼小、鼻、唇裸露无毛,耳小而颈部宽。全身毛短绒稀,乌黑光滑;鼻与唇周为棕黄色,眼圈灰褐;两肩有对称的毛旋,胸斑中央也有一个毛旋。尾约与耳等长;趾基部连有短蹼。前胸通常点缀着一块显眼的“U”形斑纹,斑纹呈浅棕黄色或黄白色。马来熊的头部比较宽,突出的口鼻部分呈浅棕色或灰色,两只圆耳朵很小,位于头部两侧较低的位置上。它们的舌头很长,吃起白蚁或其他昆虫来很方便。马来熊的脚掌向内撇,尖利的爪钩呈镰刀形,这让它们成了当仁不让的爬树专家。

2. 分布范围

马来熊主要分布在东南亚和南亚一带,包括老挝、柬埔寨、越南、泰国、马来西亚、印度尼西亚、缅甸和孟加拉国等地,在我国云南绿春以及西藏芒康也有少量分布。

3. 生活习性

马来熊也是林栖动物,它们酷爱居住在低洼地带的茂密的热带林中。和很多野生动物一样,它们也喜欢在夜间出来活动。由于它们是出色的爬树高手,生活中有很大一部分时间是在离地 2～7 m 的树权上度过的,包括睡眠和日光浴。冬季的马来熊并不冬眠,或许这是因为它们居住在炎热地带,而食物来源一年到头都比较充足的缘故吧。马来熊是杂食性动物,而且是有什么吃什么。在它们的食谱中,最常见的是蜜蜂和蜂蜜、白蚁以及蚯蚓,如果能找到各种美味的果子和棕榈油,当然也不会放过。偶尔运气不错,它们也会捕捉一些小型啮齿类动物、鸟类和晰蜴等打打牙祭,甚至还会帮助老虎打扫吃剩的腐肉。

4. 生活环境

马来熊生活在热带和亚热带森林中,性孤独,白天在树上休息,夜行动敏捷,善攀缘。胆小,怕冷但不冬眠。杂食性,吃树叶、果实、蜂蜜、昆虫及小动物。3 岁性成熟,妊娠期 7~8 个月,每胎 1~2 仔。寿命约 24 年。是国家一级保护动物。

5. 生长繁殖

在繁殖方面,人们对野生马来熊的了解十分稀少。它们可能没有固定的交配季节,因为一年到头都可能有熊宝宝降生。熊妈妈的孕期大约有 95 天,它们也有受精卵延迟着床现象,在国外的动物园就曾有过记录,表明有的母熊怀孕长达 174~240 天。熊妈妈每次大约能产下两个孩子,有时会有 3 个。新生的熊宝宝十分柔弱,体重只有 300 g 左右,全身也没有毛发,它们会和母亲一起生活到成年才会独立生活。至于性成熟,一般是需要 3 年。圈养情况下,它们的最长寿命大概有 24 年。

四、懒熊

1. 外形特征

懒熊,属体型中等的熊科动物,体长约有 140~180 cm,肩高 61~91 cm。公熊体重 80~140 kg,比母熊约重 30%~40%。懒熊全身覆盖着长长的黑毛,毛发中间夹杂着棕色或灰色,前胸点缀着一块白色或淡黄色的"U"形或者"Y"形斑纹。懒熊的脸部毛发相对较少,毛色偏灰。它们的口鼻很长,还能灵活移动,嘴唇裸露,舌头也很大,另外,它们还能随意控制鼻孔的闭合。懒熊的上颚只有 4 颗门牙,而不像很多其他种类的动物那样上下各有 6 颗,这样中间形成的空隙就有助于它们吸食白蚁。懒熊尾巴粗短,脚掌堪称巨大,脚掌上长有很长的爪钩,不但方便它们挖掘蚁洞中的蚂蚁,还便于它们爬树。这些爪钩形状类似树懒,懒熊的名字也因此得来。

2. 分布范围

懒熊主要居住在印度和斯里兰卡,在孟加拉国、尼泊尔和不丹也有少量分布。20年前,它们曾在印度和斯里兰卡随处可见,如今却成了稀有之物。在热带地区的森林和草原上还能窥见它们的身影,特别是在低海拔而又比较干旱的林地以及岩石地带。

3. 生活习性

懒熊白天通常在靠近河岸边的洞穴里舒服地休养生息,夜间才会出来活动觅食。它们有着极好的嗅觉,可视力和听觉很差,有时人类来到近旁之后它们才发现。懒熊本身并不是好斗的动物,不过这种"突如其来"的近距离接触也会让它们吓一大跳,为了自我保护,它们不得不发威,用武力赶走入侵者。

人类对懒熊了解十分有限,据推测,它们应该也是独行动物,多数时候孤身只影,除非那些带着孩子四处奔波的单身母亲。懒熊无需冬眠,不过雨季到来的时候它们也会减少活动。懒熊对领地不太看重,它们可以友善地对待共享领地的同类,很少发生摩擦。不过它们仍然会在树边磨蹭身体,并抓挠树干,以便留下自己的气味。

懒熊的数量目前只有 10000～25000 只左右,而且还在下降。威胁它们生存的主要原因是栖息地的丧失,人们为了农业开垦和城市发展毁坏了大片的森林,不仅让包括懒熊在内的很多动物失去了食物来源,也让它们无家可归。此外,年幼的懒熊还被人捉去表演马戏。为了取悦人类,并为主人挣钱,它们受尽了折磨。这些人将懒熊的鼻子刺穿,并拔掉它们的牙齿和爪子,还将它们赶到烫手的金属盘子上学习跳舞。长期的虐待和糟糕的生活条件常让这些悲惨的跳舞熊在很年轻的时候便宣告死亡。CITES目前已将懒熊置于附录 I 加以保护,而 IUCN 的红皮书中,懒熊则被列为"濒危"。

4. 生长繁殖

懒熊每次产 1～3 只仔熊,孕期约 7 个月。幼熊两三个月时可离开洞穴,常常骑在母熊身上,抓住母熊肩上的长毛。曾有 1 只懒熊在人为饲养下生活到 40 岁。

五、亚洲黑熊

亚洲黑熊又称为狗熊,因胸部有一块新月形的白斑也称其为月熊。主要分布于亚洲的印度、尼泊尔、日本、朝鲜半岛、中南半岛、阿富汗、俄罗斯及中国。

1. 外形特征

亚洲黑熊体形较小,体长 1.6 m 左右,体重一般不超过 200 kg。体毛黑亮而长,下颏白色,胸部有一块"V"字形白斑。头圆、耳大、眼小,吻短而尖,鼻端裸露,足垫厚实,前后足具五趾,爪尖锐但不能伸缩。亚洲黑熊通常生活在潮湿的丛林地区,尤其是山地森林,除发情期外一般单独生活。它们夏季迁移到海拔 3000～4000 m 的高处,春、秋两季则下到海拔 1000 m 或更低处。亚洲黑熊一般在夜晚活动,白天在树洞或岩洞中睡觉。善于攀爬,可以上到很高的树上去取果子和蜂蜜;并善游泳。亚洲黑熊的嗅觉和听觉很灵敏,顺风可闻到 500 m 以外的气味,能听到 300 步以外的脚步声。但视觉差,故有"黑瞎子"之称。亚洲黑熊可以像人一样直立行走,也能像人一样坐着,但行动谨慎又缓慢,很少攻击人类。

2. 分布范围

黑熊在我国的分布,已知的有 5 个地理亚种,即:东北黑熊,分布在东部山区,比棕熊多,据估计,黑龙江、吉林和辽宁境内有 1000～1500 头;喜峰黑熊,数量很少;四川黑熊,分布较广,数量也多,估计四川盆地周围及川北山地、甘南及秦巴山区、云贵高原、广西、湖南、湖北、江西、福建、广东、安徽以及浙江各省区野生种群约在 8200～12500 头；西藏黑熊，在西藏分布面积较大，包括滇西山区，向北延伸至青海南部玉树地区，估计种群数量 2500～3500 头；台湾黑熊，数量已很少。

我国黑熊的野生种群估计为 12000～18000 头，最高估计也超不过 2 万头。

3. 生活习性

亚洲黑熊食性较杂，以植物叶、芽、果实、种子为食，有时也吃昆虫、鸟卵和小型兽类等。北方的黑熊有冬眠习性，整个冬季蛰伏洞中，不吃不动，处于半睡眠状态，至翌年三四月份出洞活动。

4. 生长繁殖

亚洲黑熊夏季进行交配，怀孕期 7 个月，每胎 1～3 仔，3～5 岁性成熟，寿命约30 年。

六、眼镜熊

眼镜熊也叫安第斯熊，是南美洲唯一的熊科动物。

1. 外形特征

眼镜熊在熊科家族中不算庞然大物，身长约 150～180 cm，体重约 64～155 kg。眼镜熊的毛发中等长度，全身的毛色为黑色、红棕色或深棕色，十分厚密粗糙。它们的相貌独特，口鼻部分和多数熊科动物一样，颜色较浅，但最有趣的是它们的眼睛周围有一圈或粗或细的奶白色纹，将眼睛上的黑斑隔开，远看好似戴着一副黑墨镜，眼镜熊的名字也因此而来。这圈奶白色的纹路往往会在喉部汇集，并顺着喉咙继续向下延伸，形成胸斑。还有一点颇为独特的是，眼镜熊只有 13 对肋骨，而不是像其他熊科动物那样有 14 对。此外，它们也有一条短短的尾巴。

2. 分布范围

眼镜熊分布于南美洲，生活在委内瑞拉、哥伦比亚、厄瓜多尔、秘鲁、玻利维亚和阿根廷西北部地区。眼镜熊是十分喜爱果类食物的杂食性动物，尤其是凤梨科植物。

3. 生活习性

眼镜熊对我们人类来说是颇为神秘的动物。它们通常在晨昏或夜间活动，白天则躲在树洞、岩洞或树干间睡大觉。眼镜熊攀爬技巧娴熟高超，因此多数时间待在树上。它们有时候干脆在树上做窝，可以舒舒服服地躺在窝里等着果子成熟。它们也无需冬眠，或许这是因为此地食物来源丰富，一年到头都不会断档的缘故。

4. 生长繁殖

眼镜熊的交配季节大约在每年的4—6月。期间雄熊、雌熊会在一起待上几日，交配数次。熊仔通常在11月至翌年2月降临，孕期长达6～8个月。眼镜熊妈妈每次会生下1～3个熊仔。一般只有300～360 g重。它们的眼睛在42天左右睁开，等长到3个月大的时候，就可以跟着妈妈去外面溜达了。独立生活后的母熊性成熟大约是4～7岁。

野外的眼镜熊由于研究甚少，对它们的寿命也无从了解。圈养状态下的眼镜熊寿命大约为20～25年。曾有1只特别长寿的眼睛熊活了35岁。

七、美洲黑熊

美洲黑熊由于毛色和体型多样，目前被分为16个亚种。这些亚种当中最为独特的当数生活在加拿大不列颠哥伦比亚省大熊雨林的白色黑熊——白灵熊。另外，亚种当中的东德克萨斯黑熊由于数量稀少，于1992年被正式列入联邦濒危物种保护名单，等级为"受威"；佛罗里达黑熊也因为数量堪忧（数量估计有1500～2500只）而受到佛罗里达州法律的保护。

1. 外形特征

美洲黑熊体型硕大，四肢粗短。它们的体长约120～200 cm，公熊可能比母熊大很多。美洲黑熊的体色有很多种，生活在东北部的黑熊颜色偏深，以黑色为多；生活在西北部的黑熊颜色则偏浅，毛色有棕色、浅棕、金色；生活在加拿大不列颠哥伦比亚省中岸的黑熊甚至有奶白色的个体，被称为"白灵熊"；阿拉斯加的黑熊则有蓝灰色体毛的，因此也被人称为"冰河熊"。

2. 分布范围

美洲黑熊在北美有大量分布。它们的居住范围北起阿拉斯加，向东横穿加拿大，直至东海岸的纽芬兰—拉布拉多省；向南则经美国部分地区，一直延伸到墨西哥的那亚里特和塔毛利帕斯州。美洲黑熊们主要在这些分布地的山区密林中活动，海拔约900～3000 m。

3. 生活习性

美洲黑熊也是杂食性动物，以植物性食物为主。在它们的食物中，80%是各类的草类、果实、植物根茎、菌类、坚果等，10%为昆虫，另外10%则为人类垃圾。

美洲黑熊是独居动物。它们的活动时间根据居住地和季节的不同而有所变化。在春季，它们常在拂晓或薄暮时分外出寻找食物，到了夏季它们会花大量时间在白天活动。进入秋季，它们不论白天黑夜都会出来觅食游荡。

美洲黑熊是领地性很强的动物,领地范围也很广。母熊的领地范围大概有 3～40 km²,而公熊则达到了 20～100 km²。公熊的领地范围由于远大于母熊,因此常会和不同母熊的领地相交,但不会和同性产生交叠。刚独立的年轻母熊开头几年可能干脆在母亲的领地内建立自己的领地。但男孩子们则会被妈妈远远赶开。另外,食物的丰富程度和熊口的密度也会让它们的领地大小不时发生变化。

4. 生长繁殖

美洲黑熊的交配季节一般在每年的 6—8 月。母熊们通常每两年生育 1 次,也有3～4 年生育 1 次的。不过交配成功后,受精卵不会立刻进入子宫,这种延迟着床现象会持续将近 5 个月,使孕期长达 220 天,而胚胎的发育则在孕期的最后 10 周左右完成。成功交配的公熊每年不止会养育 1 次后代,它可能会在领地范围内尽量多找几个意中对象。

怀有身孕的母熊会在储存足够的脂肪后钻入洞中进入休眠。熊宝宝们通常在翌年的 1 月或 2 月降生在休眠的洞穴中,每胎通常有 2～3 个熊仔。每只有 225～330 g重,全身无毛,既看不见也听不见。仔熊长到 6～8 个月大才断奶,它们会和妈妈一起生活一年半左右,当妈妈再次进入发情期时,通常会强行把孩子们赶出自己的领地,以便再次生育后代。

八、北极熊

1. 外形特征

北极熊是熊科动物中最大的,体长可达 2.5 m,高 1.6 m,重 500 kg,最大的北极熊体重可达 900 kg。北极熊不仅善于在冰冷的海水中游泳,还擅长在冰面上快速跳跃。为了抵御寒冷,它的耳和尾都很小,全身除脚掌和鼻尖外,都覆盖着厚厚的白毛,而它的皮却是黑色的。北极熊的嗅觉特别敏感,能判断猎物的位置,它的力量大,一击能使人致命。

2. 分布范围

北极熊主要分布在北极地区,但也不超过 2 万头。目前全球的气候变暖和北极冰川的融化都对北极熊的生存和繁殖产生了不利的影响。

3. 生活习性

北极熊也叫白熊,是熊类中个体最大的一种,北极熊气力和耐力非常惊人,奔跑时速高达 60 km,但不能持久。它具有粗壮而又灵便的四肢,尤其是它的前掌,力量巨大,一掌可使人致命。用前掌击倒或打死猎物,是它的惯用手段。掌上长有十分锐利的熊爪子,能紧紧抓住食物。北极熊还具有异常灵敏的嗅觉,可以嗅到 3.2 km 以外烧烤海豹脂肪发出的气味,能在几千米以外凭嗅觉准确判断猎物的位置。在"闻出"气味熟悉的猎物方位后,便能以相当快的速度从冰上跳跃奔去捕猎,一步跳跃奔跑的距离可达 5 m 以上。

北极熊经常栖息在冰盖上,过着水陆两栖的生活,通常以海豹、鱼类、鸟类和其他小哺乳动物为食,若能幸运碰到鲸鱼的尸体,则可美美地饱餐一顿。漫长寒冷的冬天,北极熊一般在巢穴里度过。直到来年春季二三月才出来活动,3—5 月北极熊活动最频繁。温暖的夏天,北极熊出穴四处寻找猎物。

北极熊最厉害的是熊爪和熊牙,熊爪如铁钩,熊牙赛利刀。冬季海面封冻时,海豹为了呼吸空气到处打洞。北极熊为了捕捉海豹,以惊人的耐力在洞旁一动不动地等候海豹,当海豹稍一露头,便立刻用利爪把海豹捉住。

北极熊是北极地区最大的食肉动物,因此,也是北极当然的主宰。北极熊很少走向陆地,它主要生活在北极中心地区的冰盖上,因为那里有大量海象和海豹之类在繁衍生息,而它们那肥胖的躯体又成了北极熊最好的食物。

在世界上,其他熊都有冬眠的习惯,东北叫做"蹲仓",依靠消耗体内储存起来的脂肪,可以舒舒服服地睡上几个月。但北极熊却不冬眠,只在天气最坏的时候缩起脑袋睡上几个小时,身上厚厚的绒毛和体内几乎同样厚的脂肪层起到了极好的保温作用,任凭大雪纷飞,暴风肆虐,它们可以照睡不误。

4. 生长繁殖

北极熊是在每年的三四月份交配,但受精卵却储存在输卵管中并不发育,直到秋天才进入子宫开始成长,年底生育。幼仔只有几百克重,相当于其母亲体重的千分之一。但出生之后发育非常快,其母乳的脂肪含量达 30% 以上,是任何其他食肉动物所无法比拟的。小熊有 1 年多的时间要与母熊生活在一起,学习捕食和在北极严酷的环境中生存下去的本领,然后开始独立生活。雄性一般比雌性离开母熊要早一些。

第三节　熊的价值

熊是利用价值较大的经济动物,毛皮可用,肉、掌能吃;胆、脂作药。熊的皮毛,以冬皮较佳,皮板完整毛绒丰厚者,可做成装饰皮或制成褥垫和地毯。熊掌,古称"熊",食之"御风寒、益气力",自古以来视为珍品。熊脂崐作药,能治"风痹、筋骨不仁"。熊胆,即熊的干燥胆汁和胆囊,为名贵的动物药材。

我国人民对熊的猎捕利用有悠久的历史,古籍文献中多有记载。约公元前 3 世纪成书的《周礼》说:"穴氏掌政蛰兽(棕熊属),各以其物火之(初诱出穴而捕),以时献其珍皮革。"对熊的捕捉有专人管理,而且注意选择产品的最佳季节,足见当时利用的规模。现在许多地区和国家已经无熊,有些种群濒于灭绝的边缘。因此,国际自然保护组织联合出版的《红皮书》(1972)已把六个种和亚种列为危险和稀有对象,要求采取措施加以保护。我国的熊类资源虽然比较丰富,但由于森林的砍伐和人类经济活动的影响,加上无计划的猎捕,熊资源逐年减少,在我国长江以北的沿海各省现已基本绝迹。为了有效地保护熊的资源,我国政府于 1980 年把马来熊列为一类保护动物,棕熊列为二类保护动物,黑熊列为三类保护动物,不准毫无节制地乱捕猎杀。国际上已把黑熊(包括其产品)列入国际严禁或控制进出口贸易的动物名录中。还规定出售熊产品必须要人工繁殖 2 代以上。因此,必须变野熊为家养,加强基础科学研究,进行人工养殖,开展活熊人工引流取胆。在保护资源的基础上因地制宜,有计划地合理利用,提高经济效益。

第四节　熊的饲料

一、青绿饲料

青绿饲料种类繁多,以富含叶绿素所著称,故称为青绿饲料。包括天然牧草、人工栽培牧草、青绿饲料作物、蔬菜类、水生植物饲料和野草菜等。

二、多汁饲料

广义的多汁饲料包括青绿饲料、块根、块茎及瓜类饲料。狭义的多汁饲料系指块根、块茎、瓜类和西红柿(蕃茄)等。

三、能量饲料

熊要维持正常的生命活动与产胆需要消耗能量。饲料中三大有机物质(碳水化合物、脂肪和蛋白质)是熊的能量来源,而碳水化合物则是熊的主要能量来源。饲料的能量主要是有机物中的碳和氢与外来氧结合产生热量。

熊的常用能量饲料有玉米、麦类、高粱、红茗干、次粉、小米等。这类饲料干物质中粗纤维含量较少,一般在 10% 以下,粗蛋白质含量低于 20%,无氮浸出物(主要为淀粉)含量高,可占干物质的 60%～80%,粗脂肪含量 1.2%,主要为不饱和脂肪酸。但米糠的粗脂肪含量可达 16.7%,含维生素 B_1、尼克酸、泛酸较丰富,而钙磷比例不恰当,钙少磷多,磷的利用率差,故必须补钙和磷。能量饲料粗蛋白数少质差,氨基酸不平衡,缺乏赖氨酸、蛋氨酸、色氨酸等动物必需的氨基酸,因而其生物学价值只有50%～70%。能量饲料是配制熊的日粮不可缺少的饲料。

四、蛋白质饲料

人工养熊常用的蛋白饲料有肉粉、肉骨粉、蚕蛹、血粉、鱼粉、蝇蛆粉、豆饼（粕）、菜籽饼（粕）、花生饼（粕）、黄豆、豌豆、酵母粉等。此外，还有鲜蚂蚁、蜂尸、蚯蚓等熊特别喜欢吃。

五、矿物质词料

人工饲养条件下的熊，由于饲料条件受限制，饲料品种较少，在普通动植物饲料中，所含矿物元素主要指钙、钾、钠、氯的量不能满足其需要，必须在日粮中予以补充。例如，石粉、贝壳粉、骨粉、食盐、磷酸二氢钠、磷酸二氢钙、膨润土等，均为熊常用的矿物质饲料。

由于动物性饲料中钠和氯的含量均较少，植物性饲料中含钾丰富，为使熊的机体钾、钠、氯得到生理平衡，必须补喂食盐。日粮中添加适量（0.3％～0.5％）的食盐，还可提高饲料的适应性，使熊的食欲增加。

六、饲料添加剂

饲料添加剂可分为三大类：一类是提供营养成分的物质，通称营养性添加剂，主要是氨基酸、微量矿物元素和维生素；另一类是促进健康与生长的物质，称为药物性添加剂，包括抗生素、杀菌剂、驱虫剂和改变代谢功能的各种激素；第三类是饲料加工及贮存剂，包括抗氧化剂、防腐防霉剂、乳化剂、分散剂、稳定剂、抗结块剂以及诱食作用的增味剂与色素等。后两类又通称为非营养性添加剂。

第五节 熊的饲养与管理

一、人工养熊种类

世界上熊类共有 6 属 7 种。我国有 3 个种和 10 个亚种，分布全国各地。最常见的是棕熊和黑熊，最适于人工养殖的是黑熊。

二、饲养方式

无论棕熊、黑熊都是凶猛的动物，尤其是棕熊，体大力强，因此首先要选择适宜的饲养方式，保证饲养员和动物的安全，同时兼顾到饲养人员操作方便和使动物能获得适当的活动场所,满足其生长发育的需要。总结各熊场的经验,目前较适宜的方式有三种。

1. 熊山式

在平地挖 4 m 以下的深坑,四周砌以光滑的围墙,面积依养熊数量而定,一般为 400 m² 左右。其中有假山、水池和大树等,兽洞一般为 18 m²(包括产洞)。围墙平直,由深坑底部延伸到地面,超过地面约 1.2 m,筑成围栏,并于围栏内侧低于地平面设置铁丝网绕栏一圈,以防儿童观赏时爬入围栏坠落深坑。此方式为群体饲养,兽洞(熊舍)要求为封闭式坚固的房舍,有铁板制作的拉门和装有钢筋及铁丝网的通气透光窗。室内有食槽和供水设备,水泥地面或铺设地板,便于每天清扫和刷洗。

2. 笼舍式

熊的笼舍应坐北朝南,避风向阳,全部是钢筋混凝土结构。运动场面积一般为 24 m²,其中设水池供其洗浴。场地周围及顶部均以铁栅栏为架,并全部装设铁丝网。内舍面积为 18 m² 或再小一些,地面要求有一定坡度,便于清洗排水。此方式为单养式,每只成年公母熊都单圈饲养。各活动场之间、场舍之间均安装上用铁板制成的拉门,以便于调换和控制熊的活动。

3. 笼式

笼式养熊多以取胆汁生产为主要目的。特点是饲养舍较大,室内可设多排饲养笼,同时室内要求卫生条件高。

笼子用圆钢、角钢等材料组成。取胆汁的熊笼一般长 1.3 m,宽 0.45 m,高 0.8 m;饲养笼规格一般为长 1.8~2.0 m,宽 1.3~1.5 m,高 0.9~1.2 m,笼脚架高 0.5 m,四周和上面用圆钢按 10 cm 距离焊成,笼底用扁钢按 5 cm 间距焊成,前面留活动门,安上饲槽和水槽,一笼饲养 1 只熊。有些养熊场采取笼内配种方法,则要求配种笼更为坚固和宽大,一般规格为 4 m×2 m×1.8 m 左右。

三种养熊方式各有所长,从繁殖效果来看,熊山式优于笼舍式,笼舍式优于笼式,取胆熊应以笼式饲养为宜。

三、饲养技术

1. 食性特点

熊为杂食性动物,具有很广的食物范围。在野外以植物性食物为主,也采食动物性食物。食物包括嫩叶、草根、果实、昆虫、各种小型脊椎动物,有时还袭击大型兽类的幼仔。棕熊在春暖以后,以青草和树叶为主,同时采食蚂蚁、蜂蜜;入秋以后以果实为主,还捕捉昆虫、鼠类动物;冬季休眠后不再采食。黑熊食性与棕熊相似,只是所食植物性食物更广泛而且比重大得多。

在人工饲养条件下，熊可采食各种食物料、块根类、瓜果、蔬菜、树叶、肉、蛋、鱼、乳、糖等。

2. 营养需要和日粮配合

(1)营养需要　在人工饲养条件下，熊体内脂肪蓄积能力很强，一般只要饱食饲料，就很少出现消瘦情况，即便是简单而粗放的饲养条件，生活能力和耐受能力同其他动物相比也属首位。正因为熊类具有耐粗饲的天性，人们很少去认真研究熊的饲料配方，更谈不上拟定其营养标准了。但凡是注意到了熊类的营养料，进行饲料配方的，都取得了繁殖、取胆及自身状况良好的饲养效果。如北京、天津、成都等地养熊，都繁殖了数量可观的黑熊和棕熊。也有些养熊单位因不注意熊的营养，繁殖率极低。总结各养熊场经验，一般参照杂食性家畜的饲养标准，并适当补充动物性饲料，同时注意饲料搭配多样性，尤其要注意微量元素的供给，都能取得良好的生产效果。

(2)日粮配方示例　幼熊日粮配方：幼熊是指哺乳幼仔熊和断奶后的育成熊而言。仔熊哺乳期一般为 3 个月，若母熊乳汁充足，母性强，一般不需要人工特殊配料。由于某些原因，如提早驯化、母熊患病则需要人工喂养。当幼熊体重达 10～15 kg 已超过 3 月龄时转为育成期饲养。

3. 饲料调制方法

目前国内人工饲养的成熊及幼熊大多喂熟饲料，有三种调制方法：即蒸成窝窝头、煮成粥和制成颗粒。三种方法各有优缺点：蒸成窝头饲喂方便，熊喜欢吃但费燃料，而且某些营养成分在加工过程中会遭到破坏，尤其是维生素损失严重；煮成粥料饲喂，熊吃得太快易于消化，但是饲喂不方便；制成颗粒饲喂能避免熊挑食，且制成颗粒过程可以灭菌、杀死虫卵，有利于淀粉糊化，消化率高，但制粒过程中少量营养物质受到破坏。选择何种调制方法依据具体条件而定。实践证明，在条件允许的情况下使用颗粒饲料饲养效果良好，且饲喂方便。

4. 饲喂量及饲喂次数

饲喂量要根据熊体大小、生理状态和生产性能来定，以满足饮食需要为准。一般成年熊每日基础日粮喂量为 3～4 kg，蔬菜水果 1～3 kg，繁殖期补加适量的鱼和肉，一般每日 0.1～0.5 kg；对采胆汁的熊要增加多汁蔬菜、瓜果及草类植物，在取胆汁时要饲喂糖水或蜜水，以减少其活动，便于操作。

成年熊一般每日饲喂 1～2 次精饲料，补饲 1～2 次蔬菜、瓜果，具体依据情况而定。

四、日常管理技术

1. 保持清洁卫生

熊舍和笼内要经常保持干燥清洁，通风良好，空气新鲜，及时清除粪便。食槽和水槽每天清洗干净,要定期消毒。取胆汁熊要保持手术部位皮肤的清洁卫生。

2. 注意调教驯化

通过对熊调教驯化可达到提高繁殖力和产品质量的目的,同时驯化后便于饲养管理。驯化熊类的基本原理和方法与其他动物差不多。最好从幼龄阶段开始驯化,通过人工投料让其不怕人和周围惊扰,主动接近人;并训练其定点饮水采食和排泄。

3. 适当运动

为使熊保持旺盛体力和正常繁殖,每天都要进行适当运动。尤其幼龄熊要有充分的运动,以促进食欲,增强心脏和肌肉运动,加速新陈代谢,提高抗病力。

4. 保持适宜的舍内温度

温度对熊的繁殖和胆汁产量都有重要的影响,因此要保持笼舍内的适宜温度。夏季要注意防暑,冬季要采取保暖措施,温度保持在 10～15℃。

第六节　熊的繁殖

一、熊的生殖生理特定

熊的性成熟与其品种、性别、栖息条件、个体发育情况等有关。一般雌熊 3～3.5 岁性成熟,雄性较晚约 4 岁达到性成熟。达到性成熟就有繁殖能力,但并不就适于配种。一般的初配年龄应在性成熟的后期或更迟些,不能让熊过早参加配种,否则容易引起后代不强壮或有胚胎死亡的可能。为了保证熊的健康和获得强壮的后代,雌雄熊一定要到一定年龄才开始交配繁殖。

熊是季节性多次发情的动物,6—8 月份是发情交配季节。在每年的发情季节可出现 2～3 个发情周期。发情周期是指从一次发情的开始到下一次发情开始的间隔时间。雌熊的发情周期为 5～7 天。

二、熊的配种

1. 单雄单雌配种法

一般成年熊分笼饲养,因此在配种期可将雄雌熊合笼,让它们自然交配。交配过后可将雄雌熊分笼饲养,也可同笼饲养。另一种方法是采用定时放对的方法。根据配种计划,将发情雌熊移入笼内或栏内让它们自然交配,交配后将它们分开,第 2 天再继续合笼交配,如此反复几次。

2. 单熊多雌配种法

在整个配种期 1 只公熊与 3～4 只雌熊合笼,让它们自然交配,受孕的雌熊移入舍内单独饲养,其余仍旧合笼直到受孕为止。

熊的交配一般都在白天,一般可交配 6～10 次,每次时间约为 30 分钟,连续 6～10 天。

三、熊的妊娠与产仔

雌熊的妊娠期为 210～220 天。期间,雌熊性情孤僻,爱伏卧休息,对公熊反感,不接受公熊的交配,食欲明显增加,采食量增多。雌熊在妊娠后期腹部稍有下垂,行动迟缓,采食不稳定,常在产房扒卧。

熊一般都在 12 月末至第二年 2 月产仔。每胎 1～3 仔。

第七节　熊的常见病防治

一、胆囊炎

[病因] 一般由于取胆汁手术感染,或是胆结石的形成堵塞导管而引起的。

[治疗] 主要是采取胆囊内直接给药的方法,一般是用抗生素类药物进行冲洗,然后给于抗生素。

二、腹壁疝

[病因] 一般是手术时造成的腹壁疝。

[治疗] 手术是根治的方法。

三、局部感染

[病因] 主要是由于手术后注射时不消毒引起的。

[治疗] 对本病的发生应及时制止扩大感染,清除坏死组织和异物,保证浓汁的排出,防止转为全身感染,促进创伤愈合。

第十一章　观赏鼠

第一节　鼠的种类

一、鼠型亚目

鼠型亚目的种类超过千种,占所有哺乳动物种类的 1/4,分布几乎遍及世界各地,是世界上最成功的哺乳动物。鼠型亚目成员体型比较小,咬肌发达,牙齿数量少,除了门齿外,仅有几枚臼齿。鼠型亚目包括种类繁多的鼠总科和种类较少的跳鼠总科与睡鼠总科。

1. 鼠总科

鼠总科包括鼠型亚目绝大多数的种类,这一类群体型上差别不是很大,但是习性上非常多样化。主要是植食性或杂食性的陆栖类型,也有食昆虫等小动物和食鱼的类型。有些为树栖性,也有些为半水栖性,在陆地上各种生存环境中都能见到。

(1)鼠科　鼠科有 500 余种,是哺乳动物的第二大科,其成员非常多样化。鼠科中鼠属的黑家鼠、褐家鼠和小鼠属的小家鼠随着人类到达了世界各地,是最成功最常见的哺乳动物,一般视为害兽,也被培养出白化品种供医药试验用。除了人为扩散的种类外,鼠科的自然分布则只限于旧大陆,其中有不少种类分布局限,也有一些种类濒于灭绝或者已经灭绝。

(2)仓鼠科　仓鼠科是哺乳动物的最大一科,现存种类超过 600 种。仓鼠科以新大陆种类最多,其中南美洲所有的鼠型亚目成员均属此类,其次是欧亚大陆北部,是欧亚大陆北部的主要鼠类,在非洲大陆和马达加斯加也有分布,并且是马达加斯加仅有的啮齿类,而在鼠科的分布中心亚洲东南部和大洋洲却没有分布。

(3)仓鼠亚科　其中的仓鼠主要分布于亚洲,少数分布于欧洲,不少种比较适应干旱地区的生活,另有一种白尾匙鼠分布于非洲,也有人将其归入马岛鼠亚科。典型的仓鼠亚科成员体型肥胖,尾短,比较可爱,其中原分布于中近东地区的金仓鼠被广泛作为宠物来饲养,被称为"金丝熊"。目前有许多宠物鼠就属于此亚科。如:黑线仓鼠(花背仓鼠)(彩图 11-1)、倭仓鼠(加卡利亚仓鼠)(彩图 11-2)、倭仓鼠(坎培尔仓鼠)(彩图 11-3)、毛脚鼠(罗伯罗夫斯基仓鼠)(彩图 11-4)、金仓鼠(彩图 11-5)等等。

(4)鼢鼠亚科　是适应地下生活的啮齿类,尾短,眼睛很小,视力差,外耳退化,仅是小的皮褶。鼢鼠主要分布于我国,也见于蒙古和西伯利亚,栖息于森林边远、草原和农田。白天居住在地洞中,晚上偶尔会到地面活动,以植物的根、茎、种子为食,在洞穴中储存大量食物。鼢鼠挖洞速度极快,洞穴系统复杂,分支多,平时地面没有明显出口,但附近有不规则的土堆。

(5)马岛鼠亚科　因分布于马达加斯加岛而得名,是岛上仅有的啮齿类,共有十多种。马岛鼠种类虽然不多,但是非常多样,有树栖的,也有陆栖的,还有跳跃行走的成员,其食性从植物到昆虫均有。有人认为岛上这些不同的鼠类不是单一起源,可以将马岛鼠亚科取消而将其成员分别置于其他类群。

(6)冠鼠亚科　仅包括分布于非洲东北部的冠鼠。冠鼠(彩图 11-6)身上的毛较长,有时会竖起形成冠状,其尾部的毛也较长,看起来尾巴比别的仓鼠类更粗。冠鼠体型粗壮,颇似豚鼠,体重可达 2.5 千克,是鼠型亚目中体型最大的成员。冠鼠白天躲在洞穴中,晚上爬到树上觅食,虽然身体看似笨重,但爬树技术却很高超。

(7)田鼠亚科　是仓鼠科的第二大亚科。田鼠(彩图 11-7)亚科分布于欧亚大陆和北美洲,最北可进入北极圈,最南到达东南亚和南亚的北部和危地马拉。田鼠亚科是欧亚大陆和北美洲北部最主要的啮齿目,并在那一地区的食物链中起到重要的作用。田鼠亚科适应比较多样的生存环境,有些种类适应草原和农田的生活,有些种类适应森林生活,有些种类栖息于高山上,有些种类栖息于北极苔原地带。有些种类为穴居性,还有些种类为半水栖。多数食植物性食物,少数食动物性食物。田鼠亚科中的不少成员为群居性,其中有些种类的旅鼠在数量过多时还有成群迁徙的习惯。旅鼠数量的多少对北极地区的肉食性动物有很大影响。

(8)沙鼠科　因主要分布于荒漠地带而得名。沙鼠主要分布于非洲(彩图11-8),在亚洲内陆地区和欧洲也能见到,其中有几种见于我国北方特别是西北地区。沙鼠非常适应干旱地区的生活,一生中几乎不用喝水,有锋利的爪,可挖掘复杂的洞穴,并在洞穴中储藏大量食物。沙鼠中有些种类后肢比较长,将身体远离滚烫的沙地,适合跳跃行走,尾较长,用于平衡。沙鼠是沙漠肉食动物的重要食物来源。

(9)瞎鼠科　又称鼹型鼠科,是高度适应地下穴居的啮齿类,比其他的穴居啮齿类更加特化,眼睛已经完全退化,没有外耳,尾巴也消失。瞎鼠有很大的头和发达的门齿,更多的是使用头和门齿来挖洞而不是用前肢。瞎鼠主要食用植物,偶尔也食用昆虫等其他食物。瞎鼠分布于里海地区、中近东、北非和东南欧。

(10)竹鼠科 包括亚洲的竹鼠、小竹鼠和非洲的速掘鼠,是适应地下穴居的啮齿类。竹鼠(彩图 11-9)主要分布于我国南方,向南可到达马来亚和苏门达腊,常生活于竹林中,喜食竹子的地下茎和竹笋,体型肥大,体重可达 600~800 g。小竹鼠体型较小,分布于从缅甸、泰国到尼泊尔、不丹一带,并出现于中缅边境地区。速掘鼠(彩图 11-10)又称非洲竹鼠,分布于东非,对地下生活的适应高于竹鼠,但是不及瞎鼠,有外耳和有视力的眼睛,尾巴也相对较长。

2. 跳鼠总科

跳鼠总科为善于跳跃的小型啮齿类,后肢长于前肢,尾细长。跳鼠总科分布于欧亚大陆、北美洲和非洲北部,可以分成林跳鼠科和跳鼠科。跳鼠总科包括一些体型最小的啮齿类,其中分布于巴基斯坦的小号角跳鼠体长不到 5 cm,是最小的啮齿目成员;林跳鼠体长多不到 10 cm。跳鼠总科成员有冬眠习性,其中有些种类冬眠时间很长。

(1)林跳鼠科 是分布于北方大陆的一个小科,其中北美洲和欧亚大陆各有 2属。林跳鼠科(彩图 11-11)成员的后肢虽然长于前肢,但是远不及跳鼠科的后肢长,有些种类后肢仅略比前肢长,耳朵比跳鼠短而圆,外形略似典型的鼠类,尾巴长但尾端无跳鼠那样的尾穗。林跳鼠科成员生活于森林、沼泽和开阔地带,食果实、种子和昆虫,其食物构成因种类而异。四川林跳鼠不仅是我国特有的种,也是我国特有的属,分布于我国西部自甘肃到云南之间,数量非常稀少。

(2)跳鼠科 是适应荒漠生活的啮齿类,因后肢长而用双足跳跃方式行动而得名。与其他类似跳跃行动的啮齿类相比,跳鼠(彩图 11-12)的后肢和尾更长,后肢长甚至超过前肢的 4 倍,尾端毛长形成尾穗,有些种类还有较大的耳,通常眼睛也较大。跳鼠科主要分布于亚洲中部和西部的干旱地区,也见于非洲北部。我国有数种跳鼠,其中长耳跳鼠基本上是我国特产,分布于我国西北地区,国外仅见于蒙古的外阿尔泰。长耳跳鼠形态比较特殊,可独自构成一亚科。与其他跳鼠相比,长耳跳鼠吻尖、眼小而耳朵极长,几乎有头体长的一半,是耳朵比例最大的动物。

3. 睡鼠总科

睡鼠总科因夜行性,分布于温带的种类有冬眠习性且冬眠时间很长而得名,但是睡鼠总科的成员也有一些分布于非洲,在那里并不需要冬眠。睡鼠总科的分类有不同的意见,传统上分为睡鼠科、刺睡鼠科和荒漠睡鼠科,也有人将后两科均置于睡鼠科中,现在则一般将分布于南亚和我国华南的刺睡鼠科置于鼠科中。

睡鼠科　睡鼠科成员有蓬松多毛的尾巴,外形酷似肥胖的松鼠,体型多比较小,树栖性,食植物,偶尔吃动物性食物。温带地区的睡鼠夏天在树上筑巢,冬天主要在贴近地面的树洞中冬眠,也利用穴兔遗弃的洞穴,冬眠前将身体吃得很胖。睡鼠科基本上是夜行性动物,但是生活在比较阴暗的热带雨林中的笔尾睡鼠(彩图 11-13)白天也出来活动。

第二节　鼠的生物学特性

鼠科成员适应不同的生存环境,形态和习性都比较多样化。典型的鼠科成员形态和习性与大鼠类似,但也有些有较大区别,下面详细介绍常见的大鼠和地鼠的生物学特性。

一、大鼠的生物学特性

(1)繁殖快。大鼠 2 月龄时性成熟,性周期 4 天左右,妊娠期 19～22 天,哺乳期 21 天,每窝产仔平均 8 只,为全年、多发情性动物。

(2)喜啃咬,夜间活动,肉食。白天喜欢挤在一起休息,晚上活动大,吃食多,因此白天除实验必须抓取外,一般不要抓弄它。食性广泛,喜吃各种煮熟的动物肉。对光照较敏感。

(3)性情较凶猛、抗病力强。大鼠门齿较长,激怒、袭击抓捕时易咬手,尤其是哺乳期的母鼠更凶些,常会主动咬工作人员喂饲时伸入鼠笼的手。对外环境适应性强,成年鼠很少患病。一般情况下侵袭性不强,可在一笼内大批饲养,也不会咬人。

(4)大鼠没有胆囊。它的总胆肝管括约肌的阻力很少,肝分泌的胆汁通过总胆管进入十二指肠,受十二指肠端括约肌的控制。

(5)大鼠不能呕吐。因此在实验室中进行药理实验时应予注意。

(6)视觉、嗅觉较灵敏。做条件反射等实验反应良好,但对许多药物易产生耐药性。

(7)肝脏再生能力强。切除 60%～70% 的肝叶仍有再生能力。

(8)对营养、维生素、氨基酸缺乏敏感,可发生典型的缺乏症状。

(9)生长发育期长,长期有骨骺线存在,不骨化。

二、地鼠的生物学特性

(1)地鼠是昼伏夜行动物。一般在夜晚 8:00—11:00 最为活跃,运动时腹部着地,行动不敏捷,巧手营巢。牙齿十分坚硬,可咬断细铁丝,兴奋时发出强烈的金属性音响。雌鼠比雄鼠强壮,除发情期外,雌鼠不宜与雄鼠同居,因雄鼠易被雌鼠咬伤。

(2)尾短,有颊囊。地鼠颊囊是缺少组织相容性抗原的免疫学特殊区,是进行组织培养、人类肿瘤移植和观察微循环改变的良好区域。

(3)生殖周期短。妊娠为14~17天,为啮齿类动物中妊娠期最短者。地鼠成熟期快,雌鼠1个月已性成熟,之后即可进行繁殖,雄鼠2.5月可交配。哺乳期为20~25天,离乳后雄鼠2月龄、雌鼠1.5月龄可配种。雄鼠成熟时体重为100g左右,雌鼠为120g左右。成熟期时除发情期以外雌鼠不许雄鼠靠近。

(4)生产能力旺盛,生长发育快。每年每只雌鼠可产7~8胎,每胎产仔5~10只,平均7只左右。幼仔出生后生长发育很快,出生时全身裸露。3~4天耳壳开始突出体外,以后张开,4天长毛,12天可爬出窝外觅食,14天眼睛开,一边觅食一边靠母鼠汁哺育,生长很快。

(5)有嗜睡习惯。睡眠很深时,全身肌肉松弛,且不易弄醒,有时误认为死亡。室温低时出现冬眠,一般于8~9℃时可出现冬眠,此时体温、心跳、呼吸频率、基础代谢率均降低。室温低于13℃时则幼仔易于冻死,最好保持在20~25℃,相对湿度40%~70%。

(6)好斗为其行为特征,难于成群饲养。金黄地鼠初胎时有食仔的恶习。

(7)中国地鼠易产生真性糖尿病,血糖可比正常高出2~8倍,胰岛退化,β细胞呈退行性变,易培育成糖尿病株。

(8)具有贮藏食物的习性。其颊囊可充分扩张,贮藏能力极大,便于冬眠时食用。地鼠口腔内两侧各有一个很深的颊囊,一般深度为3.5~4.5cm,直径为2~3cm,一直延续到耳后颈部。通过颊囊将大量食物搬于巢中。

(9)地鼠对皮肤移植的反应很特别,在许多情况下,非近交系的封闭群豚鼠个体之间皮肤相互移植均可存活,并能长期成活下来,而不同种群动物之间的皮肤相互移植,则100%不能存活,并被排斥。

(10)金地鼠体温的高低与季节有关,夏天一般为38.7±0.3℃,一天内也有变化,晚上9:00—10:00体温最高,从中午到傍晚较低,凌晨3—5时和上午10:00,其体温上升。颊囊内的温度为37±1℃,雄鼠直肠温度和颊囊温度大体一致,雌鼠直肠温度比颊囊温度低1~2℃。

(11)中国地鼠(黑线仓鼠)与金黄地鼠解剖生理特点基本相似,但也存在一些差异,如中国地鼠的染色体少而大,二倍体细胞2n=22,大多数能相互签别,定位明确,尤其Y染色体在形态上是独特的,极易识别。无胆囊,大肠长度比金地鼠短1倍,但脑重、睾丸均比金地鼠重近1倍。

第三节　鼠的价值

一、鼠类的综合利用

（1）科学研究　大、小白鼠、豚鼠等鼠类，五脏俱全，体型适宜，性情温顺，易于繁殖，是理想的科学实验动物。

（2）药物作用　可治疗人、畜疾病，用鼠的内脏可提取药物，治疗各种疾病。鼠尾的主要成分是硬质蛋白，经加工后可制成水解蛋白、胱氨酸和半胱氨酸等重要药品。鼠尾中的现状白筋可作外科手术用药。鼠内脏经消毒处理后炒熟适量食用，能防止小儿疳积、痘麻、遗尿；吞服鼠胆可治咽肌和耳聋症；鼠睾丸炒干后加冰片少许，开水吞服可治高烧不退、呕吐和风症，这是著名的"鼠肾汤"，在瓦上焙干、研粉，调白酒敷患处可治疗疖疮、脚气病；鼠肝、鼠心、鼠脑在瓦上烘干成末，随即用蛋花汤冲服，可治心慌、精神恐惧、失眠等症。

（3）毛皮工业的原料　鼠皮虽小但皮板柔软，绒毛细密，经过加工可制上等皮大衣、手套、帽子、鞋和褥子等。

（4）鼠尾　可制毛笔、笔刷和鼠尾筋，是我国的传统出口商品，在日本市场上历来畅销。

（5）鼠可作养殖动物的饲料　在自然界各种生物间以食物链相互联系，绝大多数鼠类以植物为主，而其本身又为很多鸟、兽、爬虫提供肉食物，所以鼠类处于食物链的底层。

（6）鼠可作为一种观赏动物　小白鼠、花鼠、毛丝鼠等都可作为观赏动物。我国每年出口活鼠能大量创汇。

（7）鼠可监测地震　老鼠的听觉超过人类的 5～10 倍，能听到地层深处的微波，所以地震来临之前，老鼠受惊跑出鼠洞，不顾人的干扰到地面活动。

二、鼠的经济价值

1. 毛丝鼠的经济价值

在历史上，毛丝鼠的原产地印第安人很早就用毛丝鼠制成轻柔漂亮的裘皮。毛丝鼠裘皮鲜艳美观、丰富致密、明亮光滑、状若绒丝，仿佛披上了一层轻纱，显得雍荣华贵，且保暖御寒，是世界上最好的毛皮之一。按其重量计算，价值可以和黄金等价，故又有"金丝鼠"之称。

　　16世纪西班牙殖民者入侵南美洲后,像掠夺金银财宝一样掠夺毛丝鼠。入侵者曾向西班牙国王进贡了一件毛丝鼠裘皮大衣,竟轰动了欧洲。

　　毛丝鼠因其长像奇特,前身像兔,后身像松鼠,逗人喜爱,而且无异味,具有玩赏价值,适宜做宠物在室内饲养。

2. 海狸鼠的经济价值

　　海狸鼠(彩图11-14)的皮板结实,毛皮保温性能良好,可制作各种防寒及冬用航空服等。海狸鼠肉俗称"海龙肉",其肉质鲜,味美,无异味,营养价值高,含丰富的蛋白质(高达20%),是宾馆的佳肴野味。

　　海狸鼠除毛皮、肉外,其他屠体副产物如脂肪、心脏和小肠等均有较大的利用价值。如果对海狸鼠副产物进行深加工,将创造出巨大的经济效益。

　　海狸鼠脂肪富含人体必需的脂肪酸,还含有丰富的维生素A、E、K,而且海狸鼠脂肪化学性质稳定,无异味,精制后澄清透明,是一种优良的动物脂肪。其pH值为5.0～6.5,与人体皮肤的pH值(4.5～6.5)很接近,利用其制作营养霜,很适合人体皮肤擦用。

　　利用海狸鼠屠体的心脏可提取ATP钠盐。ATP钠盐属于辅酶类药,有改善机体代谢和供给能量的作用,用于因细胞损伤后细胞酶减退的各种疾病。

　　利用海狸鼠屠体小肠可提取肝素钠。肝素是一种具有多种生理功能的重要生物活性物质,作为抗凝血药应用于临床,市售精品价约为1.19万元/kg。因此,每年冬季取皮期间,饲养场可大量提供取肝素的原料海狸鼠小肠,大有利用的价值。

　　海狸鼠的脑垂体含有多种激素物质,如促滤泡激素、促黄体等,如果能利用海狸鼠的屠体提取上述激素,则意义非同小可。同时还可提取肾上腺皮质激素、促甲状腺素、生乳素、生长素和垂体中叶激素。

　　利用海狸鼠屠体的胆囊可提取胆汁酸、胆红素等生化物质。利用收集的海狸鼠新鲜血液,添加适量的锌,加入婴幼儿食用的饼干内,食后有促进生长发育、提高智商的功能。

　　总之,如能对海狸鼠进行综合开发利用,不言而喻,将带来巨大的经济效益和社会效益。

3. 竹鼠的经济价值

　　竹鼠是我国南方山区的一种珍稀野生动物,它以较高的药用经济价值闻名于世。

　　竹鼠全身是宝,药食两用。人类自古就有食竹鼠的历史,这一古老的食用习惯一直绵延至今。

　　竹鼠食用可增强人的体质,医书和药典均有记载。《本草纲目》记载:"竹鼠,食竹根之鼠也,出南方,居土穴中,大如兔,人多食之。其肉甘、平、无毒。主治:补中益气、解毒。"《中药大辞典》记载："竹鼠肉,甘、平、无毒。功能主治:益气养阴、解毒、补中益气,养阴除热、杀疳匿(小儿寄生虫)、治痨瘵(肺结核)、止消渴(糖尿病),益肺胃气、化痰解毒。"现代医学研究表明:竹鼠肉具有激活心肌细胞、改善血液循环、增强心脏功能的神奇作用。

常吃竹鼠肉可控制或减少冠心病的发作,以药膳方式食用则效果更佳。

竹鼠血更是暗藏玄机,不仅善治跌打损伤,而且新的研究证实,对一些过敏性疾病,尤其是支气管哮喘有特效优势。

竹鼠骨有祛风湿、强筋骨的作用,其功效成分与虎骨相似,民间常有竹鼠骨泡酒饮用,治好顽固风湿和腰痛的经验。

此外,竹鼠肉含有丰富的营养物质,如含谷氨酸、精氨酸、组氨酸等 19 种氨基酸,以精氨酸含量最高,包括 8 种人体必需的氨基酸等。竹鼠肉质味鲜、细腻,是一种高蛋白、低脂肪的肉类食品,对提高人体免疫力和抗病能力有特别功效,是病后体虚和贫血畏寒怕冷者的补益佳品。

第四节　鼠的饲料

一、青饲料

青饲料的种类很多,包括天然牧草、栽培牧草、蔬菜类、作物茎、枝叶以及水生植物等。青饲料的水分含量很高,但营养价值较低。

可供饲喂鼠的青饲料有饲用豆、豌豆、三叶草、紫花苜蓿、玉米、大麦、蚕豆、甜高粱、荞麦类、灰菜、车前子、柳兰、浮萍、蒲公英、苦荬菜、香蒲等。也可投喂少量的乔木、灌木的叶和树枝皮。

青饲料中的粗蛋白质含量较高,可以满足鼠在任何生理状态下对蛋白质的需要。此外,青饲料富含维生素,尤其是胡萝卜素,且 B 族维生素含量也很高。

在青饲料生长季节,可以用它代替鼠日粮中的块根类、干草和草粉等饲料。除有毒植物外,一般的野草鼠都能吃,尤其喜食开花前和结籽前的新鲜青草、多汁植物及其根茎部分。新鲜的优质嫩草,含有较多的粗蛋白质、碳水化合物、磷、钙和维生素。因此,把青饲料与谷物混合饲喂鼠,可以增强适口性,提高消化率。

二、粗饲料

粗饲料主要有干草、干草粉。青草在结实之前经晒干、阴干或烘干而保持青绿色者为青干草。青干草含粗蛋白质、粗纤维、较多的维生素。豆科干草含钙较多。干草的营养价值主要取决于原料的种类、原料生长阶段和干燥技术等。

第五节　鼠的饲养与管理

一、小白鼠

小白鼠喜欢昼伏夜出,性情较温和,一般不会咬人。喜安静、光线暗的环境,饲养时不宜强光直射。室内空气要新鲜,温度为 18~20℃,相对湿度为 50%~60%。温差大、湿度大都会影响健康。幼鼠很不耐热,饲养中应注意。

饲养小白鼠,应首先选取体格健壮的种源,其表现如皮毛光泽、眼睛明亮、鼻端潮而凉、反应灵活、眼角和鼻端无分泌物等。一般放在铁皮笼内饲养,笼大小为40 cm×25 cm×28 cm,可饲养 20 只左右。饲养时在笼中垫一些灭了菌的干草或棉花。注意分开雌雄饲养,主要以观察肛门与生殖器之间距离的远近来鉴定雌雄,距离远为雄性,距离近为雌性。另外,雌鼠可见阴道口、胸腹部有明显的 10 个乳头;在生殖季节,雄鼠可见睾丸在阴囊中。

小白鼠喜欢吃香脆的干饼,可用面粉、麦麸皮、高粱面或粳米面、玉米面、豆面等,加水和面,烤成饼。并密封保存备用。另外,每天要给一些青饲料,如胡萝卜、黄瓜、青菜等。青饲料要洗净晾干,不可多喂。

饲喂时,应将干饼放在铁丝网篮里,不要直接放入笼中,以免小白鼠排泄物污染食物引起疾病。饲料不宜填塞过紧,并注意检查、调换,勿使霉变。饮水瓶倒放在笼顶上,瓶口用橡皮塞塞紧,通出一根玻璃管,供鼠吸水的一端应用酒精灯烧圆。玻璃管不宜过长,一般在 5~7 cm 左右。水应煮沸,而且要两三天更换 1 次,更换的饮水瓶应消毒灭菌。实验前 24 小时不要喂食。每周应换 1 次鼠笼,并进行洗净和消毒,同时检查小白鼠的健康状况。捕捉小鼠时,应轻轻提执从耳后至背部的皮肤。

二、海狸鼠

海狸鼠的日常管理要切实做好喂料、驯化、防咬、防逃、消毒和体况检查等工作。喂精料应定时定量,每次仅能喂到七八分饱。青绿料应供足,并确保饲喂环境安静,逐渐抚摸,进行驯化,使其不怕人、不咬人,并能主动接近人要食吃。驯化对产仔、提高经济效益和玩赏性都很有价值。圈舍、用具要勤清扫、勤消毒,勤换窝内垫草,防止苍蝇、蚊子叮咬。每天应定期检查鼠群,发现斗咬现象要及时将有敌意的鼠分开,对发情母鼠适时配种,病鼠隔离检查和治疗。如发现鼠有跑圈现象,应及时修补圈墙。另外,应经常保持池水清净,在疾病多发季节,可在饲料中添加抗生素、维生素等预防药物。

在日常管理中应根据季节特点确定重点。夏季高温潮湿,蚊蝇多,易发病,应特别注意防暑遮阳和清洁卫生工作。保证饲料新鲜,日粮中要增喂青绿饲料,相应减少精料,缩小鼠群密度。池水经常更换,保持清洁。圈舍和窝应每天清扫1次,每周消毒。秋季天气凉爽,但早晚温差大,中午炎热,所以中午一定要做好遮阳工作,晚上增加窝内垫草。此期是鼠生长发育的重要季节,饲喂量可适当增加,多喂一些果菜等多汁饲料。冬季天气寒冷,重点要做好保温工作,栏舍设置防风寒屏障,窝内添满柔软干垫草并关好门。运动场上的乱草可不用清除,以防水泥地面冻坏鼠的爪子。寒冬结冰期间,水池水应放干。日粮由干草、精料及补充料组成,少喂勤添。同时可实行群养,增大鼠群密度。春季是疾病多发季节,应做好防疫灭病工作。圈舍定期消毒。

三、仓鼠

1. 夏季

鼠本身是很怕热的,夏季,室内空气要保持流通,否则仓鼠容易中暑,另外也可以开开冷气给仓鼠吹,请注意不要突然温差过大,要渐近式让温度下降。外出时也要特别注意不要在正中午时分带仓鼠出门,如果非带出不可,笼内铺少许垫材,也可使用保冷器材及冰凉的饮料罐放置笼具旁,来降低高温。

2. 冬季

枫叶鼠比黄金鼠较耐寒,如果天气太冷的话还可能出现类似冬眠的状况,就算后来苏醒了也会使得仓鼠的寿命缩短。仓鼠大约在$7\sim8℃$的温度下就会产生类似冬眠的状况,不过在冬天要保持理想的温度是很困难的,寒流来袭时要多注意保暖,垫材可比平常铺多一些,也可使用保暖器材或是给它一些干净的碎布等。有条件的可以买仓鼠棉被。

3. 环境

放置笼子的地方温度变化不可以太大,避免阳光的直射以及直接被风吹到的地方,也不要放在电视机、音响等吵杂的地方,因为他们能到听到人类所听不到的音波,所以尽可能离开电器用品、计算机等产品的附近,还有就算仓鼠出走的话也很容易找得到他们的地方。

4. 温度

生活的理想温度是$20\sim28℃$,但不代表在这范围内怎么变化都没关系,比如说早上和傍晚的温度是$20℃$,而中午的温度是$28℃$的话,对鼠来说是不好的。因为鼠对于温度的变化很敏感,身体可能因而受不了,所以饲养环境的周围温度尽可能维持一定的温度。

第六节　鼠的繁殖

一、绒鼠的繁殖

1. 母鼠的发情周期

(1)发情前期　母鼠开始有趋向异性等性兴奋的行为,但无性欲表现。

(2)发情期　性兴奋强烈,主动挑逗、爬跨公鼠,在笼内抓网底横行、翻滚,有时出现滴尿现象,阴道口开裂,流出少量黏性分泌物,继而阴道封闭膜消失,分泌物增多。从阴道口开裂到封闭这段时间,是绒鼠交配的最佳时期,这段时间称为阴道口开裂持续时间。此时间长短与交配成功率有直接关系。

(3)发情后期　母鼠性行为逐步消失,阴道口被阴道封闭膜完全封闭,性欲消失,拒绝交配。若已交配,母鼠一般不再发情,若未达成交配和妊娠,就将转入另一个发情周期。

保证母鼠发情周期的顺利进行要注意的是:①温度不能低于5℃,不能高于28℃,高温时鼠容易发生中暑,发情频率下降;湿度不可过大,过湿会使绒毛粘连,饲料软化或潮湿,使之产生厌食,导致发情周期不正常;保证饲料的全价营养;②细心周密的饲养管理:如定时喂料,充足供水,搞好环境卫生,避免噪音污染等;③不滥用生殖激素,使用不当会因外源性激素干扰使内分泌的平衡遭到破坏而影响发情周期。

2. 绒鼠的交配行为

绒鼠的放对配种,大都是让公鼠进入母鼠的笼内,公鼠进笼后,先熟悉环境,母鼠则蹲在一角落窥望公鼠,或追逐公鼠,之后公鼠开始接近母鼠,相互嗅闻,碰鼻子和理毛,公鼠便进一步接近母鼠,嗅其外阴部,舔母鼠滴出的尿液,并试图爬跨母鼠。几次爬跨之后,公鼠的交配动作便开始发生,可见公鼠阴茎勃起,明显裸露在下腹部,急促爬跨母鼠并发出响亮的叫声。公鼠迅速跳到母鼠背上后,用嘴叼住母鼠颈部,前肢抱住母鼠肋部,后肢半蹲状,臀部抖动。母鼠尾偏向一侧,后肢略抬起,当公鼠将阴茎置入母鼠阴道时,公鼠臀部前后强烈抖动,眼呈眯缝状即为射精,这时有的母鼠稍向前爬动。交配过程在短暂的时间(不超过30秒)内结束,之后公母鼠马上分开,各自舔阴茎和外阴部,修整毛绒。公鼠发出一连串响亮叫声,母鼠蹲在一隅比较安静。鼠交配后,经常可见到被公鼠扯下的1～2束母鼠后颈部或体侧的毛绒。

3. 妊娠

从受精卵形成到胎儿产出这段时间叫妊娠。一般情况下,母鼠妊娠期为111天。

4. 分娩

母鼠分娩前24~48小时,活动和食量明显减少,仔细看,能看到胎儿娩出前在母鼠腹内频频蠕动,母鼠蹲在一处,或腹贴笼底爬行,或侧卧在一处不动。产仔前6~12小时母鼠阴道口开张,并逐渐扩大,母鼠常舔阴道口。分娩大多在上午9:00之前。阴道口扩张到一定程度,母鼠前肢抬起呈蹲式,频频做深呼吸。胎儿临产出前,胎泡破裂,从阴道流出羊水,此刻子宫肌收缩增强,腹肌和隔肌也发生强烈阵缩,使腹腔内压显著增高,将胎儿挤出阴门。当胎儿露出头部时,母鼠用嘴叼住仔鼠颈部用力将仔鼠拉出体外。过一段时间分别娩出第2只、第3只。全部仔鼠产出后,开始护理仔鼠。半小时后,胎盘排出,母鼠将胎盘全部吃掉,分娩即告结束。

5. 哺乳

尽快使初生仔鼠毛干,尽快吃上初乳是至关重要的。母鼠有3对乳头,胸1对,腹2对。但胸部的1对已退化,无乳汁,腹部2对通常称为有效乳头。一般产1仔时,只有1对乳头有奶;产2~3仔时,有3~4个乳头有奶;产仔数超过4仔时,仔鼠较难成活,生长发育也慢,需要采取人工的保活措施。仔鼠一般不固定乳头,只有在产仔多、乳头泌乳不均时,才出现强仔独占较多乳汁乳头的现象。一般母鼠的泌乳量只能满足3个仔鼠的需要,平均可哺乳4~8次,每次哺乳10~30分钟,哺乳期为4~8周。

二、海狸鼠的繁殖

1. 母鼠发情、妊娠规律

母鼠妊娠期为131~134天。分娩多在夜间进行。大多数母鼠分娩后1~3天内又发情,可以血配(产后1~5天交配,称为血配),因此哺乳期间母鼠也能妊娠。但是,血配的妊娠率低,一般仅为10%,且与母鼠的体况、营养、胎次、季节有很大关系。母鼠在妊娠期间不再发情。

每胎产仔数较多,一般产仔4~6只,平均5.3只,最多的可达17只。成年鼠1年可以产仔2窝,个别母鼠2年能产仔5窝。

2. 初生仔鼠体重较大,生活能自理

初生仔鼠体重达175~250 g,刚出生即能睁开眼,牙齿俱全,身上有被毛和触毛。出生2分钟后即发出尖叫声,20分钟后开始吃初乳,4小时后就能出窝活动,甚至下水游泳，并能尝食母鼠的饲粮。10 日龄以前的仔鼠，基本上依赖吸吮母乳生活。10 日龄以后，仔鼠开始采食少量的饲粮。哺乳期为 1～1.5 个月。由于海狸鼠原产于亚热带和温带地区，故母鼠没有为仔鼠做窝和护理仔鼠的习性。

3. 繁殖适龄期短

海狸鼠繁殖的适龄年限较短，一旦超过 3～4 岁，繁殖力明显下降。发情与交配母鼠发情时，外阴部潮红、肿胀、湿润并有黏液，精神兴奋，食欲不振，常在运动场内徘徊运动，趋向异性，甚至主动寻找公鼠。初次发情的育成母鼠，除了上述表现外，外阴部的阴道封闭膜形成裂口，是其发情的主要特征。海狸鼠的交配行为与家兔相似。将发情的公、母鼠配对之后，通常是公鼠主动接近母鼠，嗅闻母鼠的身体和外阴部。母鼠多站立不动，或将后躯主动靠近公鼠。然后公鼠爬跨在母鼠背上，如果母鼠不躲闪，公鼠尾根部向下压，后躯抖动，做连续的阴茎插入动作。阴茎插入阴道后，公鼠尾根内陷，随即猛地向前一冲，即为射精动作。射精后的公鼠迅速从母鼠背上滑下而结束交配。交配后的公鼠往往舔其外生殖器并发出轻微的叫声。海狸鼠每次交配的时间约 1 分钟。有时发现公鼠多次爬跨母鼠，且有阴茎插入的动作，但观察不到射精动作，这是交配不成功的表现。在 1 个发情期内，母鼠可接受交配 2～4 次。

4. 配种时间

海狸鼠适宜的配种时间，应视季节不同而灵活掌握。在夏季，海狸鼠的交配最好避开炎热的中午时间。若在中午交配，水池内要注满清洁的水。在清晨太阳尚未出来或刚出来不久时进行交配较好。在冬季，则避免在冷凉的早晚进行交配，最好改在中午时分交配。在室内饲养海狸鼠，可随时放对配种。放对配种的时间应根据季节变化灵活掌握。在春、冬季，以 9:00—11:00 或 14:00—16:00 放对配种较好。在夏、秋季，以 8:00—10:00 或 16:00—19:00 放对配种为宜。放对时，将母鼠从公鼠的圈舍一角轻轻放入，并先让公鼠看到母鼠进舍，否则会使公鼠突然受惊吓而乱咬母鼠。

5. 母鼠产仔特点

海狸鼠是多胎动物，四季均可受孕和产仔。妊娠期多为 131～134 天，极少数超出此范围。妊娠初期，母鼠体形变化不大，仅表现为食欲增加，不再求偶。母鼠受孕后 45 天，胚胎发育至葡萄粒大小。90 天后，母鼠外形变化较大，体态明显发胖，腹部变圆，常到运动场晒太阳，或在窝舍内休息，比较安静，行走稳重。母鼠在临近产仔时，阴道膜充血，阴门肿胀，乳头增大，进食减少，精神不安，并衔草做窝。这时应做好下列准备工作：把窝室打扫干净，如天气寒冷，窝室内多铺些垫草，以利保温。母鼠产程为 2～4 小时，大多在夜间产仔，每隔 5～10 分钟产下 1 只。产仔后母鼠迅即咬断脐带，吃掉胎盘。刚产下的仔鼠长有胎毛和牙齿，能睁开眼睛，数小时后便可吃奶、出窝、下水游泳，并跟随母鼠吃食。当母鼠产仔完毕，饲养员应检查产仔数，剔除死胎和胎衣，并做好记录；观察母鼠泌乳和发情等情况，为母鼠下次交配做好准备工作。

6. 哺乳与保活

海狸鼠有 3～5 对乳头。因为母鼠的乳头分布于胸、腹部的两侧，所以，仔鼠在地面或水面上都能吮乳。仔鼠保活管理的要点是，保证仔鼠每只都及时吃上初乳和母鼠泌乳旺盛。当母鼠产仔 8 只以上时，可将部分仔鼠送给产仔日期相近、母性强、产仔少的另一只母鼠代养。母鼠大都能够代养，一旦发现代养母鼠烦躁或将代养仔鼠撵出窝室时，应立即取出代养仔鼠，另找别的母鼠代养。倘若仍找不到合适的代养母鼠，可对分娩母鼠加强营养，促使其分泌更多乳汁，并从 3～4 日龄起给仔鼠加喂容易消化的食物。对于个别"孤儿"仔鼠，可利用滴管饲喂牛奶。

第七节　鼠的常见病防治

一、感冒

[诊断] 精神沉郁，食欲下降，呼吸迫促，流鼻液，流眼泪，眼半睁半闭，体温升高，出现极度倦怠等症状。

[治疗] 注射青霉素，服感冒清片或速效感冒片。

二、肺炎

[诊断] 该病多继发于感冒；饲养管理不当，压力过大、过度潮湿、空气流通不畅时，很容易患肺炎；物理和化学因素的刺激也可引起肺炎。急性肺炎往往 1～2 天不吃食就很快死亡；慢性肺炎治疗及时大多可病愈。其临床症状为：精神沉郁、体温升高、鼻腔干燥；呼吸急迫，有时咳嗽，粪便干燥，喜饮水不吃食；有时发生畏寒战栗。病鼠出现食欲减退、呼吸困难、迫促或伴随咳嗽，体温升高，鼻腔干燥。病后期食欲废绝，蜷缩一隅，迅即死亡。

[治疗] 治疗肺炎应精心护理，补给新鲜易消化的饲料；同时以青霉素 10 万～20 万单位、安痛定 1.0～2.0 ml，肌肉注射，每日 2～3 次连用 3 日，并补给 5%～10% 的葡萄糖液 20 ml，皮下注射；维生素 C 或复合维生素 B 2 ml，每日 1 次，肌肉注射。

三、急性胃肠炎

[诊断] 食欲废绝，表现腹痛，初便稀后转腹泻，弓腰卷缩一角，进行性消瘦，体温

升高,最后卧地不起衰竭死亡。

[治疗] 清水,消毒。注射氯霉素;或注射复方黄连素,服磺胺脒。在加强饲养管理和卫生管理的同时,在炎热季节于饲料中拌入痢特灵,每只0.2～1片,或拌入抗生素添加剂进行预防。

四、难产

[诊断] 主要表现为,初期见有娩征兆,但不见胎儿娩出。继而长久努责不产,阴门肿胀,精神沉郁,或流出污液而不见胎儿,或仅见部分胎儿外露而不出。最后无力努责,腹部仍膨大。

[治疗] 当胎儿已进入盆腔、子宫已开张、产力不支时可用催产素,如1小时后阵缩仍不加强时应进行剖腹产。术后禁止鼠下水,单养,喂给新鲜食物、注射青霉素40万单位。

五、地钙血症

[诊断] 产前、产后的雌鼠会罹患此病。由于血液中的钙浓度降低,而出现痉挛、麻痹、运动失调等症状。这时若不及早注射钙剂,将有死亡之虑。

[治疗] 可在怀孕以及产后哺乳的雌鼠的饮食中添加钙剂,作为预防方法。此外,日光浴也很重要。

六、尿结石

[诊断] 病鼠逐渐消瘦,食欲减退,精神沉郁,撒尿不畅、淋漓、有痛苦感,严重时血尿,阴部肿胀、呈球状凸出状。待至尿液混浊、混血时,病鼠趴卧不动,迅即死亡。

[治疗] 饲料要多样化、新鲜,宜用生活标准水且要充足,一些含矿物质高的饲料如马铃薯、大白菜等不能长时期喂给。

七、大肠杆菌病

[诊断] 通常突然发病死亡。病程稍长的出现食欲废绝,剧烈腹泻,严重的便血,卧地不起。

[治疗] 注射卡那霉素或氯霉素,喂喹乙醇和隔天肌肉注射庆大霉素。

八、沙门氏菌病

[诊断] 精神委靡,拒食,独蹲一角,结膜炎,腹泻,体温升高,进行性消瘦,最后衰

竭死亡。多发育不良,生长迟滞。

[治疗] 服呋喃妥或四环素。对体群用呋喃唑酮拌料预防。

九、李氏杆菌病

[诊断] 视觉衰退乃至丧失,出现抽搐、转圈等神经病状。有的发生下痢。

[治疗] 服抗生素、磺胺类药物都有效。

十、维生素 C 缺乏症

该病主要出现于新生的仔鼠身上。其症状主要表现为:新生仔鼠四肢、趾垫红肿,趾间破溃、出血、糜烂,呈紫红色,吮乳能力弱,不停地发出微弱的吱吱叫声,在窝内乱爬;有的关节变粗,尾部水肿潮红,烂掉尾尖。主要危害 10 日龄以内的仔鼠。其防治措施为:平时,应给予全价营养饲料,尤其是妊娠母鼠,日粮中除补加青绿新鲜饲料外,每日还应添加维生素 C 25 mg 以上。对患病仔鼠,可滴服维生素 C 液,每日两次,每次 10 滴左右,同时还应给母鼠肌注维生素 C 注射腋,每日两次,每次 0.5～1.0 ml。母鼠日粮中有足量的鱼肝油,将有利于病程的缩短,促进疗效。

十一、螨病

[诊断] 是由寄生于皮肤上的疥螨虫引起的皮肤病,通称疥螨病。皮肤红肿,尤其四肢、趾掌、耳颈部等处皮肤红肿最厉害;被毛脱落,形成黄白痂皮,发痒不安,经常可以见到用爪趾抓挠和摩擦笼舍现象。

[防治] 用 5% 的辛硫磷乳油,配成 0.1% 的膏剂(100 g 黄凡士林加上 50% 的辛硫磷乳油 0.1 ml,调到均匀)涂擦患部,或用 2% 的洗必泰软膏涂于患部,直到病愈。

第十二章　观赏蛇

第一节　蛇的种类

蛇是生态环境中不可缺少的动物。蛇的种类很多,全世界有 2200 种左右,其中毒蛇约 650 种。我国有蛇 160 多种,其中 47 种是毒蛇。蛇类在世界上分布极为广泛,其种属随地域、气候、环境而各异。以热带和亚热带地区种类最多,温带次之,寒带最少。我国主要分布在长江以南,尤以广东、广西、海南等地最多。

一、蛇的分类及区别

蛇在动物界属脊索动物门、脊椎动物亚门、爬行纲、有鳞目、蛇亚目。身体细长,四肢退化,身体表面覆盖鳞片。大部分是陆生,也有半树栖、半水栖和水栖的。以鼠、蛙、昆虫等为食。一般分无毒蛇和有毒蛇。毒蛇和无毒蛇的体征区别有:毒蛇的头一般是三角形的,颜色鲜艳,口内有毒牙,尾部很短,突然变细;无毒蛇头部为椭圆形;口内无毒牙,尾部逐渐变细。虽可以这么辨别,但也有例外。

无毒蛇和有毒蛇的区别主要根据以下三点。

1. 毒腺

有毒蛇具有毒腺,无毒蛇没有毒腺。毒腺由唾液腺演化而来,位于头部两侧、两眼的后方。当毒蛇咬物时,包绕着毒腺的肌肉收缩分泌毒液,经毒液管注入被咬对象的身体内使猎物中毒。无毒蛇没有这种功能。

2. 毒液管

毒液管是输送毒液的管道,连接在毒腺与毒牙之间。无毒蛇没有毒液管。

3. 毒牙

毒牙位于上颌骨无毒牙的前方或后方,比无毒蛇的牙长且大。

二、世界十大毒蛇

根据昼夜活动情况不同,毒蛇可分为三类:第一类是喜欢在白天活动的,称为昼行蛇。如眼镜蛇、眼镜王蛇等;第二类喜欢在白天隐伏、夜间活动的,称为夜行蛇。如金环蛇、银环蛇、烙铁头等;第三类为喜欢在光线较弱的情况下活动的,多在晚上及阴雨白天活动,耐寒性强,称晨昏蛇。如蝰蛇、五步蛇等。若按蛇类的毒性排名,则顺序如下:

1. 第 10 名:西部拟眼镜蛇(彩图 12-1)

分布于澳洲,体长约 1.5 m。栖息于树林、草原、沙漠等地,以小型爬行类和小型哺乳动物为食,卵生。

2. 第 9 名:南部棘蛇(彩图 12-2)

生活在澳大利亚、巴布亚新几内亚及附近一些岛屿上,多在沙地上生活,肤色淡褐、淡红或灰色,缀有深色箍环,蛇身粗厚,体长约 45～60 cm,有完美的保护色和剧毒液,以鸟类和小哺乳动物为食,胎生。

3. 第 8 名:黑虎蛇(彩图 12-3)

分布于澳洲东南部塔斯梅尼亚岛,体长约 1.2 m。栖息于沙丘、海滩、草原等地,以鸟类、两栖类和小哺乳动物为食,胎生。

4. 第 7 名:另一种虎蛇

分布于澳洲东部,体长约 1.2 m。栖息于草原、树林,以两栖类动物为食,胎生。

5. 第 6 名:巨环海蛇(彩图 12-4)

分布于澳洲东北部,体长约 2 m。栖息于海洋,以鱼类为食,卵生。

6. 第 5 名:虎蛇(彩图 12-5)

分布于澳洲,体长约 2 m。栖息于草原、树林,以鸟类、小哺乳动物为食,胎生。

7. 第 4 名:东部虎蛇(彩图 12-6)

分布于澳洲,体长约 2 m。栖息于草原、树林,以鸟类、小哺乳动物为食,胎生。

8. 第 3 名:太攀蛇

分布于澳洲北部、新几内亚,体长约 2 m。栖息于树林、林地,以小哺乳动物为食,卵生。

9. 第 2 名：棕伊澳蛇（彩图 12-7）

分布于澳洲，体长约 2 m。栖息于树林、沙漠，以蛙、蟾蜍等为食，胎生。

10. 最毒：内陆太攀蛇（彩图 12-8）

分布于澳洲中部，体长约 2 m。栖息于干燥平原、草原，以蛙、蟾蜍、小哺乳动物为食，卵生。

其他种类可见彩图 12-9～12-42。

第二节　蛇的生物学特性

一、蛇的形态结构与运动方式

蛇全身分头、躯干、尾三部分。头与躯干之间为颈部，界限不明显，躯干和尾部以泄殖腔为界，躯干呈长筒状，尾部为肛门以后的部位。全身被鳞片遮盖，起保护作用。内部结构分为：皮肤系统、骨骼系统、肌肉系统、呼吸系统、消化系统、泄殖系统、神经系统、感觉器官和染色体等。

蛇的结构决定其特殊的运动方式：一种是“蜿蜒”运动。所有的蛇都能以这种方式向前爬行，爬行时，蛇体在地面上做水平弯曲，使弯曲处的后边施力于粗糙的地面上，靠地面的反作用力推动蛇体前进，如果把蛇放在光滑的玻璃板上，那它就寸步难行了；第二种是“履带式”运动。蛇没有胸骨，它的肋骨可以前后自由移动，肋骨与腹鳞之间有肌肉相连。当肌肉收缩时，肋骨便向前移动，带动了宽大的腹鳞依次翘起，翘起的腹鳞“踩着地面”，但此时蛇并没有动，接着肋骨的肌肉舒张，腹鳞的后缘就施力于粗糙的地面，靠反作用把蛇体推向前方。这种运动方式产生的效果是使蛇身直线向前爬行；第三种方式是伸缩运动。蛇身前部抬起，尽力前伸，接触到支持的物体时，蛇身后部即跟着向前缩，然后再抬起身体前部向前伸，这样交替伸缩，蛇就能不断地向前爬行。

二、蛇的生活习性

1. 生存环境

蛇是真正的陆生脊椎动物，其貌不扬，色泽奇特，浑身被鳞，头颈高翘，曲尾摆动，快速行进，泅水过渡，实在难以逗人喜爱。蛇类喜居荫蔽、潮湿、杂草丛生、树木繁茂、人迹罕至、有枯木树洞或乱石成堆、柴垛草堆且饵料丰富的环境。

蛇是一种变温动物。体内的代谢活动与体温变化息息相关，而它的体温又随着气温变化而变化。体温高时,代谢率高,活动频繁;体温低时,代谢率低,活动减弱。一般来说,骄阳似火的夏季和天高气爽的金秋是蛇类活动的黄金季节,经常到处流窜,昼夜寻找食物,俗话说"七横八吊九缠树",就形象地说明了 7 月、8 月、9 月这 3 个月是蛇类活动最活跃的时期。

2. 猎食

蛇的食欲很强,食量也大,主要用口来猎食,但牙齿不能把食物咬碎,通常先咬死,然后吞食。无毒蛇一般靠上下颌的锐牙先咬住猎物,再用身体把挣扎的猎物缠绕致死后吞食;有毒蛇通过注射烈性毒液,使猎物被咬后立即中毒而死。蛇的口可随食物的大小而变化,食物较大时,下颌缩短变宽,成为紧紧包住食物的薄膜。吞食时,先将口张大(张开角度可达 120°),将动物的头部衔进口里,用牙齿卡住动物身体,再凭借下颌骨做左右交互运动,慢慢地吞下去。由于下颌骨的这种运动方式,即使很大的食物,蛇也能吞食。

喜欢偷食蛋类的蛇,有些是先以身体压碎蛋壳后再进食。但也有些蛇类,能把鸡蛋或更大的蛋整个吞下去。吞食时先以身体后端顶住蛋体,然后尽量把口张大将整个蛋吞进去。说到这里,不得不介绍印度和非洲的一种食蛋蛇,这种蛇具有特殊的口腔结构,它们颈部内的脊椎骨具有长而尖的腹突,在咽内上方形成纵排的尖锐锯齿。当把蛋吞进咽部时,随着咽部的吞咽动作进行"锯蛋",把硬蛋壳锯破,并且凭借颈部肌肉的张力,压碎蛋壳,把蛋黄、蛋清挤送到胃里,而不能消化的蛋壳碎片和卵膜则被压成一个小圆球,吐出体外。

蛇的吞食速度与食物大小有关,4～5 分钟可吞食 1 只大鼠,15～20 分钟可吞食1 只体型较大的鸟。

3. 消化

蛇的消化系统功能强大,其相应的肌肉系统都有很强的舒张和收缩能力。有些蛇在吞咽的同时就开始消化。蛇在消化时需在地面上爬行,利用肚皮和地面之间的摩擦来辅助消化。某些食肉蛇的消化液能够溶解被咬动物的身体。但是,蛇消化食物的速度却较慢。每吃 1 次要经过 1 周才能消化完毕,消化高峰多在进食后 20～50小时。如果吃得多,消化时间还要长一些。

4. 冬眠

到了冬季,随着气温的逐渐下降,蛇体内的代谢随之降低,当它的生理活动减弱到一定程度之后,就逐渐进入冬眠期。一般来说,蛇从 11 月下旬就开始相继入洞冬眠,不吃不喝,一动不动地保持体力,一睡就是几个月,这时它们往往是几十条甚至成百条群集在干燥处的洞穴里蛰伏过冬。冬眠期约 3 个月,主要以脂肪形式贮藏在体内的营养物质进行缓慢的补充来维持其生活的最低限度。

5. 蜕皮

惊蛰时节,蛇苏醒后开始外出觅食,出现蜕皮现象。这时,蛇的新旧皮层之间会分泌出一种有助于蜕皮的液体。从蜕皮的直径和长度可测出蛇的重量甚至说出蛇的名称。蜕皮后不久,蛇的活动量和食量开始增加,身体逐渐恢复。随着气温的逐渐上升,到4月下旬至5月上旬蛇开始进入发情期。蛇在寻偶时,会发出"哒哒哒"的鸣叫声,清脆响亮。

第三节　蛇的价值

蛇的全身都是宝。《中国蛇毒学》中对蛇的各个部分,如蛇肉、蛇干、蛇毒、蛇血、蛇油、蛇皮、蛇蜕、蛇舌、蛇鞭、蛇蛋、蛇胆等从医药学、营养学、保健学等方面做了详尽的介绍。《本草纲目》中记载了17种蛇的形态和药用功效:"蛇能治半身枯死,手足脏腑间重疾。"

一、药用价值

1. 蛇肉

杀死活蛇取肉,烘干并研磨成粉后服用,可治疗小儿热痱、皮肤瘙痒、半身不遂、风湿性关节炎等;从蛇肉中提取有效成分制成的注射液有消炎、补肾、壮阳的作用。不仅如此,蛇肉的胆固醇含量很低,对防治血管硬化也有一定的作用。

2. 蛇干

为晒干或烘制加工而成的蛇内脏干体,有祛风解毒、镇痉止痛的功效,能治疗风湿瘫痪、半身不遂等症。

3. 蛇毒

蛇毒制剂在临床上可用于治疗各种神经痛、小儿麻痹及后遗症、制备抗蛇毒血清等。

4. 蛇血

鲜蛇血可治疗关节痛及变形。

5. 蛇油

多用于治疗冻伤、烫伤、皮肤皲裂、慢性湿疹等。

6. 蛇蜕

蛇蜕不同于蛇皮,它是在蛇的生长过程中自然脱下的体表角质层,蛇蜕及其酒产品都具有明目、解毒、杀虫、祛风退翳等功效。主要用于治疗各种顽固性皮肤病,如疥疮、顽癣、肿毒与带状疱疹等,还可用于治疗喉痹、目翳、腰痛、小儿惊风、急性乳腺炎等疾病。

7. 蛇舌

一些地区认为蛇舌的止痛效果特佳。

8. 蛇鞭

即雄蛇的生殖器官,包括 1 对阴茎、1 对睾丸及其相连的输精管。蛇鞭含有雄性激素、蛋白质等成分,具有补肾壮阳、温中安脏的功能,可以治疗耳鸣、肾虚、阳痿、慢性睾丸炎等。若在蛇鞭中再加入其他补益中药效果更佳,可起到补血养精的作用,对于男性精液少、成活率差,以及活力低所致的不育症、女性内分泌紊乱、排卵差、继发性闭经和经量少所致的不孕症均有疗效。

9. 蛇胆

自古以来蛇胆就是一种珍贵药材。具有祛风清热、化痰、明目的功效,是治疗风湿性关节炎和角膜炎等的良药。以蛇胆汁、川贝母为主要原料制成的"蛇胆川贝液",是目前临床使用方便、疗效显著的止咳祛痰良药。

二、蛇皮的经济价值

蛇皮乃制革工业的重要原料,通常可制成领带、皮带、皮鞋、皮包、钱包等皮制品。蛇皮因其花纹鲜艳、美丽,皮质柔软、坚韧,颇富有魅力,成为深受人们喜爱的名贵商品。

三、食用价值

以蛇肉为佳肴,在我国至少有 2000 多年的历史。蛇餐、蛇宴更是久负盛名。远在汉代《淮南子》、唐代《酉阳杂俎》等书中都提到广东人吃蛇、用蛇肉烹做佳肴的事。明代著名医学家李时珍所著的《本草纲目》中亦有"南人嗜蛇"之说。

据《虫类药物临床应用》一书记载,蛇有温、平、寒三性。温性蛇有蟒蛇、蝮蛇、五步蛇、银环蛇、金环蛇、眼镜蛇、眼镜王蛇、滑鼠蛇;平性蛇有赤链蛇、王锦蛇、乌梢蛇、灰鼠蛇、海蛇;寒性蛇有水蛇,多分布于南方。蛇肉虽是美味佳肴,但并不是人人都有品尝的口福,像患有高血压、心脏病、内热太大或便秘者是不宜食用蛇肉的。

随着人们生活水平的普遍提高,更多的人对蛇菜肴产生了极大的兴趣,对食用蛇的挑选也变得更趋向于营养和保健。因此,经过人们的反复筛选,认定下列蛇类可以食用:

　　无毒蛇有蟒蛇、翠青蛇、滑鼠蛇、灰鼠蛇、王锦蛇、乌梢蛇、百花锦蛇、赤峰锦蛇、黑眉锦蛇、黄脊游蛇、三索锦蛇、棕黑锦蛇等。

　　毒蛇有蝮蛇、海蛇、蝰蛇、赤链蛇、粉链蛇、烙铁头、金环蛇、五步蛇、银环蛇、竹叶青、眼镜蛇、眼镜王蛇等。

　　近年来,由于人类经济活动的频繁以及生活水平的提高,造成野生蛇类资源的大量消耗,有限的野生资源满足不了市场日益扩大的需要。所以,开展人工饲养和繁殖蛇类前景广阔。

第四节　蛇的饲料

一、蛇的食性

　　蛇是肉食性动物,喜食活体小动物,如蚯蚓、老鼠、雏鸡、青蛙、蟾蜍、黄鳝、泥鳅、蜥蜴、小杂鱼、鸟类等,极少吃死尸或腐败动物。蛇类食物的品种虽然广泛,但不同种类的蛇对食物的喜好各不相同。如银环蛇多食黄鳝和泥鳅;水蛇大多以水中的鱼类为食;滑鼠蛇、灰鼠蛇、王锦蛇、黑眉锦蛇、棕黑锦蛇等主食鼠类。但人工养殖条件下难以为它们"置办齐全",只能根据它们的主要食性喂些力所能及的食饵。因此,养蛇过程中我们必须了解蛇类的食性,尽量做到"投其所好",达到其营养所需。

二、蛇用饲料及制作方法

　　以上介绍的是蛇类喜爱的活体食物,也可调配一些人工饲料进行饲喂。如将胚鸭蛋或胚鸡蛋、中草药进行筛选和清洗,按比例混配、烘干,经微粉机加工成粉,加入混合液和水,充分搅拌混合制成硬糊体,再把制成的硬糊体灌入食用肠衣中制成料坯,然后将料坯调成混合液再进行烘干、消毒,包装入库。这种饲料配方科学,营养搭配合理,成本低,原料充足,生长周期短,蛇体体质达标率高,可以实现规模化养殖。

三、投喂方法

　　在蛇类的活动季节,每月要投放食物2～3次,或者每周投喂1次,否则会因食物的不足发生"蛇吃蛇"的现象。要根据蛇的种类、性别、年龄、大小或各种蛇采食量的不同而灵活掌握,每次投食后要密切观察其采食情况,及时调整下次投喂的时间和数量。

第五节 蛇的饲养与管理

一、幼蛇的饲养

幼蛇孵出后,先不用喂食,只给饮水,约10天后第1次蜕皮再喂食。第1年将幼蛇养在蛇箱中,第2年养在幼蛇饲养场,从幼蛇进入蛇场时就要雌雄分开。

对于刚刚购来或捕来的蛇,也不要急于进行人工填喂,因为它们对新环境还不熟悉,一时不能适应,存有畏惧心理,即使投喂鲜活食物它们也不怎么吃。约15～20天后,若发现仍有个别不主动捕食的蛇,即可采取第1次人工填喂。填喂时,大型蛇最好3人协同操作,1人抓头、1人抓身、1人抓尾;中小型蛇只需2人即可,1人捉头尾,1人掰开蛇口进行填喂。注意填喂时动作要轻柔,切忌粗鲁,以免误伤蛇口腔或弄掉毒牙。食物入口后用大拇指顺着蛇腹,慢慢将食物捋到蛇胃中,以防蛇把刚填喂的食物倒吐出来。

待蛇进食完毕时,将其放到远离蛇窝的地方,放蛇落地时应先放头,后放尾,使其慢慢爬回蛇窝。对填喂后不主动爬行的蛇,可刺激它的尾或肛门,食物借助身体的蠕动,便顺利进入胃里。饲养幼蛇的时候,一般都需要人工灌喂。填喂前可灌服少量均匀的鸡蛋液以润滑食道,7～10天填喂1次为宜,1个多月后,蛇体长能从20 cm长至50 cm,体重增加2倍。幼蛇的育成与其本身的活动量有关,无论在蛇箱或幼蛇场,都要尽量让蛇有运动的地方,多运动才能健康成长。

二、安全越冬

蛇类是较为低等的变温动物,当外温低于13℃以下时,即进入休眠状态。冬天,野生蛇类常因天气冷、保温差,加之天敌危害,越冬时的死亡率可过半。由此可见,人工养蛇的越冬管理十分重要,可以说直接关系到养蛇的成败。因此,蛇类的安全越冬应着重注意以下4个方面:

(1)入秋后要尽量多投喂数量充足、品种多样化的食物。

(2)蛇窝顶层的沙土厚度要比冻土层薄。饲养员要观察蛇类集中出窝活动的高峰期,如发现蛇窝内有粪便,要重新更换新鲜的沙土,集中给予消毒和防疫,确保蛇类安全越冬。

(3)蛇窝湿度应保持在45％～50％左右。若达不到,可放置几盆清水,利用蒸发的原理调节湿度,使蛇能安全越冬。

(4)待到春天气温开始慢慢回升时因风大,气温还会经常变化,而此时正是蛇类复苏的时候,也是蛇类最容易死亡的阶段,所以应特别注意防风、防寒、防冻、保温。由于春季的昼夜温差较大,管理上切忌麻痹大意,力争把好蛇类冬眠的最后一关。

三、蛇场的管理重点

(1)蛇场内应保持环境卫生。必须每天检查蛇窝,发现死尸应及时拣出。饮水池内的水要及时更换。清理蛇池时,要刷掉池沿上的青苔,以保证水源的清洁。要经常查看蛇场周围的植被、墙基、壁垒和排水孔,发现裂缝和鼠洞时,要及时修补。

(2)饲养员应做到"理论与实践相结合",使之既能取得经济效益,又能获得科学成果,应详尽写好养蛇日记为日后规模养蛇,逐步提高成活率打下基础。

(3)发现弱蛇、伤蛇、病蛇要及时隔离,给予治疗,尽可能减少传染病的发生。蛇场要定期消毒。

综上所述,只有将科学的饲养与管理结合起来,高度重视蛇场的管理工作和疾病预防,才能保证养殖蛇长势快、繁殖多、成活率高。

第六节　　蛇的繁殖

通常人们比较熟悉家畜、家禽的求偶和繁殖,但对蛇类的繁殖却知之甚少。其实,蛇也是羊膜类动物,是一种脱离水生进化到陆生的脊椎动物。

一、蛇类的自然繁殖

经过了大约1亿7千万年的时间,蛇类逐渐占领了地球上的大部分陆地,并适应了自身的生存环境,演化出不同的种类。同时形成了两种不同的繁殖方式——卵生和卵胎生。卵生,即雌蛇把成熟的卵由输卵管经泄殖腔排到体外,孵化出幼蛇;卵胎生是雌蛇将成熟的卵留在输卵管里,调整体内胚胎孵化过程的温度。待幼蛇在雌蛇体内钻破卵壳时,雌蛇便把幼蛇和卵壳从泄殖腔一同排出体外。一般来说,无毒蛇多为卵生,有毒蛇多为卵胎生。

1. 交配

每年的5—6月间,大部分蛇开始交配。雌蛇会发出一种特殊的气味且相当强烈,这种气味的来源是其皮肤和尾部的腺体分泌物。雄蛇便是依靠敏锐的嗅觉而找到气味的源头,进而发现雌蛇的。有的蛇有集群越冬的习性,这样在出蛰时,两性相遇的机会就更多,往往在越冬场所的附近就能进行交配。

雌蛇的交接器为泄殖腔,雄蛇的交接器是1对袋状的结构叫做半阴茎,位于尾基内部,袋的内壁上有许多小棘,棘的大小和数量因蛇的种类而有不同,半阴茎的形状亦有种的差异。交配时,袋的内面向外翻出体外,插入雌体的泄殖腔内,进行体内受精,但每次交配只使用一侧的半阴茎。1条雄蛇能和几条雌蛇交配,但雌蛇只交配1次。因此,蛇场里常让1条雄蛇配上几条雌蛇进行繁殖。

当雄蛇发现雌蛇时,会在后面紧追且频伸蛇信嗅闻雌蛇的尾部,不停抖动自己的尾部,一有机会,便冲到雌蛇背上或紧挨其一侧。之后,雌、雄两蛇后半身绕在一起缠绕成麻花状,交配时,两蛇头部在同侧,雄蛇身体剧烈抖动,雌蛇伏地不动,射精后雌雄分开。

2. 产卵

蛇在春季交配,夏季(绝大多数在 6—8 月)产卵,卵胎生的蛇产仔多在 7—9 月,也有晚到 10 月的。这对于蛇类的生存是有利的,幼蛇有较长的时间摄食和生长,积存充足的能量,去迎接第 1 次越冬。显然,这是进化后的蛇类对环境的一种适应性。

二、人工孵化

由于蛇卵的孵化很大程度上受环境的影响,为提高孵化率可进行人工孵化。根据不同蛇的产卵期,及时检查是否怀卵。检查时动作要轻,1 只手将蛇的颈部捏住,另 1 只手从蛇的腹部轻轻按摩滑动至肛孔。若有凹处且距肛孔越近,即说明快要产卵。此时必须尽快将雌蛇关进蛇箱。将产下的蛇卵立刻放入孵化器,孵化器采用水缸或木箱均可。

人工孵化要注意以下三点:

(1)及时集卵,尽早孵化　蛇卵存入过久或经阳光暴晒就会降低孵化率。

(2)卵须平放,不能竖放　孵化过程中,每 10 天翻 1 次卵,检查卵胚发育情况,及时剔出坏卵。

(3)及时调节温湿度　孵化的核心条件是掌握好温度和湿度。当温度和湿度不正常时,应立即采取调节措施。如湿度太大时,及时打开箱盖或缸盖,挥发一下水分;或适当加大通风量,降低湿度。

第七节　蛇的常见病防治

随着养蛇业的发展,预防和治疗蛇的疾病也越来越受到重视。即使在最完善的饲养条件下,蛇类也会发生疾病。因此,首先应进行严格的管理和检疫,定期检查;同时将病蛇隔离,避免疾病在蛇群中扩散,减少不必要的损失。

一般蛇类疾病的早期表现为:不愿进窝,常卧在蛇窝外面;缠绕无力、停止吐信,对外界和食物反应迟钝,张口呼吸,口中分泌物多;头部左右不对称或上下唇肿胀不能闭紧,眼睛一侧出现浑浊或肿胀;体色暗淡无光或出现黑白斑、溃疡、囊肿;尾部干瘪,泄殖腔不能闭合,呕吐、拉稀。发生上述症状的原因十分复杂,有些症状最初并不明显,一般饲养者很难察觉到。最能引起注意的就是拒食,几乎所有蛇病都有此症状。

一、常见的蛇类疾病

一般情况下,由多种因素导致蛇类患病的情况较多。这里仅就蛇类常见的一些疾病进行简要的介绍。

1. 外伤

[治疗] 涂以龙胆紫药水。

[预防] 在养殖过程中,应避免蛇彼此咬伤以感染病菌而发生溃烂。

2. 口腔炎

[症状] 病蛇头部昂起,口微张而不能闭合,进食困难,感染性强。应将病蛇隔离治疗,严重者应宰杀。

[治疗] 先用脱脂棉擦净病蛇口腔内的脓样分泌物,再涂以雷佛奴尔溶液或3%的过氧化氢溶液消毒。每天涂以龙胆紫药水1~2次,约10天左右可以痊愈。

[预防] 应对蛇窝进行清扫,然后在日光下暴晒消毒;也可直接将蛇移到阳光下,自然减缓蛇的病情,同时更换蛇窝的垫土。

3. 急性肺炎

[症状] 呼吸困难,食欲不振,常逗留在窝外,即使将其放入窝内,蛇仍会爬出。作口腔检查,看不到分泌物。

[治疗] 用青霉素10万单位进行肌肉注射,每日3次,连续治疗3日;或将10万单位链霉素用蛙皮包裹填喂。

[预防] 保持蛇窝通风和阴凉。夏季可先将蛇转移到阴凉处,然后用漂白粉水冲洗蛇窝。

4. 肠炎

[症状] 病蛇厌食,很少进食,甚至不进食;食态呆滞,不活动;粪便呈稀水样或污绿色。病蛇身体消瘦,尤以尾部更为明显,可见到皱褶。发病严重时,可能死亡。

[治疗] 肠炎是肠道内的细菌大量滋生,致使产生消化不良引起的。口服复合维生素B液,直至症状消失。

[预防] 将四环素与黄连素各4~5片研碎,加硼酸10 g,用温开水500 g溶解,晾

至室温后,将蛇泡在药液中进行洗浴。

5. 真菌病

[**症状**]腹部出现块状或点状的黑色霉斑。如不及时治疗可蔓延至全身,引起皮肤糜烂,严重者数天内即死亡。

[**治疗**]常规用抑制真菌剂如克霉唑、灰黄霉素和浓碘溶液。

[**预防**]经常清理蛇场的环境,增强蛇体的免疫力。

6. 厌食

[**症状**]厌食的蛇食量很小,甚至根本不进食。长此以往,会严重影响蛇的正常生长。

[**治疗**]可以给厌食的蛇每天灌服 20 ml 的复合维生素 B 溶液,同时灌服流质食物。

[**预防**]投喂的食物应新鲜。要注意投喂食物的多样化;雌蛇产后要及时投喂食物;蛇的运动场所要宽敞;同时还要注意驱除寄生虫。蛇类还可能存在的病症有肠炎、霉斑病、棒虫病、蛔虫病、节舌虫病等。在养殖过程中,要注意观察,查找有关资料,对症下药。

二、注意事项

我们对待蛇病应采取预防为主、防治结合的方针。具体需做好以下五点:

第一,蛇场要定期消毒,要长期保证饲养环境的卫生。蛇场内人员要严格执行卫生防疫制度,对进入蛇场的外来人员也要严格消毒。

第二,注意投放食物的总体营养平衡,这直接影响着蛇的体质和抗病能力。

第三,要建立每日检查制度,发现有不愿活动、进食不正常、粪便异常的蛇,要及时隔离观察,并给予治疗,防止传染给其他健康蛇。

第四,定期驱虫,每年初夏和深秋各进行 1 次。

第五,从野外捕捉或购买的蛇,要经过检疫并隔离一段时间,证明健康无病后,才能放入蛇场。